21世纪软件工程专业教材

云计算技术及应用
——以水务云平台为例

李洪波　主　编
王庆军　副主编

清华大学出版社
北京

内 容 简 介

本书紧扣工程教育专业认证的产出导向，选取水务云平台作为样例实践背景。为便于读者动手实践，本书首先阐述网络环境基础知识和技能，然后系统地阐述数据分布式存储、分布式计算框架 Spark、轻量级虚拟化技术、云计算资源管理平台以及云应用开发。

本书围绕复杂软件工程问题的解决，除第 1 章外，各章开始明确给出能力目标和素质目标，每章给出自训任务和案例实践思考，以培养读者的工程思维和系统思维能力。

本书提供了丰富的、配套的二维码，供读者扫描下载配置文件和源程序文件，以方便读者学习和实践。同时本书提供了全部 PPT 课件、教学大纲、教案，便于教师选作教材。

本书立足云计算的基本原理和服务架构，侧重工程实践和应用开发技术，可作为软件工程、数据科学与大数据技术、计算机科学与技术本科专业云计算课程的教材，也可作为高年级本科生、硕士研究生和云计算工程应用开发人员的参考用书。

本书封面贴有清华大学出版社防伪标签，无标签者不得销售。

版权所有，侵权必究。举报: 010-62782989, beiqinquan@tup.tsinghua.edu.cn。

图书在版编目(CIP)数据

云计算技术及应用：以水务云平台为例/李洪波主编. —北京：清华大学出版社，2022.6
21 世纪软件工程专业教材
ISBN 978-7-302-60828-8

Ⅰ. ①云… Ⅱ. ①李… Ⅲ. ①计算机网络－云计算－教材 Ⅳ. ①TP393

中国版本图书馆 CIP 数据核字(2022)第 080030 号

责任编辑: 张　玥　常建丽
封面设计: 常雪影
责任校对: 徐俊伟
责任印制: 曹婉颖

出版发行: 清华大学出版社
　　网　　址: http://www.tup.com.cn, http://www.wqbook.com
　　地　　址: 北京清华大学学研大厦 A 座　　　　邮　编: 100084
　　社 总 机: 010-83470000　　　　　　　　　　　邮　购: 010-62786544
　　投稿与读者服务: 010-62776969, c-service@tup.tsinghua.edu.cn
　　质量反馈: 010-62772015, zhiliang@tup.tsinghua.edu.cn
　　课件下载: http://www.tup.com.cn, 010-83470236
印 装 者: 三河市铭诚印务有限公司
经　　销: 全国新华书店
开　　本: 185mm×260mm　　印　张: 21.25　　字　数: 501 千字
版　　次: 2022 年 7 月第 1 版　　　　　　　　　印　次: 2022 年 7 月第 1 次印刷
定　　价: 69.80 元

产品编号: 090500-01

前　言
PREFACE

自从 1964 年第一台大型主机 System/360 诞生以来，计算模式经历了主机系统与集中计算、效用计算、客户机/服务器、集群计算、服务计算、个人计算与桌面计算、分布式计算、云计算、区块链等阶段。

云计算是一种新兴的共享基础架构的方法，可以将巨大的计算资源池连接在一起，提供各种 IT 服务。云计算被视为革命性的计算模型，因为它通过互联网自由流通，使超级计算能力成为可能。云计算在规模优势、资源的弹性组合、提供方式方面具有独特作用，它能够按需供应无限计算资源，无须事先花钱就能使用 IT 架构，按需付费短期使用资源，提供单机无法提供的事务处理环境等。

云计算集各种计算范式之大成，融入了独特的商业模式和工程技法，可操作性强，因而不断发展壮大。云计算对分布式系统进行了自然演进，因而是一门理论模型和工程技法并重的学科，学习起来有"入门容易、深入难"的感觉。为解决此问题，本书以水务云平台为例，以自训任务和案例实践思考作为深入学习与实践的抓手。

第 1 章介绍水务云平台，从水务系统现存问题出发，就功能需求、应用模式和系统架构 3 方面给出解决方案，以此作为本书的出发点和落脚点，帮助读者在后续章节的学习中进行案例思考与实践。

第 2 章讲述利用无线路由器组建局域网、利用手机个人热点搭建上网环境和 VMware 虚拟机网络设置。

第 3 章讲述 Hadoop 分布式存储、Ceph 分布式存储、NoSQL 数据库 HBase。

第 4 章讲述 Spark 的部署方式和集群环境搭建、RDD 编程、Spark SQL。

第 5 章讲述 Docker 容器实践基础、在 Docker 上部署 Hadoop 集群和在 Docker 中挂载 CephFS 等。

第 6 章讲述 Openstack 实践和 Apache Mesos 分布式资源管理框架。

第 7 章讲述 Kubernetes 的搭建和运用、基于微服务的云端开发。

为便于读者学习和高校教师选用本书作为教材，本书第 2~7 章每章开始都给出明确的教学目标，内含能力目标和素质目标两方面。同时，为减少读者搭建环境和输入程序的时间，本书把相关的配置文件和源程序文件作为附件，扫描书中对应位置的二维码便可下载。

清华大学出版社的张玥副编审对本书提出了建设性修改意见,使得书稿质量得到提高,在此表示感谢。

由于作者水平有限,书中难免有疏漏和不足,请广大读者不吝指教,以便编者再版时一并改进。

编者于烟台鲁东大学

2022 年 3 月

目 录
CONTENTS

第 1 章　水务云平台介绍 ·· 1
  1.1　现存问题 ··· 1
  1.2　解决方案 ··· 1
    1.2.1　功能需求 ··· 2
    1.2.2　应用模式 ··· 2
    1.2.3　系统架构 ··· 3

第 2 章　网络环境基础 ·· 9
  2.1　教学目标 ··· 9
  2.2　利用无线路由器组建局域网 ································· 9
  2.3　利用手机个人热点搭建上网环境 ·························· 20
  2.4　VMware 虚拟机网络设置 ···································· 23
    2.4.1　VMware 虚拟机网络设置 ··························· 23
    2.4.2　VMware CentOS 虚拟机访问 Win 8 宿主机 ·· 26
  2.5　自训任务和案例实践思考 ···································· 32

第 3 章　数据分布式存储 ·· 33
  3.1　教学目标 ··· 33
  3.2　Hadoop 分布式存储 ·· 33
    3.2.1　Hadoop 3.1.1 伪分布式集群环境搭建 ········· 33
    3.2.2　Eclipse 访问 Hadoop ································· 46
    3.2.3　自训任务和案例实践思考 ··························· 52
  3.3　Ceph 分布式存储 ·· 52
    3.3.1　Ceph 整体架构 ·· 52
    3.3.2　Ceph 集群环境部署 ··································· 56
    3.3.3　Java 访问 Ceph 数据的相关细节 ················ 71
    3.3.4　自训任务和案例实践思考 ··························· 74
  3.4　NoSQL 数据库 HBase ··· 74

  3.4.1 HBase 概述 ··· 74
  3.4.2 HBase 分布式部署 ·· 77
  3.4.3 HBase 和 MapReduce ·· 88
  3.4.4 Eclipse Maven 项目访问 HBase ····································· 92
  3.4.5 自训任务和案例实践思考 ·· 98

第 4 章 分布式计算框架 Spark ··· 99
 4.1 教学目标 ·· 99
 4.2 Spark 的部署方式和集群环境搭建 ··· 99
  4.2.1 Spark 的设计和运行原理 ·· 99
  4.2.2 Spark 的部署方式 ·· 111
  4.2.3 Spark 集群环境搭建 ··· 114
  4.2.4 在集群上运行 Spark 应用程序 ······································ 119
 4.3 RDD 编程 ··· 121
  4.3.1 RDD 创建 ··· 121
  4.3.2 RDD 操作 ··· 123
  4.3.3 综合实例 ·· 128
 4.4 Spark SQL ··· 129
  4.4.1 Spark SQL 架构 ··· 129
  4.4.2 DataFrame ·· 130
  4.4.3 使用 Spark SQL 读写 MySQL 数据库 ··························· 136
 4.5 自训任务和案例实践思考 ·· 138

第 5 章 轻量级虚拟化技术 ··· 139
 5.1 教学目标 ·· 139
 5.2 Docker 容器实践基础 ·· 139
  5.2.1 安装 Docker ·· 139
  5.2.2 Docker 基本操作 ··· 141
  5.2.3 Volume 基本操作 ·· 154
 5.3 在 Docker 上部署 Hadoop 集群 ··· 155
  5.3.1 创建 Hadoop 容器 ··· 155
  5.3.2 Hadoop 集群配置 ·· 158
  5.3.3 运行 Hadoop 集群 ··· 162
  5.3.4 制作自己的 Hadoop 镜像 ·· 164
 5.4 Docker 私有镜像仓库 Harbor 集群搭建 ······································ 169
 5.5 在 Docker 中挂载 CephFS ·· 171
 5.6 自训任务和案例实践思考 ·· 184

第 6 章　云计算资源管理平台 …… 185
6.1　教学目标 …… 185
6.2　Openstack 实践 …… 185
6.2.1　Openstack 服务架构 …… 185
6.2.2　Openstack 基础软件包部署 …… 192
6.2.3　配置认证服务 …… 201
6.2.4　在控制节点上配置镜像服务 Glance …… 207
6.2.5　安装计算服务 …… 210
6.2.6　安装和配置计算节点 …… 217
6.2.7　安装 Neutron 服务 …… 221
6.2.8　在控制节点安装 Horizon 服务 …… 230
6.2.9　安装 Cinder 服务 …… 232
6.2.10　创建 Openstack 虚拟机实例 …… 238
6.2.11　在控制节点使用官方云镜像创建 Openstack 实例 …… 247
6.2.12　查看 Openstack 当前网卡状态 …… 250
6.3　Apache Mesos 分布式资源管理框架 …… 253
6.3.1　Apache Mesos 概述 …… 253
6.3.2　Mesos 基本原理和架构 …… 253
6.3.3　部署 Apache Mesos …… 259
6.4　自训任务和案例实践思考 …… 267

第 7 章　云应用开发 …… 269
7.1　教学目标 …… 269
7.2　云原生应用开发 …… 269
7.2.1　Kubernetes 概述 …… 269
7.2.2　CentOS 7 部署 K8s 集群 …… 271
7.2.3　CentOS 下安装 Node.js …… 286
7.2.4　使用 Git/GitHub 进行个人代码版本管理 …… 288
7.2.5　运用 K8s 部署容器化应用 …… 291
7.3　基于微服务的云端开发 …… 292
7.3.1　Spring Boot 集成 MyBatis 和 Redis 应用体验 …… 292
7.3.2　Windows 下用 Dubbox＋Spring Boot 搭建微服务架构 …… 311
7.3.3　基于 Spring Boot＋Redis＋ActiveMQ 实现高并发访问 …… 319
7.4　自训任务和案例实践思考 …… 327

参考文献 …… 328

第1章 水务云平台介绍

1.1 现存问题

目前,大多数水务工程提供商一条龙式提供水表、无线集抄器、网络基站、信息中心、应用接口等配套的设备和服务。无线集抄器通过 MBUS 或 RS485 总线主动采集水表计量数据,集抄器之间自动无线组网,将汇集的数据通过 4G、GPRS 或有线宽带传输到信息中心服务器。整套无线自组网远程抄表系统方案成熟,在大量水务计量远传工程中运行使用,但由此带来的信息中心服务器运维保障问题也不容忽视,主要存在如下两个问题。

(1) 选择自建机房的建设及运维成本较高,通过现有运维人员很难保证系统的可靠性和稳定性。

(2) 选择将服务器直接交付用户,设备数据无法即时获取,产品实际使用及故障情况无法掌控,同时分散的系统运维工作转嫁到客户方,有可能降低用户体验。

1.2 解决方案

基于此,水务工程提供商需要完整的云端解决方案,目标如下。

(1) 通过虚拟化方式将实体服务器设备转为虚拟化计算资源租用,降低中心服务器运维管理成本。

(2) 通过云端部署方式,将在统一的平台中管理使用软件产品,水务工程提供商具有最高管理权限,同时采用多租户方式为物业公司等客户建立独立的系统运行空间,不同客户间的系统及数据相互隔离。

(3) 建立统一的设备管理功能,将统一管理硬件产品运行数据,对设备故障等问题进行实时监测与数据分析,在为客户提供全方位设备服务的同时提升产品质量和品牌附加值。

无论是从全球发展趋势、政策引导角度,还是从实际需求看,互联网云平台都是产业新模式发展的重要抓手,是科技领域的主流趋势。随着国家进一步强调科技创新、经济新动能,互联网云平台作为产业优化升级的基础平台,在整个产业发展升级过程中将会起到越来越关键的作用。水务云工程立足能源产业,积极发挥传统优势,面向水务供应企业转型需求,积极推动建立建设服务区域乃至辐射全国的水务云平台。同时,积极推进水务企业与云平台的深度融合,解决水务企业现存的产品研发能力不足、结构不合理导致的产业链关联弱,以及外依存度高、核心技术缺失等卡脖子问题,促进水务企业完成智能化转型,推进其形成网络化协同和服务化转型新模式,形成产业与互联网融合发展的生态体系,推动水务企业向中高端迈进。

1.2.1 功能需求

水务云平台定位于产业互联网范畴的基础云平台,在全互联网络构建的基础上,为水生产和供应企业的传感器设备提供研发、测试、运行与管理机制,为实现智能化水务传感装备、工业物联传感设备的互联互通、协同化运维管理过程提供集成化研发及验证的基础环境。

1. 支持共享、协作的公有云管理模式

通过构建云设备服务基础运行环境,为智能化水务传感装备、工业传感装备提供面向不同业务组织的公有云应用模式,通过云服务支持装备及系统的信息共享、功能集成、支撑协作化运维管理。

2. 设备终端/系统数据的实时云接入

通过构建云接入层,为各类智能化水务传感设备提供设备状态数据的云接入条件,满足数据采集的实时性、稳定性和准确性要求,为数据的监测、分析、处理和智能化决策提供基础条件。

3. 大数据建模、分析优化引擎等基础服务

通过构建云服务层,提供支撑云运维管理的基础性服务,包括大数据建模服务、仿真分析服务、资源监控服务、系统管理服务、消息服务总线、制造数据分析引擎、工作流引擎、知识库与算法库等。

4. 水务云平台应用

通过构建水务云平台应用层,提供具有行业针对性的云应用App集成开发套件与工具,包括支撑云应用共享的云应用市场和面向行业的云应用系统化服务专区。

1.2.2 应用模式

水务云平台采用多租户应用模式,水务云平台运营商具有最高管理权限,为客户建立独立的系统运行空间,并进行权限分配,不同客户间的系统及数据相互隔离。云平台的使用者有水务云平台运营商、物业公司/供水公司、终端用户三类,每类用户拥有不同的资源使用权限和不同的功能界面,方便各类用户使用。

1. 水务云平台运营商

该类用户具有云平台的管理员权限,可为客户建立独立的系统运行空间,并进行权限分配,可对售出的所有设备进行数据收集、参数查询等。

2. 物业公司/供水公司

该类用户具有独立的系统运行空间,具有其管辖范围内所有设备的数据查看、远程操作、数据维护等功能权限。

3. 终端用户

该类用户可通过移动终端查看自家设备的数据。

1.2.3 系统架构

水务云平台主要由物理设备层、数据接入层、基础设施层、核心服务层和平台应用层5个层次构成,系统的整体架构如图1-1所示。

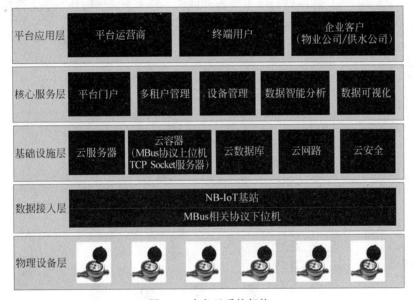

图1-1 水务云系统架构

1. 物理设备层

物理设备层为接入物联网的智能水表。

2. 数据接入层

对于企业现有设备的数据接入,如水表、无线集抄器、网络基站等设备,可采用现有的网络布置模式,即水表→集抄器→网络基站模式,网络基站通过串口或网口连接至一种智能网关设备,智能网关负责与云平台数据接入服务进行交互,将水表的采集数据批量化压缩、处理上传至云平台,以及接收云平台下达的相关控制指令,并发送到网络基站、集抄器等设备中。

由于现有组网方式存在一些问题,例如,采集的数据汇总至集中器延迟较大,集中器故障会导致大面积数据无法采集等问题,因此考虑使用低功耗 NB-IoT 数据传输方式,每个采集/控制终端或每栋楼的集抄器单独连接至云平台,云平台统一管理所有下属设备,为每个设备提供独立的数据流,每个设备单独上报和接收数据。由于设备应用场景相对较简单,以主动上报数据为主,因此,设备不需要与服务端保持长连接,所以通信流量使用情况不会太高,在一定程度上可解决上述问题。

针对企业目前的 NB-IoT 水表硬件结构、传输链路和应用场景分析,可尝试进行产品升级,降低硬件成本,优化整个数据传输链路。由于水表不需要实时控制,以主动上报数据为主,而且上报的频率和实时性不高,因此可考虑去掉目前的 ARM 处理器(STM32),采用无线 NB 通信模块进行二次开发(如移远 BC26/BC20,如图 1-2 所示。因为这种模块内置微处理器和功能外设接口,可满足水表的无线抄表应用需求(还需进一步确认传感器接口)。去掉 ARM 后,可减少其周围配套器件、板卡布局限制、焊接、制板费用以及电源电量消耗,初步分析能在一定程度上降低硬件成本。水表的局限性在于上报的频率高,耗电量大,因此只要满足 6 年内每天上报 1 次即可。

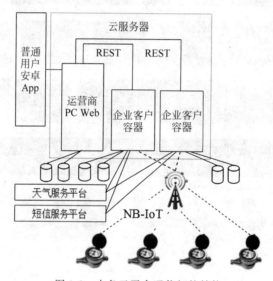

图 1-2 水务云平台通信拓扑结构

3. 基础设施层

基础设施层为水务云平台提供整套计算、存储、网络环境,采用虚拟化技术实现网络资源的基础支撑,实现计算资源、存储资源、网络资源等资源的按需供给,同时实现包含主节点、工作节点和代理节点的容器环境,具体提供如下 5 个方面的功能。

(1) 云服务器。

云服务器是基础设施层提供的性能卓越、稳定可靠、弹性扩展的 IaaS(Infrastructure as a Service)级别云计算服务。云服务器免去采购 IT 硬件的前期准备,使用户便捷、高效地使用服务器,实现计算资源的即开即用和弹性伸缩。本项目采用创新型服务器,支撑上层应用服务开发,解决多种业务需求,助力业务发展。云服务器包含以下5种功能组件。

- 实例:等同于一台虚拟服务器,内含 CPU、内存、操作系统、网络配置、磁盘等基础计算组件。实例的计算性能、内存性能和适用业务场景由实例规格决定,其具体性能指标包括实例 CPU 核数、内存大小、网络性能等。
- 镜像:提供实例的操作系统、初始化应用数据及预装的软件。操作系统支持多种 Linux 发行版和多种 Windows Server 版本。
- 块存储:块设备类型产品,具备高性能和低时延的特性。块存储提供基于分布式存储架构的云盘、共享块存储以及基于物理机本地存储的本地盘。
- 快照:某一时刻一块云盘或共享块存储里数据的当前状态。快照常用于数据备份、数据恢复和制作自定义镜像等。
- 安全组:由同一地域内具有相同保护需求并相互信任的实例组成,是一种虚拟防火墙,用于设置实例的网络访问控制权限。

(2) 云容器。

云容器提供高性能、可伸缩的容器应用管理服务,支持企业级容器化应用的生命周期管理。容器服务简化集群的搭建和扩容等运维工作,整合计算虚拟化、存储、网络和安全能力,打造云端最佳的容器化应用运行环境。云容器包括以下两个功能。

- 应用管理:支持应用服务灰度发布,支持蓝绿发布;支持应用监控、应用弹性伸缩;内置应用模板,支持应用一键部署;支持服务目录,简化云服务集成。
- 高可用调度策略:支持服务级别的亲和性策略和横向扩展;支持跨可用区、高可用和灾难恢复;支持集群和应用管理,轻松对接持续集成和私有部署系统。

(3) 云数据库。

云数据库提供稳定、高性能、安全可靠的数据库服务,提供数据强一致性保证,满足金融级别可靠性要求,具有事前、事中、事后 3 层数据安全防护网,可提供双机热备、同城、异地 3 中心部署架构,充分满足数据可靠性要求。云数据库提供以下 3 个功能。

- 高安全:提供 IP 白名单、防 SQL 注入、SSL 加密传输、TDE 数据加密等功能。
- 高可用:提供双机热备、多可用区、异地容灾等多种类型的实例,满足不同级别的可用性要求。
- 独享实例:独享 CPU、内存、IOPS、I/O 吞吐量资源,实例间完全隔离,提供高稳定性。

(4) 云网络。

基于云网络构建出隔离的网络环境,可以自定义 IP 地址范围、网段、路由表和网关等。此外,也可以通过专线/VPN/GRE 等连接方式实现云上 VPC 与传统 IDC 的互联,构建云应用业务。云网络能够提供以下 3 个功能。

- 访问负载均衡:对多台云服务器进行流量分发的负载均衡服务,可以通过流量分发扩展应用系统对外的服务能力,通过消除单点故障提升应用系统的可用性。
- 云虚拟网关:帮助用户在虚拟环境下构建一个公网流量的出入口,通过自定义规则灵活使用网络资源,支持多 IP 共享公网带宽。

- 应用分发加速：将应用内容分发至最接近用户的节点，使用户可就近取得所需内容，提高用户访问的响应速度和成功率；解决因分布、带宽、服务器性能带来的访问延迟问题，适用于应用加速场景。

(5) 云安全。

为了应对云计算平台的安全威胁，需要构建完备的云安全防护体系，抵御外部强敌攻击，防范内部人员渗透，提供云计算平台安全的主动服务，构建云的纵深防线，形成云计算平台的可信管控和纵深防御的安全体系，确保云计算平台安全可靠地运行，全面提升云计算平台的整体防御效能。云安全能够提供以下3个功能。

- 云安全中心：实时识别、分析、预警安全威胁的统一安全管理系统，通过防勒索、防病毒、防篡改、合规检查等安全能力实现威胁检测、响应、溯源的自动化安全运营闭环，保护云上资产和本地主机，并满足监管合规要求。
- 云防火墙：全面梳理云上资产的互联网暴露和风险情况，可智能防御高危漏洞，集成威胁情报，支持阻断主动外联行为、业务间访问关系可视、网络流量审计等。
- 漏洞扫描：提供全面、快速、精准的漏洞扫描及风险监测能力，支持持续地发现暴露在互联网边界上的常见安全风险。

4. 核心服务层

(1) 平台门户。

作为水务云平台运营商的入口与上层应用控制台，平台门户提供行业新闻资讯、平台特色功能、行业解决方案等信息展示功能，并提供账户管理、资源管理、应用访问、消息通知、状态监控等应用功能。水务云平台门户能够提供以下4个功能。

- 多终端支持：HTML5响应式页面设计。
- 行业资讯共享：提供最新行业新闻资讯，分享成熟行业项目解决方案。
- 统一账户身份管理：单点登录，支持CAS、OAuth2、LDAP模式。
- 基于角色访问控制：根据用户的角色和URL实现访问控制功能。

(2) 多租户管理。

多租户管理为上层云应用平台提供专有操作运行空间，实现租户间的信息、事务的安全隔离；提供云端应用的部署运行环境，支持空间资源的按需构建、自由扩展、应用的快速部署及可靠运行。

多租户管理能够提供高性能可伸缩的容器应用管理服务；支持应用实例的生命周期管理；提供租户间信息安全隔离，以实现独立应用部署；支持运行空间资源的动态调整，以提高资源利用率；提供租户空间资源运行的实时监控，以便及时进行异常报警。

(3) 设备管理。

设备管理对分布在数据采集现场的种类繁多、协议复杂的传感设备进行设备管理、协议解析、节点配置、业务分发等，为客户快速管理设备和快速对接上层云端应用提供基础。支持各种加密和证书分发，支持大规模设备接入，支持大型工程系统的实时感知、动态控制和信息服务。设备管理能够提供以下3个功能。

- 数据采集管理：提供完善的设备管理框架，通过扩展适配器实现集成其他信息系统。
- 分布式数据总线：保证数据传输链路稳定安全，采用消息发布和订阅方式提供高吞吐量，通过进行持久化操作实现一段时间消息批量消费，例如，ETL 以及实时应用程序。
- 实时数据存储：实现包括数据的注入、处理以及异构数据的存储等功能，支持流数据和批量数据的导入和存储。在大量实时原始数据接入的基础上，根据不同实际需求存储到关系数据库、时间序列数据库以及大数据数据库中。

(4) 数据智能分析。

数据智能分析将机器学习的最小算法单元封装成组件形式，采用低延迟和分布式的通用数据处理引擎，通过拖曳方式构建分析优化解决方案，搭建了工程师和算法专家的桥梁，降低了数据分析处理的难度。数据智能分析包含 50＋工业机理模型、11 类工业机器学习算法，并具备开放可扩展的能力。

数据智能分析能够提供拖曳式算法流程定制、训练模型可复用、分析结果多层次展示功能。

(5) 数据可视化。

数据可视化提供多维联动数据展示解决方案，支持海量数据融合、多源异构存储、多维数据展示，快速输出图形及报表，洞察数据变化趋势。数据可视化能够提供支持多源数据导入、支持与专业分析算法结合、支持交互式的报表和图形以及支持响应式设计、跨平台展示。

5. 平台应用层

云平台的使用者可划分为终端用户、物业公司/供水公司（简称为企业客户）、平台运营商 3 类，每类用户拥有不同的资源使用权限和不同的功能界面，方便各类云平台使用者清晰直观地得到最关心的信息。

(1) 通用业务功能。
- 用户权限管理。

终端用户：通过 App 实现用户注册、登录、修改密码以及查看自家设备信息等基础功能。

企业客户：注册为水务云客户，该账号具有其管辖范围内所有设备的数据查看、远程操作、数据维护等功能权限。

平台运营商：具有所有云平台的管理员权限，具有对售出的所有设备进行数据收集、参数查询等权限，便于本企业对卖出的设备进行数据分析、产品故障率分析、产品使用寿命分析等。

- 设备管理。

终端用户：通过水务云 App 扫描二维码绑定自己家设备，绑定设备后，利用 App 可以查看各设备当前的运行数据、历史数据、统计数据，如历史用水量、周平均室内温度、当前阀门开关状态等。

企业客户：可对其管辖范围内的所有设备的设备类型、设备名称、设备编码、所属区域、运行状态等信息进行管理。

平台运营商：对销售给每个客户的设备进行分组管理，可通过云平台收集设备运行数据、统计设备故障率、进行设备维护提醒和产品问题分析等。

- 抄收管理。

企业客户可通过水务云平台远程抄收管辖仪表数据，支持定时自动抄收；并可远程查询设置自动抄表周期、时钟、仪表参数，控制阀门开关状态等。

- 数据可视化。

提供大数据可视化解决方案，为不同种类用户提供不同的数据展示内容以及不同的数据展示方式，使用者可以更加清晰、直观地通过数据掌握现有机制的运行状态，进而提升管理效率。

（2）平台运营商。

水务云平台匹配原有水务系统的功能，此外还包括以下功能。

- 数据分析：对于企业客户，提供其管辖的所有住户的用水量统计，便于实施阶梯水价政策。对于平台运营商，可根据水表上报的一些故障数据、电池电量数据、流量使用数据等，为后续产品研发、升级改造提供经验数据支持，改进产品缺点，评估产品维护成本等。
- 水务大管网：对供水管网全生命周期进行监测、管理、分析，全面监测供水管网信息，合理安排调度，实时在线监控城市供水管网关键点的运行状态，进行自动信息预警，辅助检漏工作及爆管事故处理。

网络环境基础

2.1 教学目标

1. 能力目标

（1）能够根据实际需求和约束条件，设计与配置无线局域网。
（2）能够配置无线路由器和局域网属性。
（3）能够根据实际需求，设计与配置 VMware 网络。

2. 素质目标

（1）表达准确、图表清晰、逻辑流畅，以专业报告的形式说明局域网设计方案。
（2）能够准确、翔实、可还原地撰写组网配置步骤和流程说明书。

2.2 利用无线路由器组建局域网

利用无线路由器组建局域网有两种方式：一种是上网设备通过有线或无线接入 WiFi 路由器，由 WiFi 路由器通过有线方式接入局域网交换机，再接入 Internet；另一种是将 WiFi 路由器直接接入 Internet。本书使用第一种方式，WiFi 路由器为 TP-LINK 150M 无线路由器，其设置步骤如下。

1. 查看 WiFi 路由器访问信息

查看图 2-1 所示的 WiFi 路由器底部的路由器 IP、用户名和密码，以便通过网页设置网络通信参数配置。

2. PC 通过有线方式连接 WiFi 路由器

本书以 64 位 Windows 10 为例说明，其他版本的操作系统网络配置与此基本相同。
（1）将 PC 以有线方式接入以太网端口。

首先，用网线把 PC 以太网口和 WiFi 路由器的内网以太网口连接起来。然后，观察路由器和 PC 以太网口通信状态指示灯闪烁是否正常。如果不正常，一般情况是端口连接不牢固，通信线有问题或者 RJ-45 接头与双绞线压得不实而致接触不良。

图 2-1　WiFi 路由器底部参数

（2）设置 PC 以太网参数。

如图 2-2 所示，将鼠标指针指向任务栏的网络图标，右击，在弹出的快捷菜单中单击"打开"网络和 Internet"设置"，弹出如图 2-3 所示的界面。

图 2-2　Windows 10 任务栏网络快捷操作

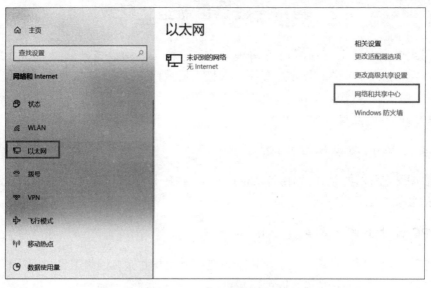

图 2-3　"以太网"设置界面

单击如图 2-3 所示的"以太网"选项，出现以太网设置界面之后单击"网络和共享中心"，进入如图 2-4 所示的"网络和共享中心"设置界面。

图 2-4 "网络和共享中心"设置界面

在图 2-4 中,以太网无法连接到网络,单击"以太网",弹出如图 2-5 所示的"以太网 状态"界面,单击"属性"按钮,进入如图 2-6 所示的"以太网 属性"设置界面,单击"网络"选项卡,以设置网络属性。

图 2-5 "以太网 状态"界面

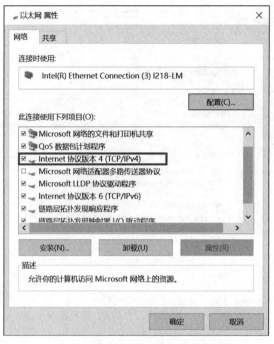

图 2-6　以太网属性的网络选项卡界面

单击图 2-6 所示的"Internet 协议版本 4（TCP/IPv4）"选项，之后单击"确定"按钮，进入如图 2-7 所示的"Internet 协议版本 4（TCP/IPv4）属性"界面，单击"使用下面的 IP 地

图 2-7　"Internet 协议版本 4（TCP/IPv4）属性"界面

址"选项，输入如图 2-7 所示的参数，再单击"确定"按钮，回退到图 2-8 所示的"以太网 状态"界面，此时显示 IPv4 连接到 Internet，数据发送和接收正常，而且桌面任务栏网络图标显示为本机以太网图标，如图 2-9 所示。

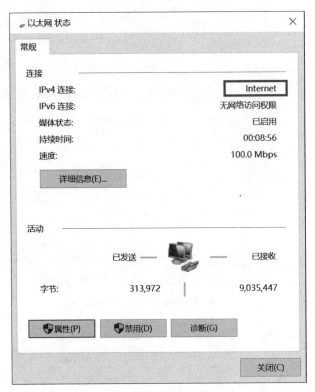

图 2-8 "以太网 状态"界面

图 2-9 本机以太网连通 Internet 的任务栏状态

3. PC 访问 WiFi 路由器设置页面

打开浏览器，在地址栏中输入 192.168.1.1，按 Enter 键确认后进入如图 2-10 所示的 WiFi 路由器登录设置页面，输入正确的用户名和密码后单击"确定"按钮，弹出如图 2-11 所示的路由器设置窗口。

(1) 用设置向导设置网络基本参数。

在图 2-11 中，单击"设置向导"选项，弹出如图 2-12 所示的界面。

单击图 2-12 中的"下一步"按钮，进入如图 2-13 所示的"设置向导-上网方式"界面，选

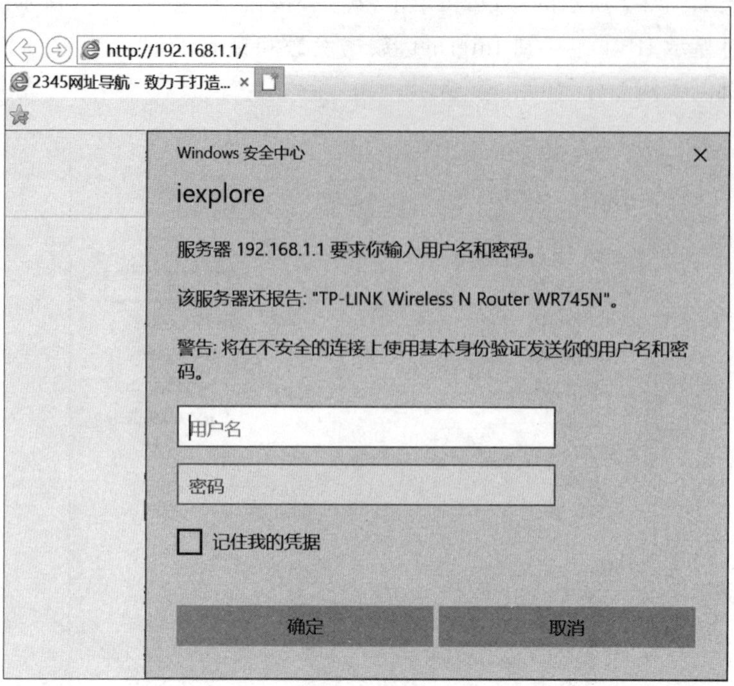

图 2-10　WiFi 路由器设置登录页面

图 2-11　路由器设置窗口

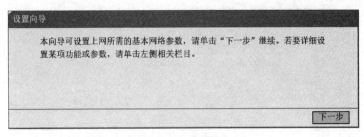

图 2-12　路由器设置向导

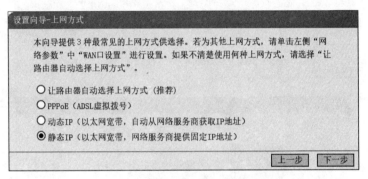

图 2-13　"设置向导-上网方式"界面

择"静态 IP",单击"下一步"按钮,进入如图 2-14 所示的"设置向导-静态 IP"界面,依次输入网络参数,确认无误后单击"下一步"按钮,进入如图 2-15 所示的"设置向导-无线设置"界面。在图 2-15 中输入无线路由器的 SSID 和 PSK 密码,单击"下一步"按钮,弹出如图 2-16 所示的完成界面,单击"完成"按钮完成设置。

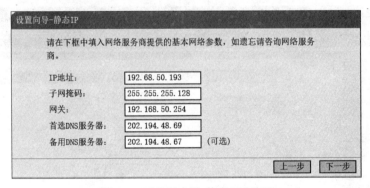

图 2-14　"设置向导-静态 IP"界面

(2) 设置 WAN 口参数。

WAN 口用于连接上一级网络设备,以便连接 Internet。依次选择图 2-17 中的"网络参数"→"WAN 口设置"选项,在图 2-18 所示的"WAN 口设置"的"WAN 口连接类型"下拉选择"静态 IP",进入如图 2-19 所示的"WAN 口设置"界面,依次输入 WAN 口网络参数,确认无误后单击"保存"按钮。

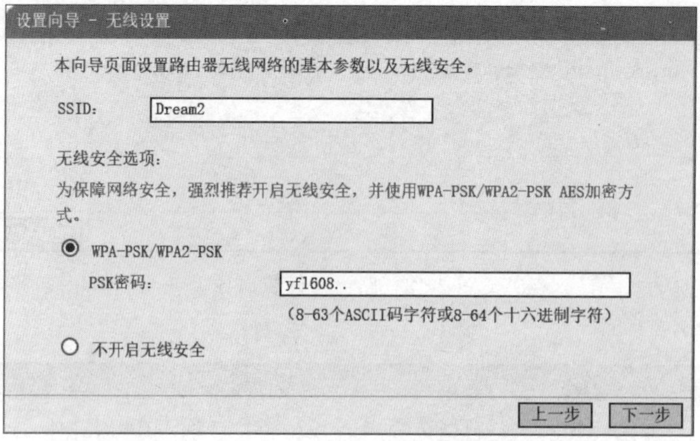

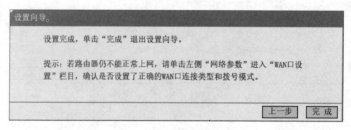

图 2-15 "设置向导-无线设置"界面

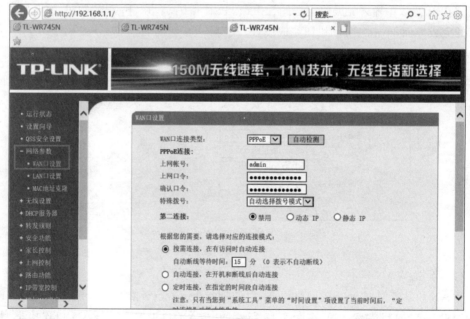

图 2-16 设置向导完成

图 2-17 网络参数 WAN 口设置

图 2-18 WAN 口连接类型选择

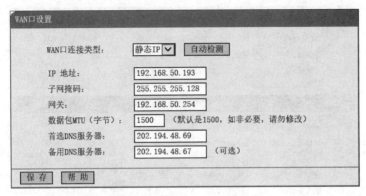

图 2-19 "WAN 口设置"界面

(3) 设置 LAN 口参数。

如果没有特殊需求,LAN 口的参数一般不要轻易改动。如果改动,需要做好记录。如果忘记 LAN 口参数,需要恢复出厂设置。LAN 口用于组建局域网。依次选择图 2-17 中的"网络参数"→"LAN 口设置"选项,在图 2-20 所示的"LAN 口设置"界面设置网络参数,确认无误后单击"保存"按钮。

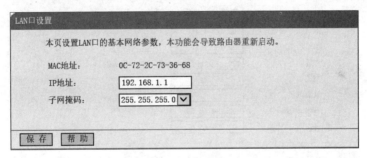

图 2-20 "LAN 口设置"界面

(4) 查看运行状态。

单击图 2-17 中的"运行状态"选项,弹出如图 2-21 所示的路由器运行状态信息。

(5) DHCP 服务器配置。

DHCP 服务器用于配置局域网内各计算机的 TCP/IP,即各计算机动态分配到路由器中的 IP 地址、IP 地址的有效时间、网关、DNS 和静态保留 IP 地址的管理。单击图 2-17 中的"DHCP 服务器"选项,客户区内显示如图 2-22 所示的"DHCP 服务"界面。该对话框中地址池的开始地址和结束地址数量总计 100 个,实际上路由器是否能同时接入 100 个上网设备,取决于其本身的性能。企业级 WiFi 路由器比普通路由器性能强,但价格贵些。

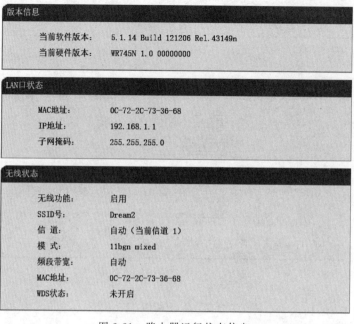

图 2-21 路由器运行状态信息

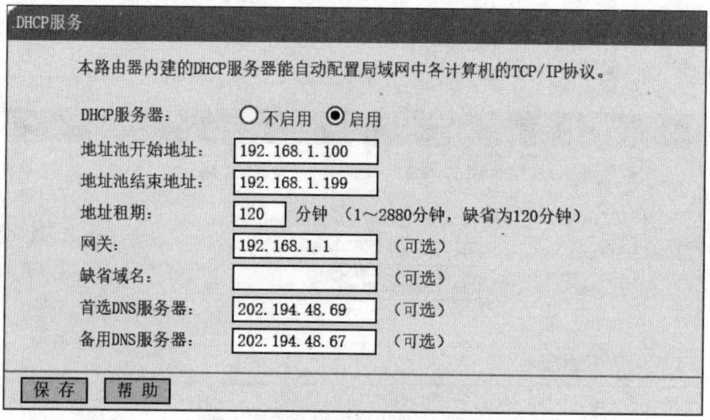

图 2-22 "DHCP 服务"界面

要保留静态 IP 地址,以避免经常的 IP 地址变化而导致重新配置连接参数。有时重新配置网络连接参数还必须重新启动计算机。因此需要把静态 IP 保留给 IP 不宜经常变化的计算机设备,尤其是虚拟机、容器等。

"静态 IP 地址保留"为网卡分配静态 IP 地址,网卡有 MAC 地址唯一识别,因此需要查看网卡的 MAC 地址。MAC 地址有 PC MAC 地址和手机 MAC 地址。在 Windows 操作系统环境下,查看网卡 MAC 地址的方法是运行 cmd 命令,在命令行提示符下输入 ipconfig /all 命令,便能查看本机所有网卡的 MAC 地址。对于手机,依次进入设置→WLAN→高级设置,便可查看手机无线网卡的 MAC 地址。在 DHCP 服务器配置中,进入如图 2-23 所示的界面，单击“添加新条目”按钮，进入如图 2-24 所示的界面，输入 MAC 地址和 IP 地址后单击“保存”按钮退出。

ID	MAC地址	IP地址	状态	编辑
1	34-E6-D7-7D-3A-FE	192.168.1.2	生效	编辑 删除
2	48-2C-A0-77-D6-4D	192.168.1.100	生效	编辑 删除

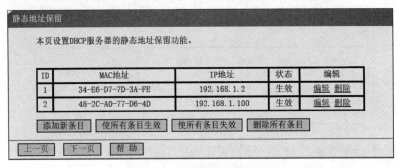

图 2-23 “静态地址保留”界面

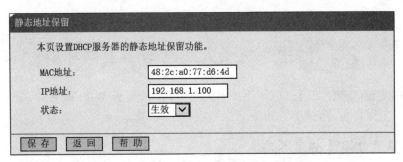

图 2-24 “静态地址保留-添加新条目”界面

(6) 查看 DHCP 服务器客户端列表，如图 2-25 所示。

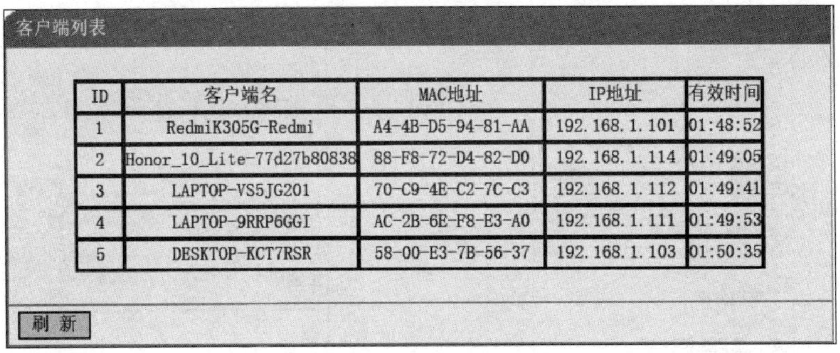

ID	客户端名	MAC地址	IP地址	有效时间
1	RedmiK305G-Redmi	A4-4B-D5-94-81-AA	192.168.1.101	01:48:52
2	Honor_10_Lite-77d27b80838	88-F8-72-D4-82-D0	192.168.1.114	01:49:05
3	LAPTOP-VS5JG201	70-C9-4E-C2-7C-C3	192.168.1.112	01:49:41
4	LAPTOP-9RRP6GGI	AC-2B-6E-F8-E3-A0	192.168.1.111	01:49:53
5	DESKTOP-KCT7RSR	58-00-E3-7B-56-37	192.168.1.103	01:50:35

图 2-25 客户端列表

(7) IP 地址与 MAC 地址绑定。

为防范 ARP 病毒伪造本地计算机，欺骗路由器，需要把 IP 地址和 MAC 地址绑定，按图 2-26 所示进行绑定。

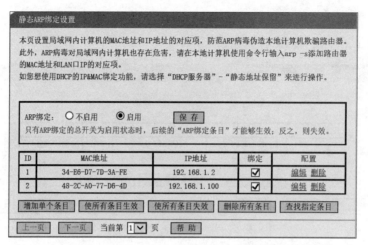

图 2-26 "静态 ARP 绑定设置"界面

2.3 利用手机个人热点搭建上网环境

目前移动通信已经 IP 化,启动手机个人热点,将其充当 WiFi 服务器,就能随时就地搭建局域网上网环境,搭建步骤如下。

1. 设置并开启手机个人热点

打开手机设置界面,单击"个人热点"选项,进入如图 2-27 所示的界面。拖动第一个按钮至最右侧,显示蓝色的启动状态,单击"设置 WLAN 热点"选项,进入如图 2-28 所示的"设置 WLAN 热点"对话框,输入网络名称和密码。

图 2-27 启用手机个人热点

图 2-28 "设置 WLAN 热点"对话框

2. PC 连接手机个人热点

打开 PC,之后打开网络连接,看到的连接名称如图 2-29 所示。

在图 2-29 中单击"lhb 连接",输入密码后单击"下一步"按钮,执行连接。

3. 查看连接状态

个人热点连接成功后,任务栏状态图标如图 2-30 所示,鼠标左键指向 WiFi 图标,则显示连接的名字和 Internet 访问信息。

图 2-29　在 PC Windows 10 下的网络连接列表

图 2-30　在 PC Windows 10 下连接 lhb 热点后的网络状态图标

4. 在 PC 中查看网络

此 PC 下出现局域网计算机 PC-20200823BNDH。PC-20200823BNDH 为 PC 的网络主机名,展开 PC-20200823BNDH,看到共享文件夹 Users,如图 2-31 所示。

5. 在手机个人热点中查看已连接设备

连接到手机个人热点的设备如图 2-32 所示。

6. 在 PC 中查看无线连接的 IP 信息

按 Win+R 键,打开"运行"对话框,输入 cmd 命令,如图 2-33 所示。在图 2-33 中单击"确定"按钮,进入 cmd 窗口,在其中输入并执行 ipconfig 命令,显示如图 2-34 所示的连接信息。

图 2-31　PC 网络共享文件夹

图 2-32　已连接到 lhb 热点的设备

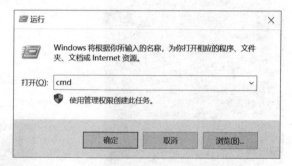

图 2-33　"运行"对话框

图 2-34　PC 的无线网络信息

图 2-34 中显示 WLAN 的 IP 地址、网关和子网掩码。根据网关和子网掩码,可以配置基于 lhb 热点的局域网。

2.4 VMware 虚拟机网络设置

2.4.1 VMware 虚拟机网络设置

在使用 VMware Workstation(以下简称 VMware)创建虚拟机的过程中,配置虚拟机的网络连接非常重要。为虚拟机配置网络连接有桥接模式、NAT 模式、仅主机模式和自定义网络连接 4 种模式。

在 VMware 中,虚拟机的网络连接主要由 VMware 创建的虚拟交换机(也叫作虚拟网络)实现,VMware 可以根据需要创建多个虚拟网络。在 Windows 系统的主机上,虚拟机创建完成以后,会在物理主机上创建两个虚拟连接,即 VMnet1 和 VMnet8,如图 2-35 所示。VMware 最多可以创建 20 个虚拟网络,每个虚拟网络可以连接任意数量的虚拟机网络设备。在 Linux 系统的主机上,VMware 最多可以创建 255 个虚拟网络,但每个虚拟网络仅能连接 32 个虚拟机网络设备。VMware 的虚拟网络以"VMnet+数字"的形式命名,如 VMnet0、VMnet1、……,以此类推(在 Linux 系统主机上,虚拟网络的名称均采用小写形式,如 vmnet0)。安装 VMware 时,VMware 会自动为 3 种网络连接模式各自创建 1 个虚拟机网络,即 VMnet0(桥接模式)、VMnet8(NAT 模式)、VMnet1(仅主机模式)。此外,也可以根据需要自行创建更多的虚拟网络。

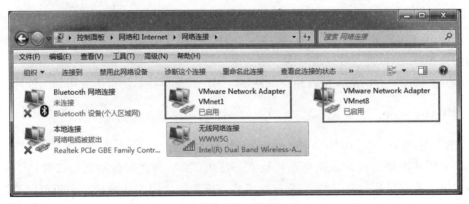

图 2-35 桥接模式网络配置示意图

1. VMware 桥接模式

VMware 桥接模式是将虚拟机的虚拟网络适配器与主机的物理网络适配器进行交接,虚拟机中的虚拟网络适配器可通过主机中的物理网络适配器直接访问外部网络(如图 2-36 中所示的局域网和 Internet,下同)。简而言之,这好像在图 2-36 所示的局域网中添加了一台新的、独立的计算机。因此,虚拟机也会占用局域网中的一个 IP 地址,并且可以和其他终端之间相互访问。桥接模式网络连接支持有线和无线主机网络适配器。如果把虚拟机当作一台完全独立的计算机,并且允许它和其他终端一样地进行网络通信,那么桥接模式通常是虚拟机访问网络的最简单途径。

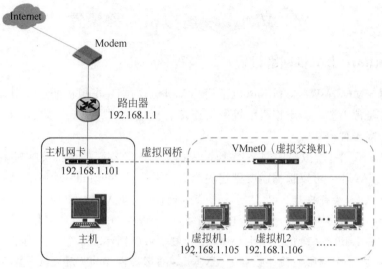

图 2-36　桥接模式网络配置示意图

桥接模式的通信特点如下。

(1) 默认使用 VMnet0,不提供 DHCP 服务,需手动为虚拟机配置 IP 地址、子网掩码。

(2) 主机和虚拟机需要在同一个网段上,类似存在于局域网。

例如,主机 IP 为 192.168.3.22,则虚拟机 IP 为 192.168.3.20。网络中的其他机器可以访问虚拟机,虚拟机也可以访问网络内其他机器。

(3) 主机需要有网络或接入到路由器,才能与虚拟机通信,虚拟机才可访问外网。

2. VMware NAT 模式

NAT 是 Network Address Translation 的缩写,即网络地址转换。NAT 模式也是 VMware 创建虚拟机的默认网络连接模式。使用 NAT 模式进行网络连接时,VMware 会在主机上建立单独的专用网络,用以在主机和虚拟机之间相互通信。虚拟机向外部网络发送的请求数据"包裹",都会交由 NAT 网络适配器加上"特殊标记",并以主机的名义转发出去。外部网络返回的响应数据"包裹",先由主机接收,然后交由 NAT 网络适配器根据"特殊标记"识别,并转发给对应的虚拟机。因此,虚拟机在外部网络中不必具有自己的 IP 地址。从外部网络来看,虚拟机和主机共享一个 IP 地址,默认情况下,外部网络终端也无法访问到虚拟机。前面讲过,桥接模式可能导致一定的 IP 资源紧缺,这时 NAT 模式便是最佳选择。

此外,一台主机上只允许有一个 NAT 模式的虚拟网络。因此,同一台主机上的多个采用 NAT 模式网络连接的虚拟机也是可以相互访问的。

默认情况下,外部网络无法访问虚拟机。可以通过手动修改 NAT 设置实现端口转发功能,将外部网络发送到主机指定端口的数据转发到指定的虚拟机上。比如,在虚拟机的 80 端口上"建立"一个站点,只要设置端口转发,将主机 88 端口上的数据转发给虚拟机的 80 端口,就可以让外部网络通过主机的 88 端口访问虚拟机 80 端口上的站点。

在 NAT 模式中,主机网卡直接与虚拟 NAT 设备相连,然后虚拟 NAT 设备与虚拟 DHCP 服务器一起连接在虚拟交换机 VMnet8 上,这样就实现了虚拟机联网。VMware Network Adapter VMnet8 网卡是为了实现主机与虚拟机之间的通信,如图 2-37 所示。

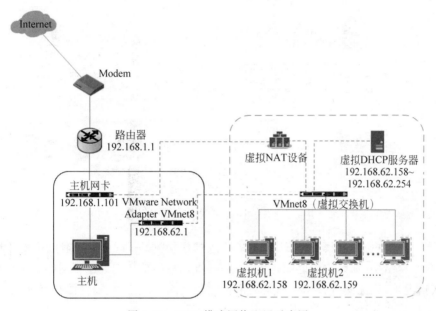

图 2-37　NAT 模式网络配置示意图

可见,NAT 模式下主机更像虚拟机的"路由器",通过 VMnet8 虚拟网卡为虚拟机分发地址。所以,虚拟机和主机不在同一网段下,主机是虚拟机的"上级"。之所以桥接模式没有 VMnet8 虚拟网卡,是因为桥接模式下的虚拟机和主机是"平等"的,共用同一个路由器。

NAT 模式的通信特点如下。

(1) 默认使用 VMnet8,提供 DHCP 服务。

(2) 可自动分配 IP 地址,也可手动设置 IP。

(3) 虚拟机可以和物理主机互相访问,但不可以访问主机所在网络的其他计算机,可访问外部网络。

3. VMware 仅主机模式

如图 2-38 所示,仅主机模式是一种比 NAT 模式更加封闭的网络连接模式,它将创建完全包含在主机中的专用网络。仅主机模式的虚拟网络适配器仅对主机可见,并在虚拟机和主机系统之间提供网络连接。相对于 NAT 模式而言,仅主机模式不具备 NAT 功能,因此在默认情况下,使用仅主机模式网络连接的虚拟机无法连接到 Internet。但如果在主机上安装合适的路由或代理软件,或者在 Windows 系统的主机上使用 Internet 连接共享功能,仍然可以让虚拟机连接到 Internet 或其他网络。

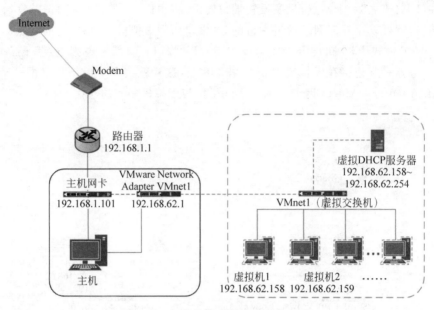

图 2-38 仅主机模式网络配置示意图

在同一台主机上可以创建多个仅主机模式的虚拟网络,如果多个虚拟机处于同一个仅主机模式网络中,那么它们之间是可以相互通信的;如果它们处于不同的仅主机模式网络,默认情况下,则无法进行相互通信。但在它们之间设置路由器,便能相互通信。

仅主机模式的通信特点如下。

(1) 默认使用 VMnet1,提供 DHCP 服务。

(2) 虚拟机可以和物理主机互相访问,但虚拟机无法访问外部网络。

(3) 若需要虚拟机上网,则需要主机联网并且共享其网络。

2.4.2 VMware CentOS 虚拟机访问 Win 8 宿主机

1. 硬件环境

(1) 主机支持虚拟化技术。

首先进入 BIOS 的高级选项,确认安装虚拟机的主机能够支持虚拟化技术,如图 2-39 所示。内存容量至少为 8GB,硬盘容量至少为 500GB。

(2) 安装 VMware 虚拟机 Master 和 Slave。

在 WMware 下新建两台 CentOS 7.8 的虚拟机 Master 和 Slave,其基本环境和附加选项如图 2-40 所示。

安装成功后自动进入图形登录界面,登录后如果想进入命令窗口,则按 Ctrl+Alt+F2 组合键切换,在命令窗口按 Ctrl+Alt+F1 组合键切换到图形窗口。打开图形窗口的终端活动,输入如下命令,可查看 CentOS 7 的版本。

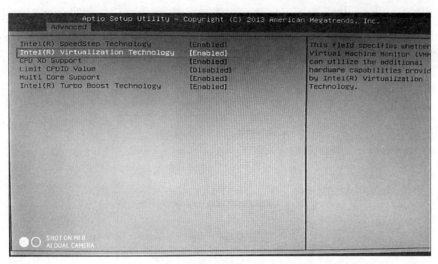

图 2-39　在 BIOS 中查看主机支持虚拟化

图 2-40　CentOS 7 安装选项

[root@master master]#cat　/etc/redhat-release
CentOS Linux release 7.9.2009 (Core)

2. 宿主机访问互联网

将宿主机通过网线连接到 WiFi 路由器的内网端口，打开浏览器，在地址栏中输入网址192.168.31.1,进入WiFi路由器网络配置管理页面,查看已绑定的设备列表,如图2-41所示。出于保护个人隐私的需要,将图2-41中有关主机名抹黑。虚拟机桥接方式的IP地址不能与图2-41所列的地址重复。查看上网信息,记录上网的DNS,如图2-42所示。

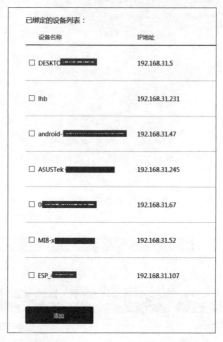

图2-41　WiFi已绑定的设备列表

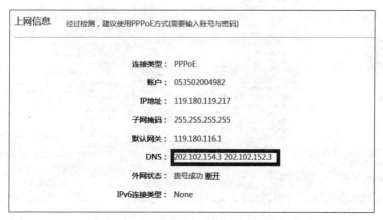

图2-42　WiFi路由器上网信息

打开宿主机的"网络和共享中心",进入如图2-43所示的对话框。单击"以太网"连接选项,进入"以太网 状态"对话框。单击"以太网 状态"对话框中的"属性"按钮,会进入以太网属性界面,选择"Internet 协议版本(TCP/IPv4)属性",会显示如图2-44所示的"Internet 协议版本4(TCP/IPv4)属性"对话框。在图2-44中设置相关属性,确认无误后单击"确定"按钮。此时显示IPv4已连接到Internet,表明能够访问Internet,如图2-45所示。

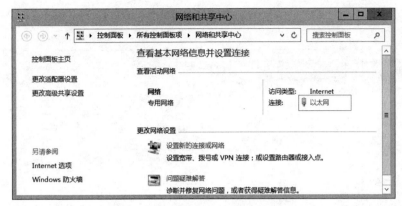

图 2-43 "网络和共享中心"对话框

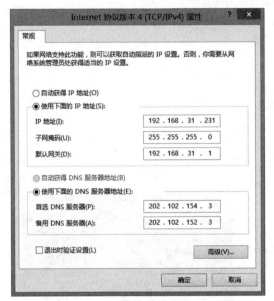

图 2-44 Internet 协议版本 4(TCP/IPv4)属性"对话框

图 2-45 "以太网 状态"对话框

3. VMware 虚拟机上网

(1) CentOS 7 图形窗口中的网络设置。

在 Master 虚拟机图形界面展开应用程序,依次选择系统工具→设置→网络→有线连接,进入如图 2-46 所示的网络有线连接设置对话框,注意 IPv4 地址为 192.168.31.128。

(2) CentOS 7 命令窗口中的网络设置。

在 CentOS 7 图形状态下按 Ctrl + Alt + F2 组合键,切换到文本命令状态,依次执行下面的命令。

关闭防火墙命令:systemctl stop firewalld。

开机禁用命令:systemctl disable firewalld。

图 2-46 Master 虚拟机图形界面有线连接设置对话框

查看状态命令：systemctl status firewalld。

查看网络命令：ip addr。

进入网络配置目录，执行如下的命令。

```
cd /etc/sysconfig/network-scripts
```

查看连接设备参数，执行如下的命令。

```
nmcli con show
```

编辑网络配置文件，执行如下的命令。

```
vim ifcfg-ens33
```

文件打开后，显示如图 2-47 所示的参数配置，编辑文件。

使网络配置生效，执行如下的命令。

```
source ifcfg-ens33
```

网络配置文件 ifcfg-ens33 的作用是配置网络类型、IP 地址、子网掩码、网关、域名、协议、设备名称、UUID 等。

按 Ctrl + Alt + F1 组合键可以切换到图形状态。

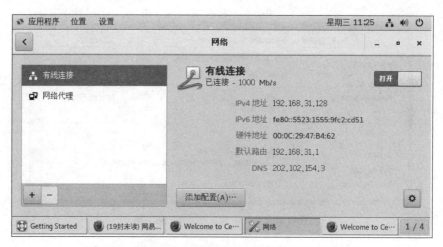

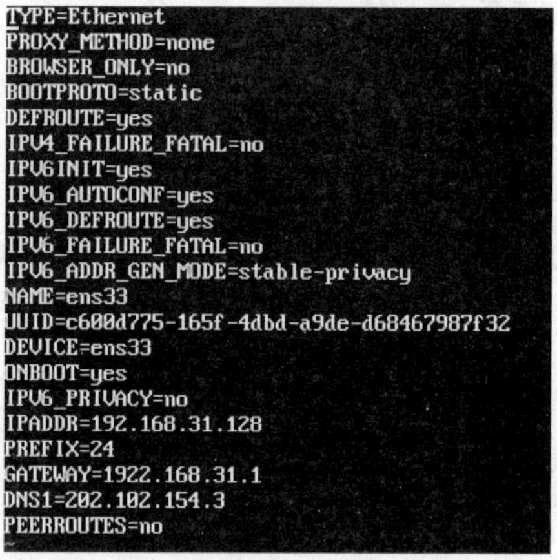

```
TYPE=Ethernet
PROXY_METHOD=none
BROWSER_ONLY=no
BOOTPROTO=static
DEFROUTE=yes
IPV4_FAILURE_FATAL=no
IPV6INIT=yes
IPV6_AUTOCONF=yes
IPV6_DEFROUTE=yes
IPV6_FAILURE_FATAL=no
IPV6_ADDR_GEN_MODE=stable-privacy
NAME=ens33
UUID=c600d775-165f-4dbd-a9de-d68467987f32
DEVICE=ens33
ONBOOT=yes
IPV6_PRIVACY=no
IPADDR=192.168.31.128
PREFIX=24
GATEWAY=1922.168.31.1
DNS1=202.102.154.3
PEERROUTES=no
```

图 2-47 网络配置文件

(3) 在 CentOS 7 图形窗口中用浏览器上网。

在图形状态下进入应用程序“浏览器”，在地址栏中输入 mail.126.com，进入登录界面，如图 2-48 所示。不失一般性，Slave 虚拟机上网配置与 Master 类似。

图 2-48　Master 虚拟机图形状态中用浏览器上网

4. 宿主机与主机互通测试

（1）虚拟机访问宿主机。

在虚拟机的文本命令窗口中执行 ping 192.168.31.231 命令，查看是否连通。

（2）虚拟机桥接模式设置。

Master 与 Slave 都设置成桥接模式。不失一般性，以 Master 设置为例，其设置步骤如下。

首先选中 Master，右击，在弹出的快捷菜单中单击"设置"按钮。然后在"虚拟机设置"对话框中选择"网络适配器"选项，设置成"桥接模式"，并选中"复制物理网络连接状态（P）"，如图 2-49 所示。

（3）宿主机访问宿主机。

进入宿主机，按 Win+R 键启动运行命令，输入 cmd，进入窗口，执行 ping 192.168.31.128 -t 命令，查看是否可访问。

（4）主机识别宿主机名称。

编辑主机文件 C:\Windows\System32\drivers\etc\hosts，其内容如下。

```
192.168.50.194 master
192.168.50.190 slave1
192.168.50.191 slave2
```

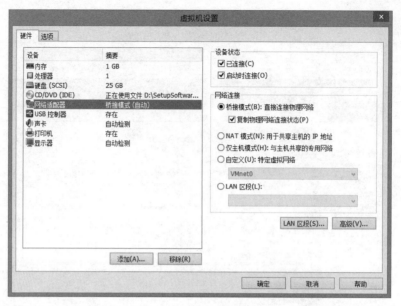

图 2-49　Master 虚拟机设置

2.5　自训任务和案例实践思考

1. 自训任务

（1）安装 VMware Workstation Pro。

（2）在 VMware 中添加虚拟机 MasterXXX 和 SlaveXXX，其中 XXX 为个人学号后 3 位，虚拟机操作系统为 CentOS 7.4。

（3）对宿主机、虚拟机进行网络配置，使得虚拟机之间、宿主机与虚拟机之间互联互通，并能上网。

2. 案例实践思考

针对水务云平台，要求每个企业客户运行环境为独立空间，互不干扰，而且每个企业客户的运行环境应能接入自己的水表。结合 VMware 虚拟机的 3 种网络模式，思考如下。

（1）选择合适的网络模式并说明理由。

（2）针对所选的网络模式给出组网方案。

数据分布式存储

3.1 教学目标

1. 能力目标

(1) 能够根据项目实际,恰当选用 Hadoop、Ceph 和 HBase 产品。
(2) 能够根据工程实际,基于 Hadoop、Ceph 和 HBase 设计存储系统。
(3) 能够基于项目需求,开发访问 Hadoop、Ceph 和 HBase 存储系统的应用程序。
(4) 能够基于现有存储系统的限制,进行最大限度的数据分布式存储方案的改进。

2. 素质目标

(1) 能够准确撰写 Hadoop、Ceph 和 HBase 存储系统的设计文档。
(2) 能够翔实撰写 Hadoop、Ceph 和 HBase 存储系统的搭建文档。

3.2 Hadoop 分布式存储

3.2.1 Hadoop 3.1.1 伪分布式集群环境搭建

1. 设置基础环境

以 root 身份分别在 3 台计算机上,编辑网络配置文件,设置主机名称,执行如下的命令。

#vim /etc/sysconfig/network

打开文件后,将名字节点的 hostname 改为 master,将 2 个数据节点的 hostname 改为 slave1 和 slave2,将所有节点的 networking 设置为 yes。

然后,在主节点设置主机名,执行如下的命令。

#hostnamectl set-hostname   master

类似地,在 2 个数据节点设置主机名,分别执行如下的命令。

#hostnamectl set-hostname   slave1
#hostnamectl set-hostname   slave2

最后，分别在 3 台机器上执行 su 命令，以使主机名生效。

2. 添加全部节点 IP 与主机名的映射

先获取管理员权限（默认后面的命令都已获取该权限），执行如下的命令。

```
# sudo su
```

接着修改主机名映射文件，以设置 IP 地址和机器名称的对应关系，编辑主机名映射文件，执行如下的命令。

```
# vi /etc/hosts
```

打开文件后，在末尾追加 master、slave1 和 slave2 与 IP 地址的对应关系，如下所示。

```
192.168.50.194 master
192.168.50.190 slave1
192.168.50.191 slave2
```

上面的映射表明主节点的主机名为 master，2 个数据节点的主机名分别为 slave1 和 slave2。

3. 在 3 台机器上安装 JDK

Hadoop 3.1.1 需要安装 jdk-8u181-linux-x64.rpm。首先查看版本是否满足需求，如果不满足，则应先卸载，再安装 jdk-8u181-linux-x64.rpm。

（1）检验系统原版本，执行如下的命令。

```
# java -version
```

进一步查看 JDK 信息，执行如下的命令。

```
# rpm -qa | grep java
```

（2）卸载 OpenJDK，执行如下的命令。

```
# rpm -e --nodeps java-1.8.0-openjdk-1.8.0.131-11.b12.el7.x86_64
# rpm -e --nodeps nuxwdog-client-java-1.0.3-5.el7.x86_64
# rpm -e --nodeps javassist-3.26.1-10.el7.noarch
# rpm -e --nodeps pki-base-java-10.4.1-10.el7.noarch
# rpm -e --nodeps tzdata-java-2017b-1.el7.noarch
# rpm -e --nodeps python-javapackages-3.5.1-11.el7.noarch
# rpm -e --nodeps javamail-1.4.6-8.el7.noarch
# rpm -e --nodeps javapackages-tools-3.5.1-11.el7.noarch
# rpm -e --nodeps java-1.8.0-openjdk-headless-1.8.0.131-11.b12.el7.x86_64
```

（3）安装 JDK。

在 Oracle 官网下载 jdk-8u181-linux-x64.rpm 到 Windows 桌面环境中，用 WinSCP 软件将 jdk-8u181-linux-x64.rpm 上传到 3 台虚拟机的 /usr/local/ 目录下，如图 3-1 所示。

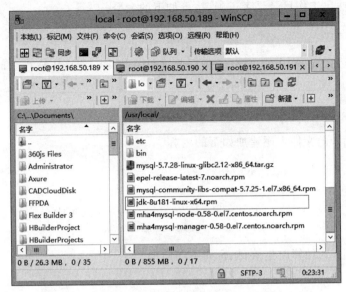

图 3-1　用 WinSCP 把 JDK 包从宿主机复制到虚拟机

然后，分别在 3 台虚拟机中执行以下的命令。

```
# cd /usr/local
# rpm -ivh jdk-8u181-linux-x64.rpm
```

安装成功后，JDK 默认安装在 /usr/java 中。查看安装是否成功，执行以下的命令。

```
# java -version
```

（4）配置环境变量。

Linux 是一个多用户的操作系统。每个用户登录系统后，都有一个专用的运行环境。通常每个用户默认的环境都是相同的，这个默认环境实际上由一组环境变量所定义。用户可以对自己的运行环境进行定制，其方法是修改相应的系统环境变量。常在 /etc/profile 文件中修改环境变量，本书中对环境变量的修改对所有用户都起作用。

在 Hadoop 集群的 3 台虚拟机上修改系统环境变量文件，执行如下的命令。

```
# vi /etc/profile
```

打开 profile 文件后，向文件末尾追加以下内容。

```
JAVA_HOME=/usr/java/jdk1.8.0_181-amd64
JRE_HOME=/usr/java/jdk1.8.0_181-amd64/jre
PATH=$PATH:$JAVA_HOME/bin:$JRE_HOME/bin
CLASSPATH=.:$JAVA_HOME/lib/dt.jar:$JAVA_HOME/lib/tools.jar:$JRE_HOME/lib
```

保存文件后，为使得修改生效，执行如下的命令。

```
# source /etc/profile
```

为了验证输出工作目录是否正确,执行如下的命令。

echo $PATH

为每一个运行 bash shell 的用户执行此文件。当 bash shell 被打开时,该文件被读取。修改.bashrc 文件,执行以下的命令。

vim ~/.bashrc

打开文件后,向文件末尾追加如下的内容。

export JAVA_HOME=/usr/java/jdk1.8.0_181-amd64
export JRE_HOME=$JAVA_HOME/jre
export CLASSPATH=.:$CLASSPATH:$JAVA_HOME/lib:$JRE_HOME/lib
export PATH=$PATH:$JAVA_HOME/bin:$JRE_HOME/bin

保存后退出,为使修改生效,执行如下的命令。

source ~/.bashrc

为验证输出工作目录是否正确,执行如下的命令。

echo $JAVA_HOME

4. SSH 设置免密登录

设置自身免密登录,执行如下的命令。

yum install openssh-server

若上面的安装提示不成功,需要先创建一个目录。
(1) 在 3 个节点依次执行如下的命令。

cd ~/.ssh/
rm -rf *
ssh-keygen -t rsa

(2) 在本机进行免密登录测试,执行如下的命令。

ssh master   //在 master 上执行
ssh slave1   //在 slave1 上执行
ssh slave2   //在 slave2 上执行

(3) 传送免密登录密钥到其他节点,使得节点间免密登录。
在 master 节点执行如下的命令。

cd ~/.ssh/
mv id_rsa.pub id_rsa_189.pub
scp id_rsa_189.pub slave1:~/.ssh/
scp id_rsa_189.pub slave2:~/.ssh/

在 slave1 节点执行如下的命令。

cd ~/.ssh/
mv id_rsa.pub id_rsa_190.pub
scp id_rsa_190.pub master:~/.ssh/
scp id_rsa_190.pub slave2:~/.ssh/

在 slave2 节点执行如下的命令。

cd ~/.ssh/
mv id_rsa.pub id_rsa_191.pub
scp id_rsa_191.pub master:~/.ssh/
scp id_rsa_191.pub slave1:~/.ssh/

在 3 个节点执行如下的命令。

cat id_rsa_189.pub >>authorized_keys
cat id_rsa_190.pub >>authorized_keys
cat id_rsa_191.pub >>authorized_keys

(4) 在 master 节点登录其他 2 个节点，执行如下的命令。

#ssh slave1
#exit
#ssh slave2
#exit

上面 master 节点分别免密登录 slave1 和 slave2 节点进行测试，执行 exit 指令退出相应的数据节点。

(5) 在 slave1 和 slave2 节点登录 master 节点，执行如下的命令。

#ssh master

测试成功后执行 exit 指令退出 master 节点登录。

5. 在 3 个节点安装 Hadoop

在 Hadoop 官网下载 Hadoop3.1.1，选择 binary 格式，文件为 hadoop-3.1.1.tar.gz，在 Windows 桌面环境中使用 WinSCP 将其上传到每个虚拟机节点的 /usr/local/ 后，执行如下的命令。

#cd /usr/local
#tar -zxvf /usr/local/hadoop-3.1.1.tar.gz -C /usr/local
#cd /usr/local
#mv ./hadoop-3.1.1 ./hadoop   #将文件夹名改为 hadoop

在系统环境配置文件中添加 Hadoop 相关环境，即在 ~/.bashrc 文件的 JAVA_HOME 末尾追加，打开文件，执行如下的命令。

```
#vim ~/.bashrc
```

打开文件后,下载 3-3-1-5-Hadoop 安装 bashrc 文件,更新当前.bashrc 内容。同样需要执行 source ~/.bashrc,以使修改生效,再执行 HDFS 观察是否出现命令帮助提示,执行如下的命令。

```
#source ~/.bashrc
#hdfs
```

6. Hadoop 配置

首先,在 master 节点配置/usr/local/hadoop/etc/hadoop/下的 6 个相关配置文件 hadoop-env.sh、core-site.xml、hdfs-site.xml、yarn-site.xml、mapred-site.xml、workers。

(1) 修改 hadoop-env.sh,配置 Hadoop 运行中使用的变量,执行如下的命令。

```
#cd /usr/local/hadoop/etc/hadoop/
#vim hadoop-env.sh
```

打开文件后,下载 3-3-1-6-Hadoop 配置 env 文件,更新当前 hadoop-env.sh 内容。
(2) 修改 core-site.xml 文件,配置文件系统,执行如下的命令。

```
#vim core-site.xml
```

打开文件后,下载 3-3-1-6-Hadoop 配置 core-site 文件,更新当前 core-site.xml 内容。
(3) 修改 hdfs-site.xml 文件,配置文件系统和相关协议的访问地址,执行如下的命令。

```
#vim hdfs-site.xml
```

打开文件后,下载 3-3-1-6-Hadoop 配置 hdfs-site 文件,更新当前 hdfs-site.xml 内容。
(4) 修改 yarn-site.xml,配置 YARN 资源管理器的有关参数,执行如下的命令。

```
#vim yarn-site.xml
```

打开文件后,下载 3-3-1-6-Hadoop 配置 yarn-site 文件,更新当前 yarn-site.xml 内容。
(5) 修改 mapred-site.xml,配置 MapReduce 的有关参数,执行如下的命令。

```
#vim mapred-site.xml
```

打开文件后,下载 3-3-1-6-Hadoop 配置 mapred-site 文件,更新当前 mapred-site.xml 内容。
(6) 修改 workers,设置数据节点,执行如下的命令。

```
#vim workers
```

打开文件后,向文件末尾追加如下的配置。

```
slave1
slave2
```

（7）保证3个节点配置一致，将master节点的配置文件复制到集群其他节点，在master机器上执行如下的命令。

```
#scp hadoop-env.sh root@slave1:/usr/local/hadoop/etc/hadoop/
#scp core-site.xml root@slave1:/usr/local/hadoop/etc/hadoop/
#scp hdfs-site.xml root@slave1:/usr/local/hadoop/etc/hadoop/
#scp mapred-site.xml root@slave1:/usr/local/hadoop/etc/hadoop/
#scp yarn-site.xml root@slave1:/usr/local/hadoop/etc/hadoop/
#scp workers root@slave1:/usr/local/hadoop/etc/hadoop/
#scp hadoop-env.sh root@slave2:/usr/local/hadoop/etc/hadoop/
#scp core-site.xml root@slave2:/usr/local/hadoop/etc/hadoop/
#scp hdfs-site.xml root@slave2:/usr/local/hadoop/etc/hadoop/
#scp mapred-site.xml root@slave2:/usr/local/hadoop/etc/hadoop/
#scp yarn-site.xml root@slave2:/usr/local/hadoop/etc/hadoop/
#scp workers root@slave2:/usr/local/hadoop/etc/hadoop/
```

（8）在3个节点上分别创建Hadoop配置对应的目录，执行如下的命令。

```
mkdir /usr/hadoop
mkdir /usr/hadoop/tmp
mkdir /usr/local/hadoop/hdfs
mkdir /usr/local/hadoop/hdfs/name
mkdir /usr/local/hadoop/hdfs/data
```

7. 启动Hadoop

（1）格式化namenode。

第一次启动需在master节点进行格式化操作，执行如下的命令。

```
#hdfs namenode -format
```

如果提示信息中出现"/usr/local/hadoop/hdfs/name has been successfully formatted."，表示格式化成功。

（2）启动集群服务。

在master节点启动集群，执行如下的命令。

```
#cd /usr/local/hadoop
#sbin/start-all.sh
```

验证集群启动是否成功，在3个节点分别执行jps，查看启动服务情况。首先在master节点执行jps命令。

显示结果如下。

```
13780 NameNode
14443 ResourceManager
14875 Jps
```

```
14175 SecondaryNameNode
```

出现上面 4 个服务进程信息表示 master 节点作为名字节点、资源管理器、备用名字节点启动成功。

在 slave1 节点上执行 jps 命令,显示结果如下。

```
13880 NodeManager
14202 Jps
13755 DataNode
```

出现上面 3 个服务进程信息表示 slave1 节点作为数据节点、节点管理器启动成功。在 slave2 节点上执行 jps,与 slave1 节点类似,不再累述。

8. 用 Web 浏览器查看集群服务

在浏览器中访问 master:50070,Hadoop 集群的概览如图 3-2 所示,Hadoop 集群信息如图 3-3 所示。

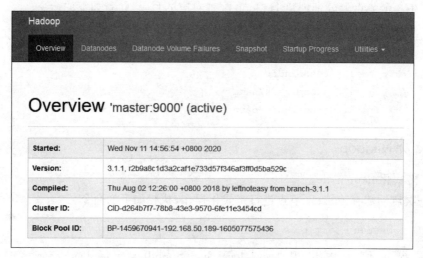

图 3-2 Hadoop 集群的概览

至此,完成整个安装以及配置过程。

9. 关闭集群服务

在 master 节点上执行如下的命令。

```
#sbin/stop-all.sh
```

10. 重新格式化

当启动 Hadoop 失败或者首次格式化失败,需要重新格式化。如果执行格式化后,slave1 或 slave2 节点中的 Datanode 无法启动,可尝试关闭 Hadoop 集群,删除 master 节点中 /usr/local/hadoop/hdfs/name/ 目录以及 slave1 或 slave2 节点中 /usr/local/hadoop/

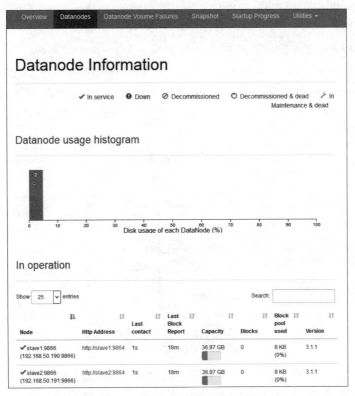

图 3-3　Hadoop 集群数据节点信息

hdfs/data/目录下的所有文件，再到 master 节点执行格式化，使 Namenode 和 Datanode 中的 ClusterID 一致。

11. WordCount 运行详解

（1）MapReduce 编程模型。

MapReduce 采用"分而治之"的思想，把对大规模数据集的操作，分发给一个主节点管理下的各个数据节点共同完成，然后通过整合各个数据节点的中间结果，得到最终结果。简而言之，MapReduce 是"任务的分解与结果的汇总"。

在 Hadoop 中用于执行 MapReduce 任务的机器角色有两个，一个是 JobTracker，另一个是 TaskTracker。JobTracker 用于调度工作，TaskTracker 用于执行工作。一个 Hadoop 集群中只有一个 JobTracker。

在分布式计算中，MapReduce 框架负责处理并行编程中分布式存储、工作调度、负载均衡、容错均衡、容错处理以及网络通信等复杂问题，把处理过程高度抽象为 map() 和 reduce() 两个函数，map() 负责把任务分解成多个任务，reduce() 负责把分解后多任务处理的结果汇总。

用 MapReduce 来处理的数据集（或任务）必须可以分解成许多小的数据集，而且所有小数据集可以完全并行地进行处理。

(2) MapReduce 处理过程。

如图 3-4 所示,在 Hadoop 中每个 MapReduce 任务都被初始化为一个 Job,每个 Job 分为 map 阶段和 reduce 阶段。这两个阶段分别用 map()函数和 reduce()函数来实现。map()函数接收一个<key,value>形式的输入,然后同样产生一个<key,value>形式的中间输出,reduce()函数接收一个如<key,(list of values)>形式的输入,然后对这个 value 集合进行处理,每个 reduce()产生 0 或 1 个输出,reduce()的输出也是<key,value>形式。

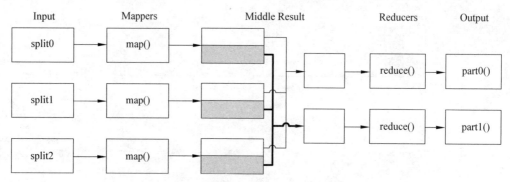

图 3-4 MapReduce 处理大数据的过程

(3) 运行 WordCount 程序。

单词计数以最简单的样例体现 MapReduce 思想,称为 MapReduce 版的 Hello World,该程序的完整代码可以在 Hadoop 安装包的 examples 目录下找到。单词计数的主要功能是统计某文本文件中每个单词出现的次数。

为实现单词计数,在 master 节点执行如下的命令。

```
#hadoop fs -chmod -R 777 /
#hadoop fs -mkdir /input
#hadoop fs -ls /
#hadoop fs -put LICENSE.txt /input
#hadoop jar share/hadoop/mapreduce/hadoop-mapreduce-examples-3.1.1.jar wordcount /input /output
```

查看结果文件和运行结果,执行如下的命令。

```
#hadoop fs -ls /output
```

命令执行结果显示如下。

```
Found 2 items
-rw-r--r--   1 root supergroup          0 2020-11-11 17:02 /output/_SUCCESS
-rw-r--r--   1 root supergroup      34795 2020-11-11 17:02 /output/part-r-00000
```

上面的输出信息表示单词计数成功并存储在 output 目录,查看单词计数统计结果,执行如下的命令。

```
#hadoop fs -cat /output/part-r-00000
```

命令执行结果显示如下。

```
......
'Your'          2
'You'           4
'as             1
'commercial'    3
'control'       2
```

12. WordCount 源码分析

(1) 特别数据类型介绍。

Hadoop 提供的数据类型都实现了 WritableComparable 接口,以便用这些类型定义的数据可以被序列化进行网络传输和文件存储,以及进行大小比较,具体数据类型如下。

BooleanWritable:标准布尔型数值。

ByteWritable:单字节数值。

DoubleWritable:双字节数。

FloatWritable:浮点数。

IntWritable:整型数。

LongWritable:长整型数。

Text:使用 UTF8 格式存储的文本。

NullWritable:当<key,value>中的 key 或 value 为空时使用。

(2) 各阶段说明。

- JobConf 具体配置项如下所列。

setInputFormat:设置 map 的输入格式,默认为 TextInputFormat,key 为 LongWritable,value 为 Text。

setNumMapTasks:设置 map 任务的个数,此设置通常不起作用,map 任务的个数取决于输入的数据所能分成的 input split 的个数。

setMapperClass:设置 Mapper,默认为 IdentityMapper。

setMapRunnerClass:设置 MapRunner,map task 是由 MapRunner 运行的,默认为 MapRunnable,其功能为顺次读取 input split 的全部 record,依次调用 Mapper 的 map() 函数。

setMapOutputKeyClass 和 setMapOutputValueClass:设置 Mapper 输出对 key-value 的格式。

setOutputKeyClass 和 setOutputValueClass:设置 Reducer 输出对 key-value 的格式。

setPartitionerClass 和 setNumReduceTasks:设置 Partitioner,默认为 HashPartitioner,其根据 key 的 Hash 值来决定进入哪个 partition,每个 partition 被一个 Reduce Task 处理,所以 partition 的个数等于 Reduce Task 的个数。

setReducerClass:设置 Reducer,默认为 IdentityReducer。

setOutputFormat：设置任务的输出格式，默认为 TextOutputFormat。

FileInputFormat.addInputPath：设置输入文件的路径（可以是一个文件、一个路径、一个通配符），可以被调用多次添加多个路径。

FileOutputFormat.setOutputPath：设置输出文件的路径，在 Job 运行前此路径不应该存在。

JobConf 对象制定作业执行规范，构造函数的参数为作业所在的类，Hadoop 会通过该类来查找包含该类的 JAR 文件。

构造 JobConf 对象后，指定输入和输出数据的路径。本书通过 FileInputFormat 的静态方法 addInputPath() 来定义输入数据的路径，路径可以是单个文件，也可以是目录（即目录下的所有文件）或符合特定模式的一组文件，可以多次调用 addInputPath() 方法。

同理，FileOutputFormat.setOutputPath() 指定输出路径，即写入目录。运行作业前，如果写入目录不应该存在，Hadoop 会拒绝并报错。这样设计主要是防止数据丢失，因为 Hadoop 运行时间长。

FileOutputFormat.setOutputPath() 和 conf.setMapperClass() 指定 map() 和 reduce() 类型。

接着，setOutputKeyClass 和 setOutputValueClass 指定 map() 和 reduce() 函数的输出类型，这两个函数的输出类型往往相同。如果不同，map() 函数的输出类型通过 setMapOutputKeyClass 和 setMapOutputValueClass 指定。

输入的类型用 InputFormat 设置，本例中没有指定，使用默认的 TextInputFormat。最后 JobClient.runJob() 会提交作业并等待完成，将结果写到控制台。

- MapReduce 的处理过程主要涉及以下 4 个部分。
  - 客户端 Client：用于提交 MapReduce 任务 Job。
  - JobTracker：协调整个 Job 的运行。它是一个 Java 进程，其 main class 为 JobTracker。
  - TaskTracker：运行此 Job 的 task，处理 input split。它是一个 Java 进程，其 main class 为 TaskTracker。
  - HDFS：Hadoop 分布式文件系统，在各个进程间共享 Job 相关的文件。JobClient.runJob() 创建一个新的 JobClient 实例，调用其 submitJob() 函数。JobClient 实例的作用依次为向 JobTracker 请求一个新的 Job ID、检测此 Job 的 output 配置、计算此 Job 的 input splits 和将 Job 运行所需的资源复制到 JobTracker 的文件系统中的文件夹中（包括 Job Jar 文件、job.xml 配置文件和 input splits）、通知 JobTracker 此 Job 已经可以运行。

提交任务后，runJob 每隔一秒钟轮询一次 Job 的进度，将进度返回到命令行，直到任务运行完毕。当 JobTracker 收到 submitJob 调用的时候，将此任务放到一个队列中，Job 调度器将从队列中获取任务并初始化任务。

初始化首先创建一个对象来封装 Job 运行的 tasks、status 以及 progress。在创建 task 之前，Job 调度器首先从共享文件系统中获得 JobClient 计算出的 input splits。其为每个 input split 创建一个 map task。每个 task 被分配一个 ID。

TaskTracker 周期性地向 JobTracker 发送 heartbeat。在 heartbeat 中，TaskTracker 告知 JobTracker 其已经准备运行一个新的 task，JobTracker 将分配给其一个 task。

在 JobTracker 为 TaskTracker 选择一个 task 之前，JobTracker 必须首先按照优先级选择一个 Job，在最高优先级的 Job 中选择一个 task。

TaskTracker 有固定数量的位置来运行 map task 或者 reduce task。默认的调度器对待 map task 优先于 reduce task。当选择 reduce task 的时候，JobTracker 不是在多个 task 之间选择，而是直接取下一个，因为 reduce task 没有数据本地化的概念。

TaskTracker 被分配了一个 task 后便运行此 task。首先，TaskTracker 将此 Job 的 Jar 从共享文件系统中复制到 TaskTracker 的文件系统中。TaskTracker 从 distributed cache 中将 Job 运行所需要的文件复制到本地磁盘。其次，其为每个 task 创建一个本地的工作目录，将 Jar 解压缩到文件目录中。最后，其创建一个 TaskRunner 来运行 task。

TaskRunner 创建一个新的 JVM 来运行 task。被创建的 child JVM 和 TaskTracker 通信来报告运行进度。

- Map 的过程：MapRunnable 从输入 split 中逐个读取记录，然后依次调用 Mapper 的 map() 函数，将结果输出。map() 的输出不是直接写入硬盘，而是将其写入缓存 memory buffer。当 buffer 中数据到达一定规模，一个背景线程将数据开始写入硬盘。在写入硬盘之前，内存中的数据通过 partitioner 分成多个 partition。在同一个 partition 中，背景线程会将数据按照 key 在内存中排序。每次从内存向硬盘 flush 数据，都生成一个新的 spill 文件。当此 task 结束之前，所有的 spill 文件被合并为一个被分区而且排好序的文件。Reducer 可以通过 HTTP 协议请求 map 的输出文件，tracker.http.threads 可以设置 HTTP 服务线程数。

- Reduce 的过程：当 map task 结束后，其通知 TaskTracker，TaskTracker 通知 JobTracker。对于一个 Job，JobTracker 知道 TaskTracer 和 map 输出的对应关系。Reducer 中一个线程周期性地向 JobTracker 请求 map 输出的位置，直到其取得了所有的 map 输出。reduce task 需要其对应的 partition 的所有的 map 输出。Reduce task 中的复制是当每个 map task 结束时开始复制输出，因为不同的 map task 完成时间不同。Reduce task 中有多个 copy 线程，可以并行复制 map 输出。当很多 map 输出复制到 reduce task 后，一个背景线程将其合并为一个大的排好序的文件。当所有的 map 输出都复制到 Reduce task 后，进入 sort 过程，将所有的 map 输出合并为大的排好序的文件。最后进入 Reduce 过程，调用 Reducer 的 reduce() 函数，处理排好序的输出的每个 key，最后的结果写入 HDFS。

- 任务结束：当 JobTracker 获得最后一个 task 的运行成功的报告后，将 Job 的状态改为成功。当 JobClient 从 JobTracker 轮询的时候，发现此 Job 已经成功结束，则向用户打印消息，从 runJob() 函数中返回。

（3）新的 WordCount 分析

下载 3-3-1-14-MapReduce-WordCount 源程序及分析文件，分析 map、reduce 和任务执行的具体实现。

13. WordCount 处理过程

WordCount 详细的执行步骤如下。

（1）将文件拆分成 splits，并将文件按行分割形成＜key，value＞对。以文件内容 "Hello World Bye World Hello Hadoop Bye Hadoop" 为例，如图 3-5 所示。这一步由 MapReduce 框架自动完成，其中偏移量（即 key 值）包括了回车所占的字符数（Windows 和 Linux 环境会不同）。

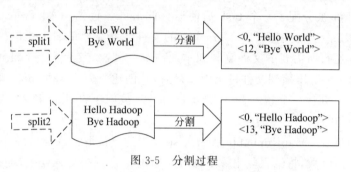

图 3-5　分割过程

（2）将分割好的＜key，value＞对交给 map() 方法处理，生成新的＜key，value＞对，如图 3-6 所示。

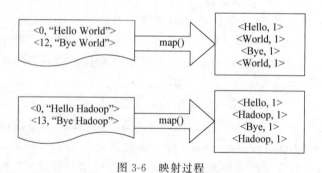

图 3-6　映射过程

（3）得到 map() 方法输出的＜key，value＞对后，Mapper 会将它们按照 key 值进行排序，并执行 Combine 过程，将 key 值相同的 value 值累加，得到 Mapper 的最终输出结果，如图 3-7 所示。

（4）Reducer 先对从 Mapper 接收的数据进行排序，再交由用户自定义的 reduce() 方法进行处理，得到新的＜key，value＞对，并作为 WordCount 的输出结果，如图 3-8 所示。

3.2.2　Eclipse 访问 Hadoop

1. 基础准备

（1）从官网下载 hadoop-eclipse-plugin-2.7.2.jar。

打开网页 https://wiki.apache.org/hadoop/EclipsePlugIn，进入下载页面，如图 3-9 所示。

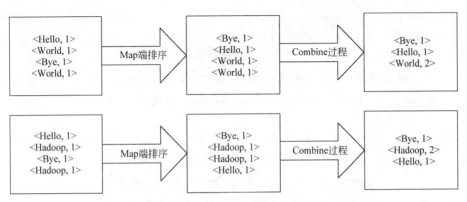

图 3-7 Map 排序与 Combine 过程

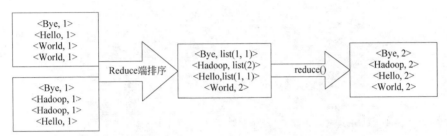

图 3-8 Reduce 排序与输出结果

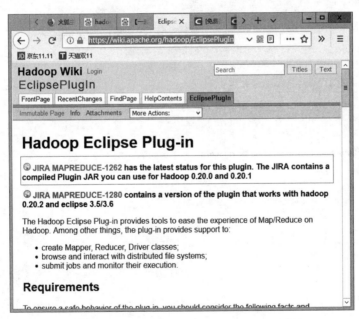

图 3-9 下载 hadoop-eclipse-plugin-2.7.2.jar 页面

（2）如前面 3.2.1 节所述，启动 Hadoop 集群。

（3）在名字节点安装 Eclipse，执行如下的命令。

```
#cd /usr/local
```

```
#tar -zxvf eclipse-jee-luna-SR2-linux-gtk-x86_64.tar.gz
#ln -s eclipse/eclipse /usr/bin/eclipse
#vi /usr/share/applications/eclipse.desktop
```

打开文件后，下载 3-3-2-1-eclipse-desktop 文件，作为 eclipse.desktop 文件的内容。

（4）将 /usr/share/applications 下的 eclipse.desktop 文件复制到桌面。

（5）启动 Eclipse。

如图 3-10 所示，依次单击应用程序→编程→Eclipse 4.4.2，设置并确认"/home/189/workspace"空间后，单击 OK 按钮后则成功启动 Eclipse，如图 3-11 所示。

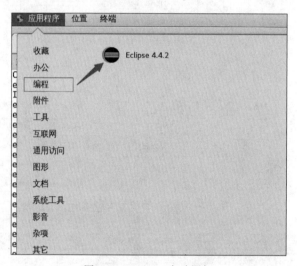

图 3-10　Eclipse 启动图标

图 3-11　Eclipse 4.4.2 开发环境界面

2. 安装 Hadoop 插件

如图 3-12 所示，Windows 桌面环境下借助 WinSCP 将 hadoop-eclipse-plugin-2.7.2.jar 复制到虚拟机 Master 主机的 eclipse/dropins 目录中。

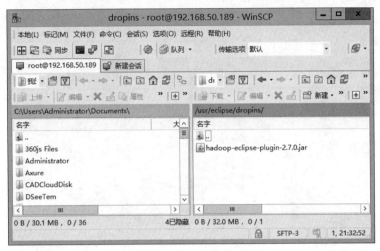

图 3-12　用 WinSCP 将 hadoop-eclipse-plugin-2.7.2.jar 复制到 /usr/eclipse/dropins 目录的界面

（1）配置 DFS Location。重启 Eclipse，依次选择 Window→show view→other→MapReduce Tools/Map/Reduce Locations，弹出如图 3-13 所示的对话框，单击图 3-13 右下角箭头所指图标，新建位置，进入如图 3-14 所示的对话框，在 Map/Reduce Master 组的 Host 和 Port 编辑框中分别输入 192.168.50.189 和 9001，在 DFS Master 组的 Port 中输入 9000，单击 Finish 按钮后出现如图 3-15 所示的 Map/Reduce Locations 记录。

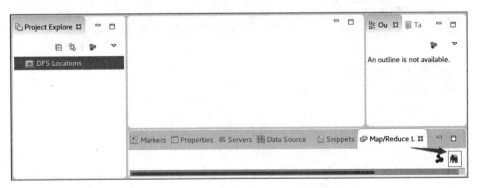

图 3-13　Map/Reduce Locations 操作界面

（2）新建 Map/Reduce 项目。在 Eclipse 中依次选择 File→New→Other...→Map/Reduce Project→Next，输入项目名 TestWordCount 后，浏览并选择 Hadoop 路径 /usr/local/hadoop，单击 Finish 按钮，则项目 TestWordCount 创建成功，此时项目浏览界面如图 3-16 所示。

（3）添加并编写 WordCount.java 源文件，其项目浏览界面如图 3-17 所示。

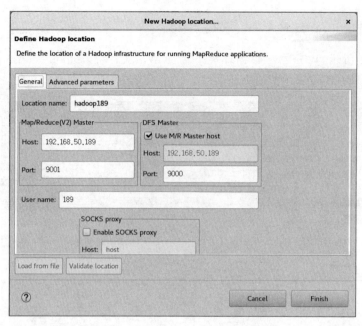

图 3-14　New Hadoop Location 对话框

图 3-15　Map/Reduce Locations 界面

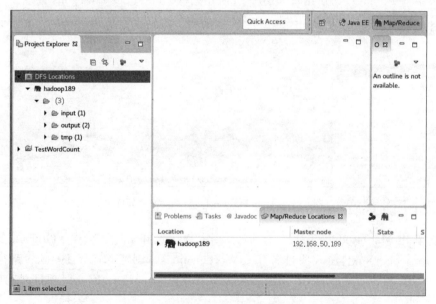

图 3-16　新建 Map/Reduce 项目成功后的项目浏览界面

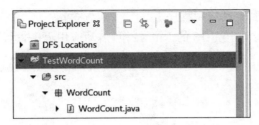

图 3-17 添加 WordCount 源文件后的项目浏览界面

下载 3-3-2-2-eclipse-WordCount 源程序文件,作为 WordCount.java 的内容。

(4)配置运行参数。在 master 节点中新建一个 HDFS 格式的 tmp 目录,执行如下的命令。

```
#hadoop fs -mkdir /tmp
```

修改目录权限,执行如下的命令。

```
#hadoop fs -chmod -R 777 /tmp
```

(5)在 Eclipse 本地开发环境中新建一个文件 input01,其文件内容如下。

```
hello world
hello china
hello jiangsu
hello suzhou
```

(6)配置 Run Configurations。在 Eclipse 中依次单击 Run→Run Configurations,以配置输入/输出参数,如图 3-18 所示。

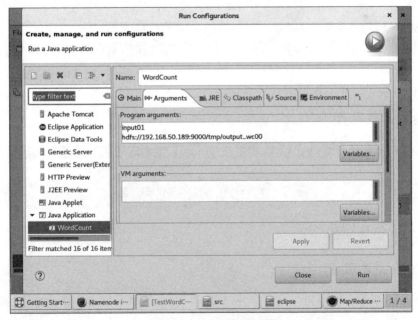

图 3-18 运行配置对话框

(7)单击 Run 按钮,启动应用程序。

配置参数完成后,单击图 3-18 的 Run 按钮,启动应用程序,运行结果如图 3-19 所示。

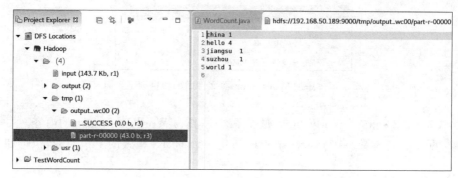

图 3-19 运行结果界面

3.2.3 自训任务和案例实践思考

1. 自训任务

在虚拟机上部署 Hadoop 3.1.1 伪分布式集群,要求如下。

(1) 3 个节点,即 1 个名字节点和 2 个数据节点。

(2) 主机名由 2 部分构成,名字节点和数据节点的主机名前半部分分别为 master 或 slave,后半部分为个人学号的后 3 位。

(3) 部署完成后打开网页 http://masterXXX:50070,XXX 为个人学号的后 3 位,观察集群状态。

(4) 运行 Hadoop 3.1.1 自带的 WordCount 单词个数统计样例包。

(5) 新建 Eclipse Map/Reduce 项目,求解 n 个数的最大值。

(6) 以 Word 文档提交完整的部署过程文档。运行结果截屏为证,体现个人主机特征。

(7) 图示给出求解最大值的具体过程。

2. 案例实践思考

根据水务云平台的解决方案,给出基于 Hadoop 生态环境的存储系统架构设计方案。

3.3 Ceph 分布式存储

3.3.1 Ceph 整体架构

1. Ceph 整体架构

Ceph 架构基于去中心化和高可靠性、高度自动化、高可扩展性的设计思路,其整体架构如图 3-20 所示。

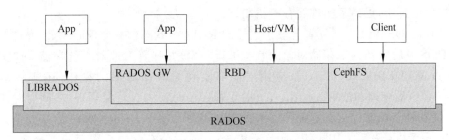

图 3-20　Ceph 整体架构

(1) 基础存储系统 RADOS。

可靠的自主的分布式对象存储(Reliable,Autonomic,Distributed Object Store)是一个完整的对象存储系统,所有存储在 Ceph 系统中的用户数据最终都是由这一层来存储的。RADOS 由大量的存储设备节点组成,每个节点拥有自己的硬件资源(CPU、内存、硬盘、网络),并运行操作系统和文件系统。

(2) 基础库 LIBRADOS。

LIBRADOS 对 RADOS 进行抽象和封装,并向上层提供 API,以便直接基于 RADOS 进行应用开发。物理上 LIBRADOS 和基于其上开发的应用位于同一台机器,因此被视为本地 API。应用调用本机上的 LIBRADOS API,再由后者通过 socket 与 RADOS 集群中的节点通信完成各种操作。

(3) 高层应用接口。

应用接口包括 RADOS GW(RADOS Gateway)、RBD(Reliable Block Device)和 CephFS(Ceph File System)3 个部分,均是在 LIBRADOS 库的基础上提供抽象层次更高、更便于应用或客户端使用的上层接口。

RADOS GW 是一个提供 Amazon S3 和 Swift 兼容的 RESTful API 的 gateway,以供相应的对象存储应用开发使用。RAIDS GW 提供的 API 抽象层次更高,但功能不如 LIBRADOS 强大。因此,开发者应针对自己的需求选择使用。

RBD 则提供了一个标准的块设备接口,常用于在虚拟化的场景下创建 volume。

CephFS 是一个 POSIX 兼容的分布式文件系统。

(4) 应用层。

应用层是不同场景下对于 Ceph 各个应用接口的各种应用方式,例如,基于 LIBRADOS 直接开发的对象存储应用、基于 RADOS GW 开发的对象存储应用、基于 RBD 实现的云硬盘等。

RADOS 是一个对象存储系统,也可以提供 LIBRADOS API,单独开发一个 RADOS GW 的原因如下所述。

LIBRADOS 提供本地 API,而 RADOS GW 提供 RESTful API,二者的编程模型和实际性能不同,这与二者抽象层次的目标应用场景差异有关。虽然 RADOS 和 S3、Swift 同属分布式对象存储系统,但 RADOS 提供的功能更为基础和丰富。

RESTful 是一种软件架构风格,设计风格而不是标准,只是提供了一组设计原则和约束条件。它主要用于客户端和服务器交互类的软件。基于这个风格设计的软件具有更简洁,层次更鲜明,更易于实现缓存等机制。

LIBRADOS API 向开发者开放了大量的 RADOS 状态信息与配置参数,允许开发者对 RADOS 系统以及其中存储对象的状态进行观察,并强有力地对系统存储策略进行控制。通过调用 LIBRADOS API,应用层能够实现对数据对象的操作,还能够实现对 RADOS 系统的管理和配置。LIBRADOS 更适用于对系统有着深刻理解,同时对于功能定制扩展和性能深度优化有着强烈需求的高级用户。基于 LIBRADOS 的开发更适合在私有 Ceph 系统上开发专用应用,或者为基于 Ceph 的公有存储系统开发后台数据管理、处理应用。而 RADOS GW 则更适用于常见的基于 Web 的对象存储应用,例如公有云上的对象存储服务。

(5)基本概念。

Ceph 涉及的组件如表 3-1 所示。

表 3-1 Ceph 涉及的组件

组件	功能
Monitor	一个 Ceph 集群需要多个 Monitor 组成的小集群,它们通过 Paxos 同步数据,用来保存 OSD 的元数据
OSD	OSD 负责相应客户端请求返回具体数据的进程,一个 Ceph 集群一般都有很多个 OSD
MDS	MDS 的全称为 Ceph Metadata Service,是 CephFS 服务依赖的元数据服务
Object	Ceph 最底层的存储单位是 Object 对象,每个 Object 包含元数据和原始数据
PG	PG 的全称为 Placement Groups,它是一个逻辑的概念,一个 PG 包含多个 OSD。引入 PG 这一层其实是为了更好地分配数据和定位数据
RADOS	RADOS 是 Ceph 集群的精华,为用户实现数据分配等集群操作
LIBRADOS	LIBRADOS 是 RADOS 提供库,因为 RADOS 是协议很难直接访问,因此上层的 RBD、RGW 和 CephFS 都是通过 LIBRADOS 访问 PHP、Ruby、Java、Python 等
CRUSH	CRUSH 是 Ceph 使用的数据分布算法,类似一致性 Hash,让数据分配到预期的地方
RBD	RBD 的全称为 RADOS Block Device,是 Ceph 对外提供的块设备服务
Image	RBD image 是简单的块设备,可以直接被 mount 到主机,成为一个 device,用户可以直接写入二进制数据。Image 的数据被保存为若干个 RADOS 对象存储中的对象;Image 的数据空间是 thin provision 的,意味着 Ceph 不预先分配空间,而是等到实际写入数据时按照 Object 分配空间;每个 data object 被保存为多份。pool 将 RBD 镜像的 ID 和 name 等基本信息保存在 rbd_directory 中,这样 RBD ls 命令就可以快速返回一个 pool 中所有的 RBD 镜像
RGW	RGW 的全称为 RADOS gateway,是 Ceph 对外提供的对象存储服务,接口与 S3 和 Swift 兼容
CephFS	CephFS 的全称为 Ceph File System,是 Ceph 对外提供的文件系统服务
Pool	Pool 是 Ceph 存储时的逻辑分区,它起到 namespace 的作用

2. RADOS 的逻辑结构

RADOS 的系统逻辑结构如图 3-21 所示。RADOS 集群主要由两种节点组成：一种是为数众多的、负责完成数据存储和维护功能的 OSD(Object Storage Device)；另一种是若干个负责完成系统状态监测和维护的 Monitor。OSD 和 Monitor 之间互相传输节点状态信息，共同得出系统的总体工作状态，并形成一个全局系统状态记录数据结构，即 Cluster Map。这个数据结构与 RADOS 提供的特定算法相配合，以便实现 Ceph"无须查表，算算就好"的核心机制以及若干优秀特性。

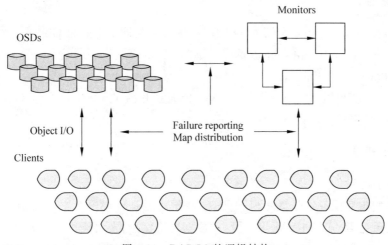

图 3-21 RADOS 的逻辑结构

在使用 RADOS 系统时，大量的客户端程序通过 OSD 或者 Monitor 的交互获取 Cluster Map，然后直接在本地进行计算，得出对象的存储位置后，便直接与对应的 OSD 通信，完成数据的各种操作。

在 RADOS 的运行过程中，Cluster Map 的更新完全取决于系统的状态变化，而导致这一变化的常见事件有 OSD 出现故障、RADOS 规模扩大两种。

3. OSD 的逻辑结构

由数目可变的大规模 OSDs 组成的集群，负责存储所有的 Objects 数据。OSD 可以被抽象成两个组成部分，即系统部分和守护进程（OSD deamon）部分。

OSD 系统的本质是一台安装操作系统和文件系统的计算机，其硬件部分至少包括一个单核的处理器、一定数量的内存、一块硬盘以及一张网卡。在实际应用中，通常将多个 OSD 集中部署在一台更大规模的服务器上。

每个 OSD 拥有一个自己的 OSD deamon。OSD deamon 负责完成 OSD 的所有逻辑功能，与 Monitor 和其他 OSD 通信以维护更新系统状态，与其他 OSD 共同完成数据的存储和维护，与 Client 通信完成各种数据对象操作等。

由少量 Monitors 组成的强耦合、小规模集群负责管理 Cluster Map，其中 Cluster

Map 是整个 RADOS 系统的关键数据结构,管理所有成员、关系、属性等信息以及数据的分发。

Cluster Map 的功能如下。

(1) 管理 Cluster 的核心数据结构。

(2) 指定 OSDs 的数据分布信息。

(3) Monitor 上存有最新副本。

(4) 依靠增加 epoch(版本号)来维护及时更新的增量信息。

4. 数据存放

PG(Placement Group)是 Objects 的逻辑集合。相同 PG 里的 Object 会被系统分发到相同的 OSDs 集合中。由 Object 的名称通过 Hash 算法得到的结果结合其他一些参数可以得到 Object 所对应的 PF。

RADOS 系统根据 Cluster Map 将 PGs 分配到相应的 OSDs。这组 OSDs 证实 PG 中的 Objects 数据的存储位置。

5. 应用场景

(1) 块存储。

块存储的典型设备是磁盘阵列和硬盘,主要功能是将裸磁盘空间映射给主机使用。它的优点是通过 Raid 与 LVM 等手段,对数据提供保护;多块廉价的硬盘组合起来,提高容量;多块磁盘组合出来的逻辑盘,提升读写效率。其缺点是采用 SAN 架构组网时,光纤交换机造价成本高;主机之间无法共享数据。块存储适用于 Docker 容器、虚拟机磁盘存储分配、日志存储和文件存储需求的应用场景。

(2) 文件存储。

典型的文件存储设备是 FTP 和 NFS 服务器。为克服块存储文件无法共享的问题,所以提供文件存储。在服务器上架设 FTP 与 NFS 服务,属于文件存储。文件存储的优点是造价低,普通 PC 即可实现,方便文件共享;其缺点是文件读写速率低、传输速率慢。文件存储适用于日志存储和有目录结构的文件存储的应用场景。

(3) 对象存储。

典型的对象存储设备是内置大容量硬盘的分布式服务器(Swift 和 S3)。多台服务器内置大容量硬盘,安装对象存储管理软件后,对外提供读写访问功能。对象存储的优点是具备块存储的读写高速和文件存储的共享等特性。它适合更新变动较少的数据的应用场景,如图片存储和视频存储。

3.3.2 Ceph 集群环境部署

1. 部署规划结构

在 3 台虚拟机上,部署如表 3-2 所示的节点和进程。

表 3-2 部署规划结构

主机名称	主机 IP	说 明	进 程
master	192.168.50.194	管理主节点	Dashboard Admin mon.1 osd.1 mds.1 rgw.1
slave1	192.168.50.190	子节点	mon.2 osd.2 mds.2 rgw.2
slave2	192.168.50.191	子节点	mon.3 osd.3 mds.3 rgw.3

2. 配置 3 个节点的网络属性

不失一般性,下面以 master 节点的配置为例加以说明。在 master 节点上执行如下的命令。

```
#vim /etc/sysconfig/network-scripts/ifcfg-ens33
```

下载 3-4-2-2-ifcfg-ens33 文件,将其作为 ifcfg-ens33 的内容。
如果出现网卡不好用、网路不通情况,就执行如下的命令。

```
#systemctl stop NetworkManager
#systemctl disable NetworkManager
#systemctl restart network
#systemctl stop NetworkManager
#systemctl start NetworkManager
```

3. 操作系统的基础配置

依次在 3 个节点上执行如下的命令。
(1) 修改主机名。
如前所述,已经完成。
(2) 编辑/etc/hosts 文件。
主机名映射到 IP 地址,如前所述,已经完成。
(3) 修改 YUM 安装源,提高下载速度。
在 master 节点,执行如下的命令。

```
#vim /etc/yum.repos.d/ceph.repo
```

打开文件后,下载 3-4-2-3-ceph-repo 文件,将其作为 ceph.repo 的内容(采用国内清华镜像源)。然后把 master 节点上的 ceph.repo 复制到 slave1 和 slave2 节点。

```
#scp /etc/yum.repos.d/ceph.repo root@slave1:/etc/yum.repos.d/ceph.repo
#scp /etc/yum.repos.d/ceph.repo root@slave2:/etc/yum.repos.d/ceph.repo
```
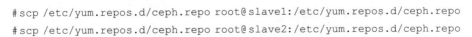

(4) 安装 NTP 时间同步工具。
Ceph 集群要求时间保持同步,通过 NTP 时间同步可以保障所有节点时间一致,首先执行如下的命令。

```
#yum install ntp ntpdate ntp-doc -y
```

为确保时区正确,设置开机启动,执行如下的命令。

```
#systemctl enable ntpd
```

将时间每隔1小时自动校准同步,执行如下的命令。

```
#vim /etc/rc.d/rc.local
```

打开文件后,在文件末尾追加下面的指令。

```
/usr/sbin/ntpdate ntp1.aliyun.com >/dev/null 2>&1; /sbin/hwclock -w
```

最后配置定时任务,先执行如下的命令。

```
#crontab -e
```

文件打开后,向其中添加如下的命令。

```
0 */1 * * * ntpdate ntp1.aliyun.com >/dev/null 2>&1; /sbin/hwclock -w
```

(5) 内核优化,调整内核参数。

打开文件 sysctl.conf,执行如下的命令。

```
#vim /etc/sysctl.conf
```

打开文件后,向文件末尾追加如下内容。

```
kernel.pid_max=4194303
vm.swappiness =0
```

使内核修改生效,执行如下的命令。

```
#sysctl -p
```

通过数据预读并且记载到随机访问内存方式提高磁盘读操作,8192是比较理想的值,设置 read_ahead 实现预读,执行如下的命令。

```
#echo "8192" >/sys/block/sda/queue/read_ahead_kb
```

SSD 采用 noop,SATA/SAS 采用 deadline,对 I/O Scheduler 优化,执行如下的命令。

```
#echo "deadline" >/sys/block/sda/queue/scheduler
#echo "noop" >/sys/block/sda/queue/scheduler
```

(6) 关闭 SELinux。

打开 config 文件,执行如下的命令。

```
#vim /etc/selinux/config
```

打开文件后,进行如下设置。

```
SELINUX=disabled
```

(7) 使修改临时生效,执行如下的命令。

setenforce 0

4. SSH 免密登录配置

(1) 创建新用户。

官方建议不用系统内置用户,创建名为 ceph_user 用户,假设密码为 lhb_123456,执行如下的命令。

useradd -d /home/ceph_user -m ceph_user
passwd ceph_user

(2) 设置 sudo 权限,执行如下的命令。

echo "ceph_user ALL = (root) NOPASSWD:ALL" | sudo tee /etc/sudoers.d/ceph_user
sudo chmod 0440 /etc/sudoers.d/ceph_user

以上两个步骤请依次在 3 台机器上执行。下面的步骤在主节点执行即可。
(3) 生成密钥。
切换用户,执行如下的命令。

su ceph_user

产生密钥,执行如下的命令。

$ ssh-keygen

一直按默认提示单击生成 RSA 密钥信息。
(4) 分发密钥至各机器节点,执行如下的命令。

$ ssh-copy-id ceph_user@slave1
$ ssh-copy-id ceph_user@slave2

(5) 让 root 管理用户采用 ceph_user 连接并支持远程免密登录。

管理节点有 root 和 ceph_user 多个用户,SSH 默认会以当前用户身份进行远程连接登录,如果以 root 身份进行远程连接,还是需要输入密码,需要简化,简化过程如下。
首先,切换到 root 身份,执行如下的命令。

$ su

然后,修改 SSH 连接配置文件,执行如下的命令。

cd /home/ceph_user
vim .ssh/config

打开文件后,编辑文件内容如下。

Host master
    Hostname master

```
    User ceph_user
Host slave1
    Hostname slave1
    User ceph_user
Host slave2
    Hostname slave2
    User ceph_user
```

最后,修改文件权限(不能采用 777 最大权限),执行如下的命令。

```
#chmod 600 .ssh/config
#su ceph_user
```

使用 SSH 进行远程连接测试(主机名称区分大小写),执行如下的命令。

```
[ceph_user@master .ssh]$ssh slave1
[ceph_user@slave1 ~]$exit
[ceph_user@master .ssh]$ssh slave2
[ceph_user@slave2 ~]$exit
[ceph_user@master .ssh]$
```

(6) 开放端口,非生产环境,可以直接禁用防火墙(在 3 台节点执行,非常重要),使用如下的命令。

```
$sudo systemctl stop firewalld.service
$sudo systemctl disable firewalld.service
```

5. Ceph 集群搭建与配置

为避免目录权限等问题,采用 root 身份进行安装。

(1) 安装 Ceph 与 Ceph-Deploy 组件(在 3 台节点分别执行),执行如下的命令。

```
#cd /home/ceph_user
#yum update --skip-broken
#yum install epel-release -y
#yum install lttng-ust -y
#yum -y install ceph ceph-deploy
#yum -y install python2-pip
```

(2) 在主节点创建集群配置目录,执行如下的命令。

```
#mkdir ceph-cluster
#cd ceph-cluster
#su ceph_user
```

注意,此目录作为 Ceph 操作命令的基准目录,存储集群配置信息。

(3) 在主节点创建集群,执行如下的命令。

```
$sudo chmod 777 /home/ceph_user/ceph-cluster/
```

```
$ceph-deploy new master slave1 slave2
```

创建成功后,会生成一个配置文件 ceph.conf。

(4) 如果集群安装配置出现问题,需要重新安装,执行如下的命令。

```
[ceph_user@master ceph-cluster]$ceph-deploy purge master slave1 slave2
[ceph_user@master ceph-cluster]$ceph-deploy purgedata master slave1 slave2
[ceph_user@master ceph-cluster]$ceph-deploy forgetkeys
```

然后,执行步骤(3),重新开始。

(5) 在主节点修改配置文件,执行如下的命令。

```
[ceph_user@master  ceph-cluster]$sudo vim ceph.conf
```

打开文件后,下载 3-4-2-5-ceph-conf 文件,作为 ceph.conf 的内容。

(6) 在主节点执行安装,执行如下的命令。

```
[ceph_user@master ceph-cluster]$ceph-deploy install master slave1 slave2
```

如果出现错误:ceph_deploy〕〔ERROR〕 RuntimeError:Failed to execute command:ceph --version,则需要在各节点上单独进行安装,执行如下的命令。

```
$sudo yum -y install ceph
```

如果没有仓库文件 ceph.repo,查看 YUM 的源配置文件是否完整,网路是否通畅,或采用其他数据源进行安装。

(7) 在主节点初始化 Monitor 信息。

```
[ceph_user@master ceph-cluster]$ceph-deploy --overwrite-conf config push master slave1 slave2
[ceph_user@master ceph-cluster]$ceph-deploy mon create-initial
```

如果初始化失败,需改变 ceph.conf 配置,然后同步推送到所有节点,执行如下的命令。

```
[ceph_user@master ceph-cluster]$ceph-deploy --overwrite-conf config push master slave1 slave2
[ceph_user@master ceph-cluster]$ceph-deploy --overwrite-conf mon create-initial
```

(8) 在主节点同步管理信息,下发配置文件和管理信息至各节点,执行如下的命令。

```
[ceph_user@master ~]$ceph-deploy admin master slave1 slave2
```

(9) 在主节点安装守护进程,高于 12.x 版本需安装 mgr 管理守护进程,执行如下的命令。

```
[ceph_user@master ~]$ceph-deploy mgr create master slave1 slave2
```

(10) 在 3 个节点安装 OSD 对象存储设备。注意新版本的 OSD 没有 prepare 与

activate 命令。因而需要新的硬盘作为 OSD 存储设备,关闭 3 个虚拟机,然后分别增加一块硬盘,最后格式化。

- 向虚拟机添加磁盘设备。

选中 189 虚拟机,右击,选择"设置"选项,进入"虚拟机设置"界面,如图 3-22 所示。

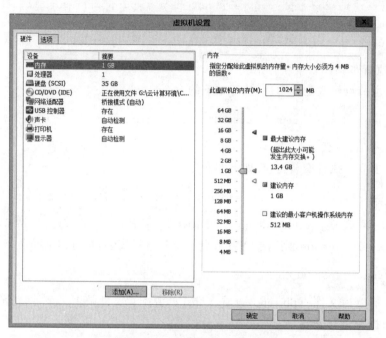

图 3-22 "虚拟机设置"界面

单击图 3-22 所示的"添加"按钮,进入如图 3-23 所示的界面。

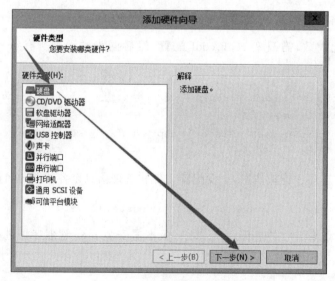

图 3-23 "添加硬件向导"界面

在图 3-23 中,依次单击"硬盘"选项和"下一步"按钮。在新的界面中选择"SCSI(S)(推荐)"选项,单击"下一步"按钮,选择"创建新虚拟磁盘"后,继续单击"下一步"按钮,指定磁盘容量 5GB,选择"立即分配所有磁盘空间"以及"将虚拟盘拆分成多个文件",接着单击"下一步"按钮,磁盘文件默认,最后依次单击"完成"和"确定",退出设置界面。不失一般性,191 和 192 虚拟机新磁盘的添加与 189 虚拟机类似。

- 格式化新磁盘。

重启虚拟机,查看新磁盘名称,执行如下的命令。

[ceph_user@master ceph-cluster]$sudo fdisk -l

设备在虚拟机设置中的对应关系如图 3-24 所示。其中 sdb1 预先分配,以便创建 OSD 对象。

图 3-24 虚拟机设备信息中的 sda、sdb 和 sdb1

格式化虚拟机硬盘,执行如下的命令。

[ceph_user@master ceph-cluster]$sudo fdisk /dev/sdb1
欢迎使用 fdisk (util-linux 2.23.3)。
更改将停留在内存中,等待将更改写入磁盘。
使用写入命令前请三思。
Device does not contain a recognized partition table
使用磁盘标识符 0x2857c639 创建新的 DOS 磁盘标签。
命令(输入 m 获取帮助):m
Partition type:
　　p　primary (0 primary, 0 extended, 4 free)
　　e　extended

```
Select (default p):
Using default response p
```
分区号 (1-4,默认 1):
起始 扇区 (2048～10485759,默认为 2048):
将使用默认值 2048
Last 扇区,+扇区 or +size{K,M,G} (2048～10485759,默认为 10485759):
将使用默认值 10485759
分区 1 已设置为 Linux 类型,大小设为 5 GB
命令(输入 m 获取帮助):m
```
The partition table has been altered!
Calling ioctl() to re-read partition table.
```
正在同步磁盘。

- 创建 OSD,执行如下的命令。

```
[ceph_user@master ceph-cluster]$ceph-deploy gatherkeys master
[ceph_user@master ceph-cluster]$ ceph-deploy --overwrite-conf config push master slave1 slave2
[ceph_user@master ceph-cluster]$ ceph-deploy osd create --data /dev/sdb1 slave1
```

同样,部署 OSD 在 master 和 slave2。

```
[ceph_user@master ceph-cluster]$ ceph-deploy osd create --data /dev/sdb1 slave2
[ceph_user@master ceph-cluster]$ ceph-deploy osd create --data /dev/sdb1 master
[ceph_user@master ceph-cluster]$ceph-deploy admin  master slave1 slave2
```

6.启动集群服务与验证节点

在主节点执行如下的命令。

```
[root@master ceph-cluster]#systemctl start  ntpd
[root@master ceph-cluster]#systemctl status  ntpd
```

启动 NTPD 服务成功后,依次启动 slave1 和 slave2 节点的 NTPD 服务。

```
[root@slave1 ceph-cluster]#systemctl start  ntpd
[root@slave1 ceph-cluster]#systemctl status  ntpd
[root@slave2 ceph-cluster]#systemctl start  ntpd
[root@slave2 ceph-cluster]#systemctl status  ntpd
```

在 3 个节点启动 Monitor,执行如下的命令。

```
[ceph_user@master ceph-cluster]$sudo systemctl  restart  ceph-mon.target
[root@slave1 ceph-cluster]#systemctl  restart  ceph-mon.target
[root@slave2 ceph-cluster]#systemctl  restart  ceph-mon.target
```

在主节点执行如下的命令。

```
[ceph_user@master ceph-cluster]$ sudo chmod +r /etc/ceph/ceph.client.
admin.keyring
[ceph_user@master ceph-cluster]$ sudo systemctl enable ceph-mon.target
[ceph_user@master ceph-cluster]$ sudo systemctl enable ceph-osd.target
[ceph_user@master ceph-cluster]$ sudo systemctl enable ceph-mds.target
[ceph_user@master ceph-cluster]$ sudo systemctl enable ceph.target
[ceph_user@master ceph-cluster]$ ceph -s
cluster:
    id:     5ab6dfb7-fa6b-4d37-a736-0c8da29ce349
    health: HEALTH_OK
  services:
    mon: 3 daemons, quorum master,slave1,slave2
    mgr: slave1(active), standbys: master, slave2
    osd: 3 osds: 3 up, 3 in
  data:
    pools:   0 pools, 0 pgs
    objects: 0 objects, 0 B
    usage:   3.0 GiB used, 12 GiB / 15 GiB avail
    pgs:
```

输入 ceph health 或 ceph -s 查看 Ceph 集群状态,如果出现 HEALTH_OK 代表正常。如果看到 mon、mgr、osd 3 个节点的信息,说明各节点的服务安装成功。

7. 管理后台 Dashboard 安装

在主节点上执行下面的操作。

(1) 开启 Dashboard 模块,执行如下的命令。

```
[ceph_user@master ceph-cluster]$ ceph mgr module enable dashboard
```

(2) 生成签名,执行如下的命令。

```
[ceph_user@master ceph-cluster]$ ceph dashboard create-self-signed-cert
```

(3) 创建目录。

在 /usr/local/ceph-cluster 目录下创建,执行如下的命令。

```
[ceph_user@master ceph-cluster]$ sudo mkdir mgr-dashboard
[ceph_user@master ceph-cluster]$ cd mgr-dashboard
[ceph_user@master mgr-dashboard]$ pwd
/home/ceph_user/ceph-cluster/mgr-dashboard
```

(4) 生成密钥对,执行如下的命令。

```
[ceph_user@master mgr-dashboard]$ sudo openssl req -new -nodes -x509 -subj
"/O=IT/CN=ceph-mgr-dashboard" -days 3650 -keyout dashboard.key -out
dashboard.crt -extensions v3_ca
    [ceph_user@master mgr-dashboard]$ ll
```

(5) 启动 Dashboard, 执行如下的命令。

```
[ceph_user@master mgr-dashboard]$ ceph mgr module disable dashboard
[ceph_user@master mgr-dashboard]$ ceph mgr module enable dashboard
```

(6) 设置 IP 与 PORT, 执行如下的命令。

```
[ceph_user@master mgr-dashboard]$ ceph config set mgr mgr/dashboard/server_addr 192.168.50.194
[ceph_user@master mgr-dashboard]$ ceph config set mgr mgr/dashboard/server_port 8843
```

如需关闭 SSL, 执行如下的命令。

```
[ceph_user@master mgr-dashboard]$ ceph config set mgr mgr/dashboard/ssl false
```

(7) 查看服务信息, 执行如下的命令。

```
[ceph_user@master mgr-dashboard]$ ceph mgr services
```

(8) 设置管理用户与密码, 执行如下的命令。

```
[ceph_user@master mgr-dashboard]$ ceph dashboard set-login-credentials admin 123456
```

(9) 扩充主节点内存容量至至少 1.5GB。

(10) 访问 https://slave1:8443。

在 Firefox 浏览器的地址栏中输入 https://slave1:8443, 进入网站后弹出如图 3-25 所示的提示。单击"高级"按钮, 弹出如图 3-26 所示的"添加例外"对话框。单击"添加例外"按钮, 进入如图 3-27 所示的对话框。单击"确认安全例外"按钮, 进入如图 3-28 所示的登录界面。

图 3-25 不安全提示界面

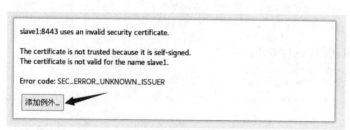

图 3-26 "添加例外"对话框

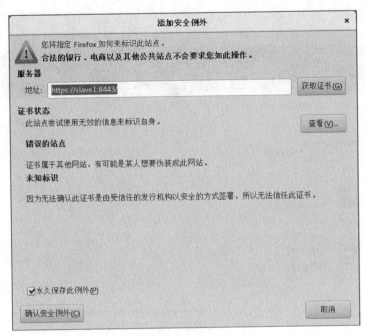

图 3-27 "添加安全例外"对话框

图 3-28 登录界面

在图 3-28 中,用户名和密码分别输入 admin 和 123456,单击 Login 按钮,确认无误后进入如图 3-29 所示的 Ceph 状态仪表盘。

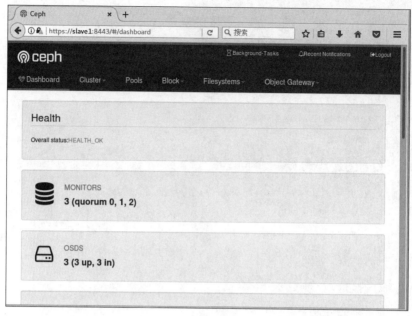

图 3-29　Ceph 状态仪表盘

8. 创建 CephFS 文件系统

集群创建完成后默认没有文件系统,需要创建一个 CephFS 可以支持对外访问的文件系统。

(1) 在 slave1 和 slave2 上创建 MDS,执行如下的命令。

[ceph_user@master ceph-cluster]$ceph-deploy mds create slave1
[ceph_user@master ceph-cluster]$ceph-deploy mds create slave2

(2) 创建两个存储池,执行如下的命令。

[ceph_user@master ceph-cluster]$ceph osd pool create ceph_fs_data 128
[ceph_user@master ceph-cluster]$ceph osd pool create ceph_fs_metadata 64

如果 OSD 数量少于 5 个,可以设置 pg_num 为 128;如果 OSD 数量在 5~10,可以设置 pg_num 为 512;如果 OSD 数量在 10~50,可以设置 pg_num 为 4096;如果 OSD 数量大于 50,需要计算 pg_num 的值。

查看当前创建的存储池,执行如下的命令。

[ceph_user@master ceph-cluster]$ceph osd lspools

(3) 创建 fs,名称为 fs_test,执行如下的命令。

[ceph_user@master ceph-cluster]$ceph fs new fs_test ceph_fs_metadata ceph_fs_data

(4) 查看创建信息,执行如下的命令。

```
[ceph_user@master ceph-cluster]$ ceph fs ls
[ceph_user@master ceph-cluster]$ ceph mds stat
```

如果创建错误,则需要删除,执行如下的命令。

```
# ceph fs rm fs_test --yes-i-really-mean-it
# ceph osd pool delete cephfs_data cephfs_data --yes-i-really-really-mean-it
# ceph osd pool delete cephfs_metadata cephfs_metadata --yes-i-really-really-mean-it
```

需要输入两次名称,并附带--yes-i-really-really-mean-it 参数。同时确保在 ceph.conf 中开启以下配置(在上面集群配置文件中已经开启)。

```
mon allow pool delete=true
[ceph_user@master ceph-cluster]$ ceph -s
    cluster:
      id:     5ab6dfb7-fa6b-4d37-a736-0c8da29ce349
      health: HEALTH_OK
    services:
      mon: 3 daemons, quorum master,slave1,slave2
      mgr: slave1(active), standbys: master, slave2
      mds: fs_test-1/1/1 up {0=slave1=up:active}, 1 up:standby
      osd: 3 osds: 3 up, 3 in
    data:
      pools:   2 pools, 192 pgs
      objects: 22 objects, 2.2 KiB
      usage:   3.0 GiB used, 12 GiB / 15 GiB avail
      pgs:     192 active+clean
```

(5) 采用 fuse 挂载,先确定 ceph-fuse 命令能执行。如果不能执行,则需要安装,执行如下的命令。

```
[ceph_user@master ceph-cluster]$ sudo yum -y install ceph-fuse
```

(6) 创建挂载目录,执行如下的命令。

```
[ceph_user@master ceph-cluster]$ sudo mkdir -p /usr/local/cephfs
```

(7) 挂载 CephFS,执行如下的命令。

```
[ceph_user@master ceph-cluster]$ sudo vim  /etc/fuse.conf
[root@master ceph-cluster]$ ceph-fuse -k /etc/ceph/ceph.client.admin.keyring -m master:6789 /usr/local/cephfs -o nonempty
[root@master ceph-cluster]$ ceph-fuse -k /etc/ceph/ceph.client.admin.keyring -m slave1:6789 /usr/local/cephfs -o nonempty
[root@master ceph-cluster]$ ceph-fuse -k /etc/ceph/ceph.client.admin.keyring -m slave2:6789 /usr/local/cephfs -o nonempty
```

(8) 查看磁盘挂载信息,执行如下的命令。

```
[ceph_user@master ceph-cluster]$df -h
文件系统                      容量      已用      可用   已用%   挂载点
/dev/mapper/centos-root      32G      5.4G     27G    17%    /
devtmpfs                     473M     0        473M   0%     /dev
tmpfs                        489M     9.5M     479M   2%     /dev/shm
tmpfs                        489M     7.1M     482M   2%     /run
tmpfs                        489M     0        489M   0%     /sys/fs/cgroup
/dev/sda1                    1014M    162M     853M   16%    /boot
tmpfs                        98M      28K      98M    1%     /run/user/1001
/dev/sr0                     4.3G     4.3G     0      100%   /run/media/ceph_user/
                                                             CentOS 7 x86_64
ceph-fuse                    5.7G     0        5.7G   0%     /usr/local/cephfs
```

可以看到，/usr/local/cephfs 目录已成功挂载。

（9）验证 CephFS 文件系统存储，执行如下的命令。

```
[ceph_user@master ceph-cluster]$ceph -s
  cluster:
    id:     5ab6dfb7-fa6b-4d37-a736-0c8da29ce349
    health: HEALTH_OK
  services:
    mon: 3 daemons, quorum master,slave1,slave2
    mgr: slave1(active), standbys: master, slave2
    mds: fs_test-1/1/1 up {0=slave1=up:active}, 1 up:standby
    osd: 3 osds: 3 up, 3 in
  data:
    pools:   2 pools, 192 pgs
    objects: 22 objects, 3.9 KiB
    usage:   3.0 GiB used, 12 GiB / 15 GiB avail
    pgs:     192 active+clean
[ceph_user@master ceph-cluster]$sudo vim /usr/local/cephfs/TextStore
```

编辑文件，保存后退出。再次查看 Ceph 集群状态，执行如下的命令。

```
[ceph_user@master ceph-cluster]$ceph -s
  cluster:
    id:     5ab6dfb7-fa6b-4d37-a736-0c8da29ce349
    health: HEALTH_OK
  services:
    mon: 3 daemons, quorum master,slave1,slave2
    mgr: slave1(active), standbys: master, slave2
    mds: fs_test-1/1/1 up {0=slave1=up:active}, 1 up:standby
    osd: 3 osds: 3 up, 3 in
  data:
    pools:   2 pools, 192 pgs
    objects: 25 objects, 154 KiB
```

```
    usage:    3.0 GiB used, 12 GiB / 15 GiB avail
    pgs:      192 active+clean
 io:
    client:   7.2 KiB/s wr, 0 op/s rd, 2 op/s wr
```

3.3.3 Java 访问 Ceph 数据的相关细节

有很多公司内部已经部署 Ceph，也有很多公司使用阿里的 OSS 或者亚马逊的 S3。在当前硬件廉价的大环境下，更多的公司愿意把自己的数据内容自我保管，实现企业私有云。对于 Ceph 企业私有云，使用 Java 技术栈来访问 Ceph 是客户端应用开发的首选。

1. 部署 LIBRADOS 环境

客户端应用程序需要 LIBRADOS 才能连接到 Ceph 存储集群。
（1）安装 jna.jar，执行如下的命令。

```
# cd /usr/share/java
# sudo yum install jna
```

（2）克隆 rados-java 代码库，执行如下的命令。

```
# git clone --recursive https://github.com/ceph/rados-java.git
```

（3）编译 rados-java 代码，执行如下的命令。

```
# cd rados-java
# ant
```

（4）关联路径。
复制该 JAR 文件到公共目录（例如 /usr/share/java），并且确认该文件和 JNA JAR 在 JVM's classpath 目录中。关联路径，执行如下的命令。

```
# sudo cp target/rados-0.1.3.jar /usr/share/java/rados-0.1.3.jarsudo
# ln -s /usr/share/java/jna-3.3.6.jar /usr/lib/jvm/default-java/jre/lib/ext/jna-3.3.6.jarsudo
# ln -s /usr/share/java/rados-0.1.3.jar /usr/lib/jvm/default-java/jre/lib/ext/rados-0.1.3.jar
```

编译文档，执行如下的命令。

```
# ant docs
```

2. 配置群集句柄

一个 Ceph 的客户端（Client）通过 LIBRADOS 直接与交互的 OSD 来存储和检索数据。与 OSD 交互时客户端应用程序必须调用 LIBRADOS 并连接到 Ceph Monitor。连接后，LIBRADOS 从 Ceph Monitor 中能检索 Cluster Map。当客户端应用程序读取或写入数据时，它会创建 I/O 上下文并绑定到池。该池具有关联的规则集，该规则集定义了如何将数据放入存储集群中,如图 3-30 所示。通过 I/O 上下文,客户端向 LIBRADOS 提供对象名称,它获取对象名称和集群映射(即集群的拓扑)并计算用于定位数据的放置组和 OSD。然后,客户端应用程序可以读取或写入数据,客户端应用程序无须直接了解集群的拓扑。

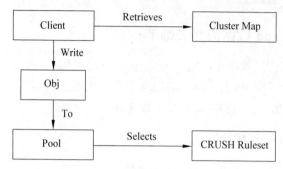

图 3-30　Java 客户端读写 Ceph 数据的过程

Ceph 存储集群句柄封装了客户端配置,具体如下。

- 使用用户 ID 的 rados_create() 或使用用户名称的 rados_create2()(推荐使用此方法)。
- Cephx 认证密钥。
- Monitor ID 和 IP 地址。
- 记录级别。
- 调试级别。

Ceph 客户端连接 Monitor 的流程如图 3-31 所示。

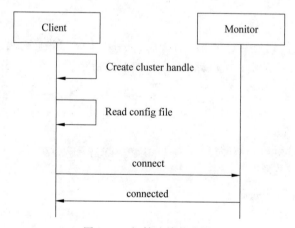

图 3-31　初始连接的流程

如图 3-31 所示,Java 应用程序集群连接的步骤如下。

第 1 步:创建应用程序将用于连接到存储集群的集群句柄。

第 2 步:使用该句柄进行连接。要连接到集群,应用程序必须提供 Monitor 地址,用户名和身份验证密钥(默认情况下启用 Cephx)。与不同的 Ceph 存储集群交互,或与不同用户的同一集群交互需要不同的集群句柄。RADOS 提供了多种设置所需值的方法。

对于Monitor和加密密钥设置,一种处理它们的简单方法是确保Ceph配置文件包含密钥环文件的密钥环路径和至少一个Monitor地址(如mon主机)。

例如:

```
[global]
mon host =192.168.1.1
keyring =/etc/ceph/ceph.client.admin.keyring
```

第3步:创建句柄后,读取Ceph配置文件以配置句柄。还可将参数传递给Java应用程序,并使用函数解析它们以解析命令行参数(例如,rados_conf_parse_argv()),或解析Ceph环境变量(例如,rados_conf_parse_env())。某些包装器无法实现便捷方法,因此需要实现这些功能。

连接后,应用程序可以仅使用集群句柄调用影响整个集群的功能。例如,一旦有了集群句柄,就能实现如下的操作。

- 获取集群统计信息。
- 使用池操作(存在,创建,列表,删除)。
- 获取并设置配置。

Ceph的一个强大功能是能够绑定到不同池。每个池可能具有不同数量的放置组、对象副本和复制策略。可将池设置为"热"池,将SSD用于常用对象,或使用擦除编码的"冷"池。

Java要求指定用户ID(admin)或用户名(client.admin),并使用默认的ceph cluster name。Java绑定将基于C++的错误转换为异常。

3. 创建I/O上下文

一旦应用程序具有集群句柄和与Ceph存储集群的连接,就可以创建I/O上下文并开始读取和写入数据。I/O上下文将连接绑定到特定池。用户必须具有适当的CAPS权限才能访问指定的池。例如,具有读访问权限但不具有写访问权限的用户将只能读取数据。

I/O上下文功能如下所列。

- 读/写数据和扩展属性。
- 列出并迭代对象和扩展属性。
- 快照池,列表快照等。

RADOS使应用程序可以同步和异步交互。一旦应用程序具有I/O上下文,读/写操作只需要知道object/xattr名称。封装在LIBRADOS中的CRUSH算法使用集群映射来识别适当的OSD。

下载3-4-3-3-Java-Ceph文件,查看Java访问Ceph的流程、步骤和基本操作源程序文档示例。示例使用默认数据池,也可以使用API列出池,确保它们存在,或者创建和删除池。对于写操作,这些示例说明了如何使用同步模式。对于读取操作,这些示例说明了如何使用异步模式。使用API删除池时需要小心。如果删除池,池中的池和所有数据将丢失。

3.3.4 自训任务和案例实践思考

1. 自训任务

在 3 台虚拟机上部署 Ceph 分布式存储集群,规划结构如表 3-3 所示。

表 3-3 部署规划结构

主机名称	主机 IP	说　明	进　　程
masterYY	192.168.XX.189	管理主节点	Dashboard Admin mon.1 osd.1 mds.1 rgw.1
slaveYY	192.168.XX.190	子节点	mon.2 osd.2 mds.2 rgw.2
slaveYY	192.168.XX.191	子节点	mon.3 osd.3 mds.3 rgw.3

基本要求如下。

(1) 主机名称的 YY 为个人学号后 2 位,主机 IP 的 XX 为个人局域网的相应网段。
(2) 给出完整的 Ceph 集群部署文档,操作和结果以截屏为证。
(3) 给出 ceph.cnf 配置常用参数的含义。
(4) 给出基于 Eclipse 的 Java 访问 Ceph 项目运行程序和结果截屏。
(5) 给出所遇到的问题和解决办法(至少 5 个问题)。

2. 案例实践思考

对于水务云平台,选用 HDFS 与 Ceph,哪个更恰当,并给出理由和依据。

3.4 NoSQL 数据库 HBase

3.4.1 HBase 概述

HBase 是 Hadoop 的生态系统,是建立在 Hadoop 文件系统(HDFS)之上的分布式、面向列的数据库,通过利用 Hadoop 的文件系统提供容错能力。当需要进行实时读/写或者随机访问大规模的数据集时,考虑使用 HBase。

1. HBase 处理数据

虽然 Hadoop 是一个高容错、高延时的分布式文件系统和高并发的批处理系统,但是它不适用于提供实时计算。HBase 是可以提供实时计算的分布式数据库,数据被保存在 HDFS 分布式文件系统上,由 HDFS 保证其高容错性。但是在生产环境中,HBase 是如何基于 Hadoop 提供实时性呢? HBase 上的数据是以 StoreFile(HFile)二进制流的形式存储在 HDFS 上 block 块中,但 HDFS 并不知道 HBase 用于存储什么,它只把存储文件认为是二进制文件,HBase 的存储数据对于 HDFS 文件系统是透明的。

2. HBase 与 HDFS 的比较

表 3-4 对 HDFS 与 HBase 进行了比较。

表 3-4 HDFS 与 HBase 的比较

HDFS	HBase
HDFS 适用于存储大容量文件的分布式文件系统	HBase 是建立在 HDFS 之上的数据库
HDFS 不支持快速单独记录查找	HBase 提供较大的表以便快速查找
HDFS 提供了高延迟批量处理	HBase 提供了数十亿条记录低延迟访问的单个行记录（随机存取）
HDFS 提供的数据只能顺序访问	HBase 内部使用 Hush 表和提供随机接入，并且其存储索引，可将在 HDFS 文件中的数据进行快速查找

3. HBase 数据模型

HBase 通过表格的模式存储数据，每个表格由列和行组成，其中，每个列又被划分为若干个列族(Column Family)，如图 3-32 所示。

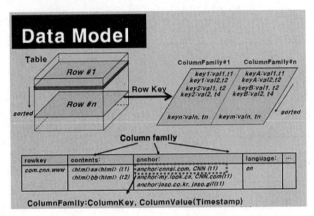

图 3-32 HBase 数据模型

4. 逻辑数据模型

图 3-32 对应的逻辑数据模型如表 3-5 所示。

表 3-5 逻辑数据模型示例

Row Key	TimeStamp	Column		
		'contents'	'anchor'	'mime'
'com.cnn.www'	t9		'anchor:cnnsi.com'	'CNN'
	t8		'anchor:my.look.ca'	'CNN.com'
	t6	'<html>...'		'text/html'
	t5	'<html>...'		
	t3	'<html>...'		

5. 物理数据模型

与表 3-5 对应的物理数据模型如表 3-6 所示。

表 3-6　物理数据模型示例

Row Key	TimeStamp	Column 'contents'	
'com.cnn.www'	t6	'<html>...'	
	t5	'<html>...'	
	t3	'<html>...'	

Row Key	TimeStamp	Column 'anchor'	
'com.cnn.www'	t9	'anchor:cnnsi.com'	'CNN'
	t8	'anchor:my.look.ca'	'CNN.com'

Row Key	TimeStamp	Column 'mime'
'com.cnn.www'	t6	text/html

6. HBase 架构

HBase 的架构如图 3-33 所示。

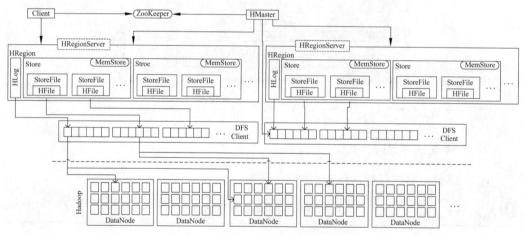

图 3-33　HBase 的架构

通过图 3-33 可以看出，HBase 中的每张表都按照一定的范围被分割成多个子表（HRegion），默认一个 HRegion 超过 256MB 就要被分割成两个，这个过程由 HRegionServer 管理，管理哪些 HRegion 由 HMaster 分配。

HBase 中的一些组成部件以及它们起到的作用如下所列。

（1）Client：Client 包含访问 HBase 的接口，并维护 cache 来加快对 HBase 的访问。

（2）ZooKeeper：HBase 依赖 ZooKeeper，默认情况下，HBase 管理 ZooKeeper 实例（启动或关闭 ZooKeeper），Master 与 RegionServers 启动时会向 ZooKeeper 注册。

ZooKeeper 的作用如下所列。
- 保证任何时候,集群中只有一个 master。
- 存储所有 Region 的寻址入口。
- 实时监控 Region Server 的上线和下线信息,并实时通知给 master。
- 存储 HBase 的 schema 和 table 元数据。

(3) HRegionServer:HRegionServer 用来维护 master 分配给它的 Region,处理对这些 Region 的 I/O 请求;负责切分正在运行过程中变得过大的 Region。

(4) HRegion:HBase 表在行的方向上分隔为多个 Region。Region 是 HBase 中分布式存储和负载均衡的最小单元,即不同的 Region 可以分别在不同的 Region Server 上,但同一个 Region 是不会拆分到多个 Server 上。Region 按大小分隔,每个表一般只有一个 Region,当 Region 的某个列族达到一个阈值(默认为 256MB)时就会分成两个新的 Region。

(5) Store:每一个 Region 由一个或多个 Store 组成,至少是一个 Store,HBase 会把一起访问的数据放在一个 Store 里面,即为每个 ColumnFamily 建一个 Store,有几个 ColumnFamily,就有几个 Store。一个 Store 由一个 memStore 和 0 或者多个 StoreFile 组成。Store 的大小被 HBase 用来判断是否需要切分 Region。

(6) StoreFile:memStore 内存中的数据写到文件后就是 StoreFile,StoreFile 底层是以 HFile 的格式保存。

(7) HLog:HLog 记录数据的所有变更,可以用来恢复文件,一旦 Region Server 死机,就可以从 Log 中进行恢复。

(8) LogFlusher:LogFlusher 类用来调用 HLog.optionalSync()。

3.4.2 HBase 分布式部署

1. 安装 ZooKeeper

以下操作如无特殊说明,在 master 节点上执行,账户均为 root。

(1) 关闭防火墙。

把 3 台虚拟机的防火墙关掉,接着安装 ZooKeeper,最后安装 HBase。root 账户下,执行如下的命令。

```
#systemctl stop firewalld
#systemctl disable firewalld
#systemctl status firewalld
```

上面的关闭防火墙命令不会立即生效,需重启后才生效。

(2) 从官网下载并解压 zookeeper-3.5.14.gz,执行如下的命令。

```
#cd /usr/local
#tar -zxvf zookeeper-3.5.14.tar.gz
```

(3) 配置 zoo.cfg,执行如下的命令。

```
#mv zookeeper-3.5.14 zookeeper
```

```
#cd ./zookeeper/conf
#cp zoo_sample.cfg zoo.cfg
#cd ..
#mkdir  data
#touch  data/myid
#vim data/myid
```

打开文件后,需要在 myid 文件里写上 Server 序号。master 节点里面的 myid 写 1,slave1 节点里面的 myid 写 2,slave2 节点里面的 myid 写 3。存盘后退出。继而修改 zoo.cfg 文件,执行如下的命令。

```
#cd conf
#vi zoo.cfg
```

打开文件后,3 个节点的数据目录均为 dataDir=/usr/local/zookeeper/data/。对于 master 节点,在尾部追加如下的内容。

```
server.1=0.0.0.0:2881:3881
server.2=slave1:2881:3881
server.3=slave2:2881:3881
```

对于 slave1 节点,在尾部追加如下的内容。

```
server.1=master:2881:3881
server.2=0.0.0.0:2881:3881
server.3=slave2:2881:3881
```

对于 slave2 节点,在尾部追加如下的内容。

```
server.1=master:2881:3881
server.2=slave1:2881:3881
server.3=0.0.0.0:2881:3881
```

下载 3-5-2-1-zoo-cfg-master 文件,作为 master 节点的内容。
这里的 2881 是 leader 的 port,3881 是 follower 的 port,也可以是其他值。
(4) 在 master 节点复制 ZooKeeper 到 slave1 和 slave2。

```
#scp -r /usr/local/zookeeper  slave1:/usr/local
#scp -r /usr/local/zookeeper  slave2:/usr/local
```

复制完毕后,修改 zookeeper/conf 文件的 myid,slave1 节点设为 2,slave2 节点设为 3。

(5) 查看端口占用情况,执行如下的命令。

```
#sudo netstat -nltp | grep 2181
```

如果屏幕提示显示空,则 2181 端口未被占用。
否则,如果显示:　tcp　0　0 :::2181　　:::*　　LISTEN　3071/java

则说明占用ZooKeeper对应端口号的应用是Java,只需要kill掉该应用就可以启动ZooKeeper。则需执行如下的命令。

#sudo kill -9 3071

(6) 查看启动进程,执行如下的命令。

#jps

命令执行结果显示如下。

6435 ResourceManager
9219 Jps
5764 NameNode
6172 SecondaryNameNode

(7) 在3个节点上分别启动ZooKeeper。

首先,设置ZooKeeper环境变量,执行如下的命令。

#echo export PATH=\"\$PATH:/usr/local/zookeeper/bin\" >>~/.bashrc
#source ~/.bashrc

其次,查看zookeeper/data是否存在历史遗留数据,执行如下的命令。

#cd /usr/local/zookeeper/data
#ls

命令执行结果显示如下。

myid   version-2   zookeeper.out   zookeeper_server.pid

上面的version-2、zookeeper.out和zookeeper_server.pid是历史遗留数据,需要清除,执行如下的命令。

#rm -rf zookeeper_server.pid
#rm -rf version-2
#rm -rf zookeeper.out

如果没有历史遗留数据,直接执行如下的命令。

#zkServer.sh start

(8) 查看ZooKeeper状态,执行如下的命令。

[root@master data]#jps

命令执行结果显示如下。

10323 QuorumPeerMain
4964 --process information unavailable
10427 Jps
3469 NameNode

3885 SecondaryNameNode

[root@master zookeeper] #zkServer.sh status

命令执行结果显示如下。

ZooKeeper JMX enabled by default
Using config: /usr/local/zookeeper/bin/../conf/zoo.cfg
Mode: follower

[root@slave2 data]#jps

命令执行结果显示如下。

1667 DataNode
5476 QuorumPeerMain
5533 Jps

[root@slave2 zookeeper]#zkServer.sh status

命令执行结果显示如下。

ZooKeeper JMX enabled by default
Using config: /usr/local/zookeeper/bin/../conf/zoo.cfg
Mode: leader

(9) 查看 ZooKeeper 是否安装成功,执行如下的命令。

#zkCli.sh -server master:2181

命令执行结果显示如下。

[zk: master:2181(CONNECTED) 0] create /lhb hello
[zk: master:2181(CONNECTED) 1] get /lhb
[zk: master:2181(CONNECTED) 2] quit

至此,整个 ZooKeeper 已经安装完成。
(10) 停止 ZooKeeper,执行如下的命令。

#bin/zkServer.sh stop

(11) 查看日志,执行如下的命令。

#vi /usr/local/zookeeper/data/zookeeper.out

2. 部署伪分布式 HBase

在通过快速启动 HBase 的独立模式工作之后,可以重新配置 HBase 以伪分布式模式运行。伪分布模式意味着 HBase 仍然在单个主机上完全运行,但是每个 HBase 守护进程(HMaster、HRegionServer 和 ZooKeeper)作为一个单独的进程运行。在独立模式下,所有守护进程都运行在一个 JVM 进程/实例中。默认情况下,除非按照快速启动 HBase 的独立模式中所述配置 hbase.rootdir 属性,否则数据仍存储在/tmp/中。本书将数据存储在 HDFS 中,假设有 HDFS 可用。可以跳过 HDFS 配置,继续将数据存储在本地文件系统中。

以下操作如无特殊说明,在 master 节点上执行,账户均为 root。

(1) 从官网下载 hbase-2.0.5-bin.tar.gz 文件后进行解压,执行如下的命令。

```
# tar -zxf /usr/local/hbase-2.0.5-bin.tar.gz -C /usr/local
```

(2) 将解压的文件更名为 HBase,执行如下的命令。

```
# sudo mv /usr/local/hbase-2.0.5 /usr/local/hbase
```

(3) 配置环境变量,执行如下的命令。

```
# vim ~/.bashrc
```

打开文件后,文件内容编辑如下。

```
# HBase Environment Variables
export HBASE_HOME=/usr/local/hbase
export PATH=$HBASE_HOME/bin:$PATH
export PATH=$HBASE_HOME/lib:$PATH
```

(4) 执行生效,执行如下的命令。

```
# source ~/.bashrc
```

(5) 查看安装结果,执行如下的命令。

```
# hbase version
```

如果输出信息中发现 JAR 包有重复,移除其中一个,执行如下的命令。

```
# sudo rm -rf /usr/local/hbase/lib/slf4j-log4j12-1.7.25.jar
```

再次执行如下的查看版本命令。

```
# hbase version
```

命令执行结果显示如下。

```
HBase 2.0.5
Source code repository git://dd7c519a402b/opt/hbase-rm/output/hbase revision=76458dd074df17520ad451ded198cd832138e929
Compiled by hbase-rm on Mon Mar 18 00:41:49 UTC 2019
From source with checksum fd9cba949d65fd3bca4df155254ac28c
```

以上输出信息表示问题已解决,安装成功。

(6) 配置 hbase-env.sh,执行如下的命令。

```
#vim /usr/local/hbase/conf/hbase-env.sh
```

打开文件后,向文件末尾追加如下的内容。

```
export JAVA_HOME=/usr/java/jdk1.8.0_181-amd64
export HBASE_CLASSPATH=/usr/local/hadoop/etc/hadoop
export HBASE_MANAGES_ZK=false
```

(7) 配置 hbase-site.xml。

修改 hbase.rootdir,指定 HBase 数据在 HDFS 上的存储路径,将属性 hbase.cluter.distributed 设置为 true。假设当前 Hadoop 集群运行在伪分布式模式下,在本机上运行,且 NameNode 运行在 9000 端口。hbase.rootdir 指定 HBase 的存储目录。hbase.cluster.distributed 设置集群处于分布式模式。

此过程假定已在本地系统或远程系统上配置 Hadoop 和 HDFS,并且它们正在运行且可用。如果 HBase 正在运行,则需要停止它。如果刚刚完成快速启动 HBase 的独立模式并且 HBase 仍在运行,仍需停止它。这个过程将创建一个全新的目录,HBase 将存储它的数据,之前创建的任何数据库都将丢失。

编辑 hbase-site.xml 配置。首先,添加以下指示 HBase 以分布式模式运行的属性,每个守护进程有一个 JVM 实例。

```
<property>
  <name>hbase.cluster.distributed</name>
  <value>true</value>
</property>
```

接下来,将 hbase.rootdir 从本地文件系统更改为 HDFS 实例的地址,使用 HDFS 或 URI 语法。在这个例子中,HDFS 在端口 8020 的本地主机上运行。

```
<property>
  <name>hbase.rootdir</name>
  <value>hdfs://localhost:8020/hbase</value>
</property>
```

不需要在 HDFS 中创建目录,HBase 会创建。如果创建了这个目录,HBase 会做一个迁移。检查 HDFS 中的 HBase 目录。如果一切正常,HBase 在 HDFS 中创建它的目录。在上面的配置中,它存储在 HDFS 上的 /hbase/ 中。可以使用 Hadoop 的 bin/ 目录中的 hadoop fs 命令来列出此目录。

```
$ ./bin/hadoop fs -ls /hbase
```

创建一个表并使用数据填充它。可以使用 HBase Shell 创建一个表,使用数据填充它,使用与 Shell 练习中相同的步骤扫描并从中获取值。

```
#vim /usr/local/hbase/conf/hbase-site.xml
```

打开文件后,下载 3-5-2-2-hbase-site 文件,作为 hbase-site.xml 的内容。

(8) 将 master 节点的 HBase 复制到 slave1 和 slave2 节点,执行如下的命令。

```
#scp -r /usr/local/hbase   slave1:/usr/local
#scp -r /usr/local/hbase   slave2:/usr/local
#scp -r ~/.bashrc slave1:~
#scp -r ~/.bashrc slave2:~
#scp -r /etc/profile slave1:/etc
#scp -r /etc/profile slave2:/etc
```

在 slave1 和 slave2 节点上使.bashrc 和 profile 生效,执行如下的命令。

```
#source ~/.bashrc
#source /etc/profile
```

(9) 在 master 启动 HBase。

在同一个硬件上运行多个 HMaster 实例,在生产环境中没有意义,就像运行伪分布式集群对于生产没有意义一样。HMaster 服务器控制 HBase 集群,最多可以启动 9 个备份 HMaster 服务器,这个服务器总共有 10 个 HMaster 计算主服务器。要启动备份 HMaster,使用 local-master-backup.sh。对于要启动的每个备份主节点,添加一个表示该主节点的端口偏移量的参数。每个 HMaster 使用 3 个端口(默认情况下为 16010、16020 和 16030)。端口偏移量被添加到这些端口,因此使用偏移量 2,备份 HMaster 将使用端口 16012、16022 和 16032。以下命令使用端口 16012/16022/16032、16013/16023/16033 和 16015/16025/16035 启动 3 个备份服务器。

启动备份服务器,执行如下的命令。

```
#./bin/local-master-backup.sh start 2 3 5
```

要在不杀死整个集群的情况下杀死备份主机,则需要查找其进程 ID(PID)。PID 存储在一个名为/tmp/hbase-USER-X-master.pid 的文件中。该文件的唯一内容是 PID。可以使用 kill -9 命令杀死该 PID。终止具有端口偏移 1 的主服务器,但保持集群正在运行,执行如下的命令。

```
#cat /tmp/hbase-testuser-1-master.pid |xargs kill -9
```

启动和停止其他 RegionServers。HRegionServer 按照 HMaster 的指示管理 StoreFiles 中的数据。通常,一个 HRegionServer 在集群中的每个节点上运行。在同一个系统运行多个 HRegionServers,对于伪分布式模式下的测试非常有用。该 local-regionservers.sh 命令允许运行多个 RegionServer。它以类似的 local-master-backup.sh 命令的方式工作,因为每个参数都代表实例的端口偏移量。每个 RegionServer 需要两个端口,默认端口是 16020 和 16030。但是,由于 HMaster 使用默认端口,所以其他 RegionServers 的基本端口不是默认端口,而 HMaster 自从 HBase 版本 1.0.0 以来也是 RegionServer。基本端口是 16200 和 16300。可以在服务器上运行另外 99 个不是 HMaster 或备份 HMaster 的 RegionServer。从 16202/16302(基本端口 16200/16300 加

2)开始的顺序端口上启动运行另外 4 个 RegionServers,执行如下的命令。

```
$.bin/local-regionservers.sh start 2 3 4 5
```

如果系统配置正确,该 jps 命令应显示 HMaster 和 HRegionServer 进程正在运行。启动 HBase,执行如下的命令。

```
#start-hbase.sh
```

命令执行结果显示如下。

```
running master, logging to /usr/local/hbase/logs/hbase-189-master-master.out
: running regionserver, logging to /usr/local/hbase/logs/hbase-189-regionserver-master.out
```

(10) 查看 HBase 状态。

在宿主机浏览器地址栏输入 192.168.50.189:16010,进入后得到如图 3-34 所示的状态网页。

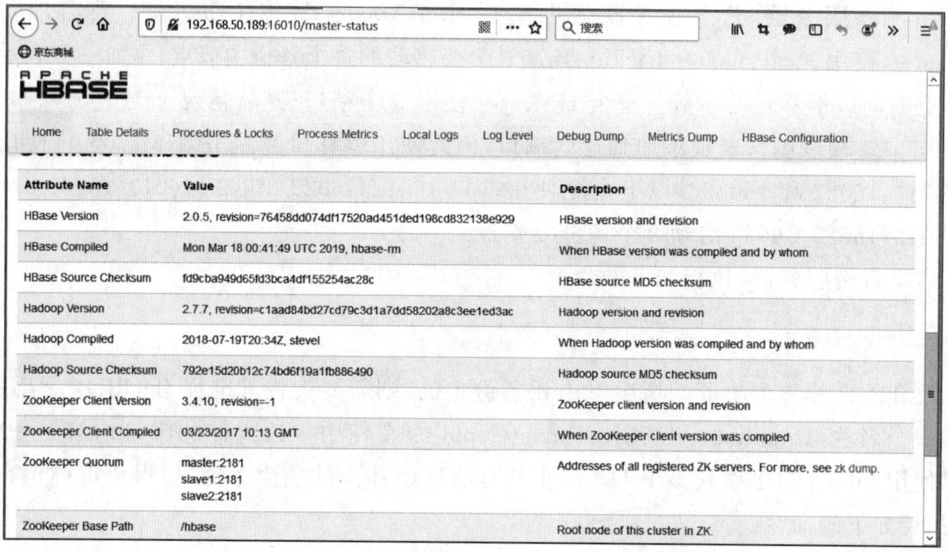

图 3-34　HBase 状态浏览页

(11) 在 master 节点进入 HBase Shell,执行如下的命令。

```
[root@master local]#hbase shell
hbase(main):001:0>
```

查看版本。

```
hbase(main):001:0>version
2.0.5, r76458dd074df17520ad451ded198cd832138e929, Mon Mar 18 00:41:49 UTC 2019
Took 0.0007 seconds
```

查看状态。

```
hbase(main):002:0>status
1 active master, 0 backup masters, 1 servers, 0 dead, 2.0000 average load
Took 3.3112 seconds
```

退出 HBase Shell。

```
hbase(main):003:0>exit
[root@master local]#
```

(12) 查看当前运行进程,执行如下的命令。

```
#jps
```

命令执行结果显示如下。

```
6435 ResourceManager
35443 Jps
5764 NameNode
34440 HRegionServer
9385 QuorumPeerMain
34298 HMaster
6172 SecondaryNameNode
```

(13) 停止 HBase,执行如下的命令。

要手动停止 RegionServer,请使用带有 stop 参数和服务器偏移量的 local-regionservers.sh 命令停止。

```
$bin/local-regionservers.sh stop 3
```

停止 HBase。可以使用 bin/stop-hbase.sh 命令以与快速启动独立式 HBase 过程相同的方式停止 HBase。

```
#stop-hbase.sh
```

(14) 查看 HBase 日志,执行如下的命令。

```
#cd usr/local/hbase/logs
#ls
```

命令执行结果显示如下。

```
hbase-189-master-master.log      hbase-189-regionserver-master.out
hbase-189-master-master.out      SecurityAuth.audit
hbase-189-regionserver-master.log
```

3. 部署完全分布式 HBase

现在需要一个完全分布式配置来全面测试 HBase,并将其用于实际场景中。在分布式配置中,集群包含多个节点,每个节点运行一个或多个 HBase 守护进程。这些包括主要和备份主实例,多个 ZooKeeper 节点和多个 RegionServer 节点。将 3 个节点添加到集群,架构设计如表 3-7 所示。

表 3-7　HBase 完全分布式集群架构

节点名称	Master	ZooKeeper	RegionServer
master	是	是	没有
slave1	备用	是	是
slave2	没有	是	是

假定每个节点都是虚拟机,并且它们都在同一个网络上。它基于之前的快速入门和伪分布式本地安装,假设在该过程中配置的系统是现在的 master 节点。继续之前,在 master 节点停止 HBase。

确保所有节点都具有完全的通信访问权限,并且没有任何防火墙规则可以阻止它们相互通信。如果看到如 no route to host 的错误,则检查防火墙。

(1) 准备 master 节点。

master 节点运行主服务器和 ZooKeeper 进程,但不运行 RegionServers。在 master 节点停止启动 RegionServer。

编辑 conf/regionservers 并删除包含 localhost 的行,为 slave1 节点和 slave2 节点加入主机名或 IP 地址。即使在 master 节点运行一个 RegionServer,也应该用其他服务器与之通信的主机名来引用它。编辑 RegionServer,执行如下的命令。

```
#cd /usr/local/hbase/conf
#vi regionservers
```

打开文件后,删除包含 localhost 的行,并将主机名 slave1 和 slave2 各以一行追加到文件末尾,如下所示。

```
slave1
slave2
```

存盘后退出。

将配置分发给集群中的每个节点,并不会造成任何主机名冲突。

配置 HBase 以将 slave1 作为备份主机。在 conf/ 目录中创建一个新文件,并添加一个新的行,其中的主机名为 slave1。

```
#vim backup-masters
slave1
```

存盘后退出。

(2) 配置 ZooKeeper。

仔细考虑 ZooKeeper 配置,可以在 zookeeper 部分找到更多关于配置 ZooKeeper 的信息。这个配置将指示 HBase 在集群的每个节点上启动和管理一个 ZooKeeper 实例。在 master 上,编辑 conf/hbase-site.xml 并添加下列属性。

```
<property>
    <name>hbase.zookeeper.quorum</name>
<value>master,slave1,slave2</value>
</property>
<property>
    <name>hbase.zookeeper.property.dataDir</name>
    <value>/usr/local/zookeeper</value>
</property>
```

在上面的配置中,已经将 master 作为 localhost 引用,将引用改为指向其他节点,以引用 master 节点的主机名。

(3) 配置 slave1 和 slave2 节点。

slave1 节点运行一个备份主服务器和一个 ZooKeeper 实例。将 master 节点 conf /目录下的内容复制到 slave1 节点和 slave2 节点的 conf /目录中。

```
#scp -r /usr/local/hbase/conf  slave1:/usr/local/hbase/conf
#scp -r /usr/local/hbase/conf  slave2:/usr/local/hbase/conf
```

(4) 启动并测试集群。

首先确保 HBase 没有在任何节点上运行。如果之前的测试中未停止 HBase,则会报出错误。使用 jps 命令检查 HBase 是否在任何节点上运行。寻找 HMaster、HRegionServer 和 HQuorumPeer 的进程。如果它们存在,则停止它们。

依次启动 Hadoop、ZooKeeper、master 节点的 HBase 和 RegionServers,执行如下的命令。

```
[root@master hbase]#/usr/local/hadoop/sbin/start-all.sh
[root@master hbase]#/usr/local/zookeeper/bin/zkServer.sh start
[root@master hbase]#/usr/local/hbase/bin/start-hbase.sh
```

验证进程是否正在运行。在集群的每个节点上运行 jps 命令,验证每台服务器上是否运行正确的进程。如果用于其他用途,可能会看到服务器上运行的其他 Java 进程。

```
[root@master hbase]#jps
```

命令执行结果显示如下。

```
16931 NameNode
22916 HMaster
17607 ResourceManager
23063 Jps
17274 SecondaryNameNode
22667 QuorumPeerMain

[root@slave1 zookeeper]#jps
```

命令执行结果显示如下。

```
3248 QuorumPeerMain
```

```
2001 NodeManager
3506 HMaster
3352 HRegionServer
3977 Jps
1868 DataNode
```

[root@slave2 data]#jps

命令执行结果显示如下。

```
2965 DataNode
3573 HRegionServer
3832 Jps
3385 QuorumPeerMain
3098 NodeManager
```

QuorumPeerMain 过程是一个由 HBase 控制和启动的 ZooKeeper 实例。如果以这种方式使用 ZooKeeper，则每个集群节点仅限于一个实例，并且仅适用于测试。如果 ZooKeeper 在 HBase 之外运行，则调用该进程 QuorumPeer。

HBase Web UI 使用的 HTTP 端口从主服务器的 60010 和每个 RegionServer 的 60030 变为主服务器的 16010 和 RegionServer 的 16030。如果一切设置正确，使用 Web 浏览器连接到 Master（http://master:16010/）或 Secondary Master（http://slave1:16010/），结果如图 3-35 所示。例如，可以在端口 16030 的 IP 地址中查看每个 RegionServers 的 Web UI，也可以通过单击 Master 的 Web UI 中的链接来查看。

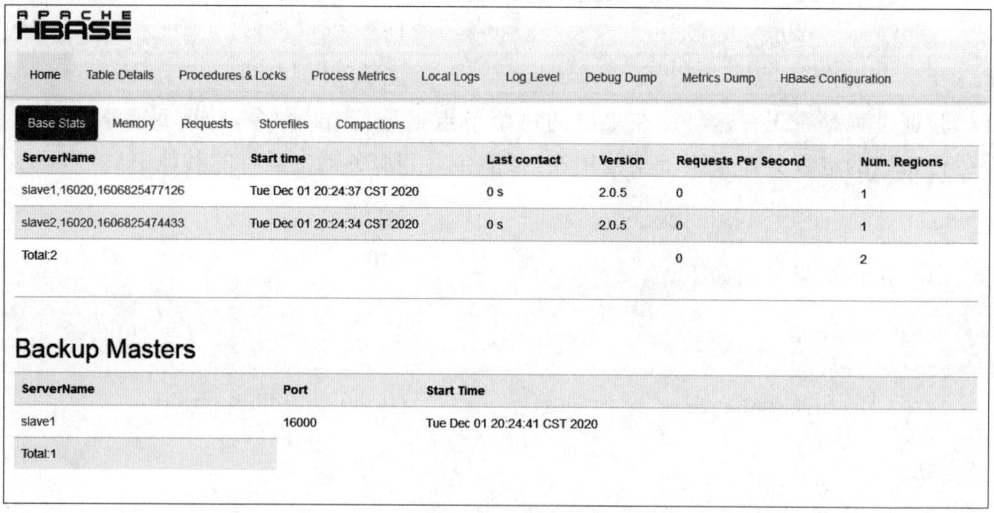

图 3-35　HBase 完全分布式集群浏览

3.4.3　HBase 和 MapReduce

Apache MapReduce 是一个用于分析大量数据的计算框架。它由 Apache Hadoop 提供,现在是 YARN 的一部分。本小节涉及在 HBase 中使用 MapReduce 时需要采取的具体配置步骤。另外,也讨论了 HBase 和 MapReduce 作业之间的其他交互和问题。最后,陈述了 Cascading,即 MapReduce 的另一种 API。

1. mapred 包和 mapreduce 包

HBase 中有 org.apache.hadoop.hbase.mapred 和 org.apache.hadoop.hbase.mapreduce 两个包。前者使用旧式 API,后者使用新模式。后者有更多的设施,尽管通常可以在旧的包装中找到相同的设备。选择与 MapReduce 部署配合使用的软件包。

2. HBase、MapReduce 和 CLASSPATH

默认情况下,部署到 MapReduce 集群的 MapReduce 作业无权访问 $HBASE_CONF_DIR 类或 HBase 类下的 HBase 配置。

为 MapReduce 作业提供需要的访问权限,可以添加 hbase-site.xml_to_$HADOOP_HOME/conf,并将 HBase jar 添加到 $HADOOP_HOME/lib 目录。然后,需要在集群中复制这些更改,或者可以编辑 $HADOOP_HOME/conf/hadoop-env.sh,并将 HBase 依赖添加到 HADOOP_CLASSPATH 变量中。这两种方法都不推荐使用,因为它们会使 HBase 引用污染 Hadoop 安装。它还需要在 Hadoop 可以使用 HBase 数据之前重新启动 Hadoop 集群。

推荐的方法是让 HBase 添加它的依赖 JAR 并使用 HADOOP_CLASSPATHor -libjars。

自 HBase 0.90.x 以来,HBase 将其依赖 JAR 添加到作业配置本身。依赖关系只需要在本地 CLASSPATH 可用,从这里它们将被拾取并捆绑部署到 MapReduce 集群的 fat 工作 JAR 中。一个基本的技巧就是将完整的 HBase 类路径(所有 HBase 和依赖 JAR 以及配置)传递给 MapReduce 作业运行器,让 HBase 实用程序从完整类路径中选取需要将其添加到 MapReduce 作业配置中的源代码。

下面的示例针对名为 usertable 的表运行捆绑的 HBase RowCounter MapReduce 作业。它设置为 HADOOP_CLASSPATH 需要在 MapReduce 上下文中运行的 JAR 包(包括配置文件,如 hbase-site.xml)。确保系统使用正确版本的 HBase JAR,在下面的命令行中替换 VERSION 字符串 w/本地 hbase 安装的版本。反引号(`符号)使 Shell 执行子命令,设置输入 hbase classpath 为 HADOOP_CLASSPATH。这个例子假设使用 BASH 兼容的 Shell。

```
$HADOOP_CLASSPATH=`${HBASE_HOME}/bin/hbase classpath` \
${HADOOP_HOME}/bin/hadoop jar ${HBASE_HOME}/lib/hbase-mapreduce-VERSION.jar \
  org.apache.hadoop.hbase.mapreduce.RowCounter usertable
```

上述的命令将针对 Hadoop 本地配置指向的 HBase 集群启动行计数 MapReduce 作业。hbase-mapreduce.jar 的主要内容是一个 Driver(驱动程序),它列出了几个与 HBase 一起使用的基本 MapReduce 任务。以 hbase 2.0.0-SNAPSHOT 为例加以说明。

```
$HADOOP_CLASSPATH=`${HBASE_HOME}/bin/hbase classpath` \
  ${HADOOP_HOME}/bin/hadoop jar ${HBASE_HOME}/lib/hbase-mapreduce-2.0.0-
SNAPSHOT.jar
An example program must be given as the first argument.
Valid program names are:
  CellCounter: Count cells in HBase table.
  WALPlayer: Replay WAL files.
  completebulkload: Complete a bulk data load.
  copytable: Export a table from local cluster to peer cluster.
  export: Write table data to HDFS.
  exportsnapshot: Export the specific snapshot to a given FileSystem.
  import: Import data written by Export.
  importtsv: Import data in TSV format.
  rowcounter: Count rows in HBase table.
  verifyrep: Compare the data from tables in two different clusters. WARNING: It
doesn't work for incrementColumnValues'd cells since the timestamp is changed
after being appended to the log.
```

可以使用上面列出的缩短名称作为 MapReduce 作业,如下面的行计数器作业重新运行。

```
$HADOOP_CLASSPATH=`${HBASE_HOME}/bin/hbase classpath` \
  ${HADOOP_HOME}/bin/hadoop jar ${HBASE_HOME}/lib/hbase-mapreduce-2.0.0-
SNAPSHOT.jar \
  rowcounter usertable
```

上面列出了针对 HBase 安装运行基本 MapReduce 作业所需的最小 JAR 集,但它不包括配置。如果希望 MapReduce 作业找到目标集群,则可能需要添加这些文件。一旦开始做任何实质的事情,可能还必须添加指向额外的 JAR 的指针。只需在运行 HBase mapred 时通过系统属性 Dtmpjars 来指定附加项。

对于不打包它们的依赖关系或调用 TableMapReduceUtil#addDependencyJars 的作业,以下命令结构是必需的。

```
$HADOOP_CLASSPATH=`${HBASE_HOME}/bin/hbase mapredcp`:${HBASE_HOME}/conf
hadoop jar MyApp.jar MyJobMainClass -libjars $(${HBASE_HOME}/bin/hbase
mapredcp | tr ':' ',') ...
```

如果从构建目录运行 HBase,而不是从安装位置,该示例可能无法运行,可能会看到类似以下的错误。

```
java.lang.RuntimeException:java.lang.ClassNotFoundException:
org.apache.hadoop.hbase.mapreduce.RowCounter$RowCounterMapper
```

如果发生这种情况,按如下方式修改该命令,以便在构建环境中使用来自 target/ 目录的 HBase JAR。

```
$HADOOP_CLASSPATH=${HBASE_BUILD_HOME}/hbase-mapreduce/target/hbase-
mapreduce-VERSION-SNAPSHOT.jar:`${HBASE_BUILD_HOME}/bin/hbase classpath`
${HADOOP_HOME}/bin/hadoop jar ${HBASE_BUILD_HOME}/hbase-mapreduce/target/
hbase-mapreduce-VERSION-SNAPSHOT.jar rowcounter usertable
```

3. MapReduce 扫描缓存

现在，TableMapReduceUtil 恢复了在传入的扫描对象中设置扫描程序缓存（在将结果返回给客户端之前缓存的行数）的选项。由于 HBase 0.95（HBASE-11558）中的错误，此功能丢失。这是为 HBase 0.98.5 和 0.96.3 而定的。选择扫描仪缓存的优先顺序如下。

- 在扫描对象上设置缓存。
- 通过配置选项 hbase.client.scanner.caching 设置缓存，可以在 hbase-site.xml 中手动设置或通过辅助方法 TableMapReduceUtil.setScannerCaching() 设置。
- 默认值 HConstants.DEFAULT_HBASE_CLIENT_SCANNER_CACHING，设置为 100。

优化缓存设置是客户端等待结果的时间和客户端需要接收的结果集的数量之间的一种平衡。如果缓存设置过大，客户端可能会等待很长时间，否则请求可能会超时。如果缓存设置太小，扫描需要返回几个结果。如果将 scan 视为 shovel，则更大的缓存设置类似于更大的 shovel，而更小的缓存设置相当于更多的 shovel，以填充 bucket。

4. 捆绑 HBase MapReduce 作业

HBase JAR 也可作为一些捆绑 MapReduce 作业的驱动程序。要了解捆绑的 MapReduce 作业，运行以下命令。

```
$ ${HADOOP_HOME}/bin/hadoop jar ${HBASE_HOME}/hbase-mapreduce-VERSION.jar
An example program must be given as the first argument.
Valid program names are:
    copytable: Export a table from local cluster to peer cluster
    completebulkload: Complete a bulk data load.
    export: Write table data to HDFS.
    import: Import data written by Export.
    importtsv: Import data in TSV format.
    rowcounter: Count rows in HBase table
```

每个有效的程序名都是捆绑的 MapReduce 作业。要运行其中一个作业，在下面示例之后为命令建模。

```
$ ${HADOOP_HOME}/bin/hadoop jar ${HBASE_HOME}/hbase-mapreduce-VERSION.jar
rowcounter myTable
```

5. HBase 作为 MapReduce 作业数据源和数据接收器

对于 MapReduce 作业，HBase 可以用作数据源、TableInputFormat 和数据接收器、

TableOutputFormat 或 MultiTableOutputFormat。编写读取或写入 HBase 的 MapReduce 作业，建议子类化 TableMapper 或 TableReducer。

如果使用 HBase 作为源或接收器的 MapReduce 作业，则需要在配置中指定源和接收器表和列名称。

当从 HBase 读取时，TableInputFormat 请求 HBase 的区域列表并制作一张映射，可以是一个 map-per-region 或 mapreduce.job.maps，映射到大于区域数目的数字。如果为每个节点运行 TaskTracer/NodeManager 和 RegionServer，则映射将在相邻的 TaskTracker/NodeManager 上运行。在写入 HBase 时，避免使用 Reduce 步骤并从映射中写回 HBase。当作业不需要 MapReduce 对映射发出的数据进行排序时，这种方法就可以工作。如果不需要 Reduce，则映射可能会发出在作业结束时为报告处理的记录计数，或者将 reduces 的数量设置为零并使用 TableOutputFormat。如果运行 Reduce 步骤是有意义的，则通常应使用多个减速器，以便在 HBase 集群上传播负载。

一个新的 HBase 分区程序 HRegionPartitioner 可以运行与现有区域数量一样多的 reducers。当表格很大时，HRegionPartitioner 是合适的，并且上传完成时不会大大改变现有区域的数量。否则使用默认分区程序。

3.4.4　Eclipse Maven 项目访问 HBase

1. 安装与配置 Maven

（1）在官网 https://maven.apache.org/download.cgi 下载 apache-maven-3.6.3-bin.tar.gz。

（2）在 master 节点中创建 maven 目录 /usr/local/maven，执行如下的命令。

```
#mkdir /usr/local/maven
#cd /usr/local/maven
```

（3）利用 WinSCP 将 apache-maven-3.6.3-bin.tar.gz 复制到 master 的 /usr/local/maven 目录下。

（4）解压缩，执行如下的命令。

```
#tar -zxvf apache-maven-3.6.3-bin.tar.gz
```

（5）配置环境变量，执行如下的命令。

```
#vi /etc/profile
```

打开文件后，在文件末尾追加如下的内容。

```
MAVEN_HOME=/usr/local/maven/apache-maven-3.6.3
PATH=$PATH:$MAVEN_HOME/bin
export PATH MAVEN_HOME
```

使配置环境变量生效，执行如下的命令。

```
#source /etc/profile
```

(6) 查看安装是否成功,执行如下的命令。

```
#mvn -version
```

命令执行结果显示如下。

```
Apache Maven 3.6.3 (cecedd343002696d0abb50b32b541b8a6ba2883f)
Maven home: /usr/local/maven/apache-maven-3.6.3
Java version: 1.8.0_181, vendor: Oracle Corporation, runtime: /usr/java/jdk1.8.0_181-amd64/jre
Default locale: zh_CN, platform encoding: UTF-8
OS name: "linux", version: "3.20.0-693.el7.x86_64", arch: "amd64", family: "unix"
```

上面的输出信息表示安装成功。

(7) 编辑 /usr/local/maven/apache-maven-3.6.3/conf/settings.xml,执行如下的命令。

```
#vim /usr/local/maven/apache-maven-3.6.1/conf/settings.xml
```

打开文件后,下载 3-5-4-1-maven-settings 指导文件,按指导更新相应内容。

2. 创建 Maven 项目

创建 Maven 项目,执行如下的命令。

```
#mkdir /home/189/workspace/source
#cd /home/189/workspace/source
# mvn archetype: generate -DgroupId=com.wqc -DartifactId=maven_demo -DarchetypeArtifactId=maven-archetype-quickstart
```

如果执行 ls 命令,source 下会出现 maven_demo 文件夹和 MyHBaseWebApp 文件夹。

3. 编译 Maven Web 项目

编译项目,执行如下的命令。

```
#cd /home/189/workspace/source/maven_demo
#mvn compile
```

编译成功之后,执行 ls 命令,可以看到 MavenJava 项目的根目录下多了一个 target 文件夹,它是 Maven 生成的文件夹。打开 target 文件夹,可以看到里面有一个 classes 文件夹,classes 文件夹中存放的就是 Maven 编译好的 Java 类。

4. 测试 Maven Web 项目

测试项目,执行如下的命令。

```
[root@master maven_demo]#mvn test
```

如果打开 target 文件夹,执行 ls 命令,可以看到里面有一个 classes 和 test-classes 文件夹。

5. 打包 Maven Web 项目

打包项目,执行如下的命令。

```
[root@master maven_demo]#mvn package
[root@master maven_demo]#cd target
[root@master target]#ls
```

生成的压缩文件,对于 Java 项目生成 JAR 包,对于 Web 项目生成 War 包,都放在 target 目录下。在 target 目录下执行 ls 命令,可看到生成的压缩包 maven_demo-1.0-SNAPSHOT.jar。

6. 安装 Maven Web 项目

安装项目,执行如下的命令。

```
[root@master maven_demo]#mvn install
```

安装成功之后,首先会在 MavenJava 项目的根目录下生成 target 文件夹,打开 target 文件夹,可以看到里面会有 maven_demo-1.0-SNAPSHOT.jar,这是安装成功之后 Maven 生成的 JAR 文件。

此外,在存放 Maven 下载下来的 JAR 包的仓库也会有一个 maven_demo-1.0-SNAPSHOT.jar,所以 Maven 安装项目的过程,实际上是把项目进行"清理→编译→测试→打包",再把打包好的 JAR 放到存放 JAR 包的 Maven 仓库中。

最后,Maven 还有清理命令 mvn clean 以及部署与发布命令 mvn deploy。

7. 使用 Eclipse Maven 项目运行 Java 应用程序

首先执行如下的命令。

```
[root@master maven_demo]#mvn clean
[root@master .m2]#chmod 777 repository
[root@master .m2]#cd /home/189/workspace/source
[root@master source]#cd maven_demo
[root@master maven_demo]#mvn clean
```

(1) 在 Eclipse 中配置 Maven 用户。

打开 Eclipse,将 Maven 项目导入到 Eclipse 中,依次选择菜单栏中的 Window→Prefrences→Maven→User settings,如图 3-36 所示,将配置的 setting.xml 文件导入进去,单击 Apply 和 OK 按钮。

依次选择菜单栏中的 Window→Prefrences→Maven→Installations,单击 Add 按钮,将

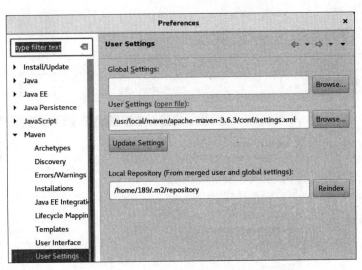

图 3-36　在 Preferences 中配置 Maven 用户

apache-maven-3.6.3 文件导入到 Installation home 中，结果如图 3-37 所示，选择 Apply 后退出。

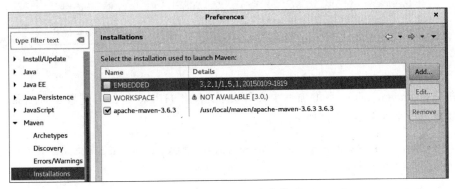

图 3-37　在 Preferences 中安装 Maven

在 Eclipse 的项目浏览栏目中，选中项目 maven_demo，右击，弹出快捷菜单，依次单击 Maven→Update Project...选项。然后，在 Eclipse 的项目浏览栏目中，选中项目右击 Run As→Java Application→App-com.wqc 选项。

（2）配置 MavenHBase 项目。

配置 MavenHBase 项目，首先执行如下的命令。

```
[root@master maven_demo]#chmod 777 src/main/java/com/wqc/App.java
[root@master maven_demo]#mkdir HBase

#cp -a /usr/local/hbase /home/189/workspace/source/maven_demo/HBase/
```

在 Eclipse 的项目浏览栏目中，选中 maven_demo 项目，右击，依次选择 Build Path→Config Build Path→Java Build Path→Add External JARs...，弹出如图 3-38 所示的对话

框，然后选择/home/189/workspace/source/maven_demo/HBase/lib 下所有相关的 JAR 包，单击"确定"按钮退出。

图 3-38 "JAR Selection"对话框

在项目 maven_demo 下增加一个文件夹 conf，将 HBase 集群的配置文件 hbase-site.xml 复制到该文件夹下，执行如下的命令。

cp -a /home/189/workspace/source/maven_demo/HBase/hbase/conf/hbase-site.xml /home/189/workspace/source/maven_demo/conf/

然后，在 Eclipse 中依次选择 Project→Properties→Libraries→Add Class Folder，将刚刚增加的 conf 目录选上，如图 3-39 所示。

（3）向 pom.xml 添加依赖项，执行如下的命令。

chmod 777 /home/189/workspace/source/maven_demo/pom.xml
vi /home/189/workspace/source/maven_demo/pom.xml

文件打开后，向文件中添加如下的依赖项。

```
<dependency>
    <groupId>org.slf4j</groupId>
    <artifactId>slf4j-simple</artifactId>
    <version>1.7.25</version>
    <scope>compile</scope>
</dependency>
```

第 3 章 数据分布式存储

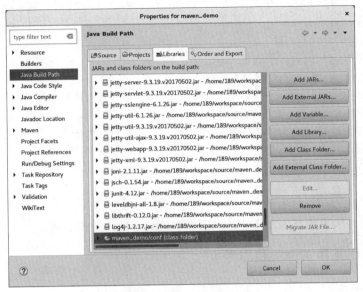

图 3-39 配置项目属性对话框

存盘后退出。

（4）编辑 App.java。

下载 3-5-4-4-Eclipse-App 文件，作为 App.java 内容。

（5）运行与验证。

执行 Run As Java Application 成功后，控制台输出成功创建表的提示，如图 3-40 所示。

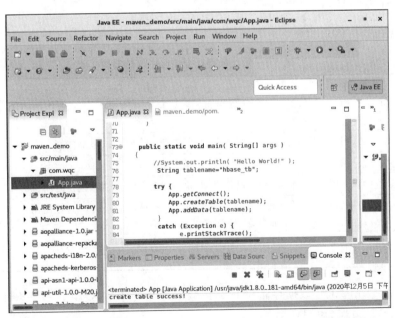

图 3-40 maven_demo 的 com.wqc 包成功运行后的 Eclipse 控制台提示

在虚拟机 master 节点的终端中取行键为 row 的 HBase 记录，执行如下的命令。

```
[root@master data]#hbase shell
hbase(main):001:0>get "hbase_tb","row1"
COLUMN                      CELL
  cf1:age                   timestamp=1607148939978, value=12
  cf1:name                  timestamp=1607148939978, value=zhang san
  cf2:english               timestamp=1607148939978, value=90
  cf2:math                  timestamp=1607148939978, value=80
1 row(s)
Took 2.2678 seconds
hbase(main):002:0>
```

上面控制台输出信息表示 Eclipse 程序向 HBase 插入数据成功。

3.4.5 自训任务和案例实践思考

1. 自训任务

（1）部署一个至少含有 3 个节点的 HBase 完全分布式集群，要求如下。

① 给出架构设计方案。

② 给出完整的操作步骤和每步执行结果的截屏。

（2）在 CentOS HBase 主节点上安装 Eclipse，创建一个 Maven 项目，实现对 HBase 数据库表的创建以及表数据的增、删、读取和扫描。

2. 案例实践思考

查询统计信息需求如表 3-8 所示。

表 3-8 水务云平台企业客户信息结构

业务功能	信 息 结 构
查询流水	用户名、门牌号、设备编码、结算流量（m^3）、累计流量（m^3）、上月使用（m^3）、水表余额（元）、设备状态、操作时间
费用查询	用户名、用户编码、电话号码、账本余额、已消费、欠费余额、最后账期
操作日志	日志类型、设备编码、操作人、操作时间、操作 IP
定时任务	用户编码、用户名、水表编号、操作类型、执行状态、执行次数、创建时间、执行时间
历史抄收	用户名称、门牌号、设备编码、结算流量（m^3）、累计流量（m^3）、上月使用（m^3）、水表余额（元）、电池电压（V）、设备状态、抄收时间、最近 31 日使用量
历史缴费	用户名称、设备编码、用户编码、详细地址、用户类型、价格模式、支付方式、账户余额（元）、充值金额（元）、结余（元）、充值状态、抄收时间

（1）请比较 MySQL 数据存储和 HBase 数据存储的本质区别，选择适合水务云平台现实需求的解决方案，说明理由。

（2）如果运用 HBase 进行数据存储，给出架构设计方案。

（3）根据表 3-8 所示的信息结构，给出 HBase 表结构设计方案。

分布式计算框架 Spark

4.1 教学目标

1. 能力目标

(1) 能够根据项目实际,恰当选用 Spark 计算框架和相应的生态系统产品。
(2) 能够根据项目需求,基于 Spark 产品,设计和评估分布式计算的解决方案。
(3) 能够基于工程实际,搭建 Spark 生态系统。
(4) 能够基于具体需求,运用 Spark 基本概念、RDD 基础和 Spark SQL,开发应用程序。

2. 素质目标

(1) 基于 Spark 计算框架的分布式计算方案,能够准确撰写方案并评估方案性价比。
(2) 能够翔实撰写 Spark 环境搭建的文档,对所遇问题和解决措施予以记录和分析。

4.2 Spark 的部署方式和集群环境搭建

4.2.1 Spark 的设计和运行原理

大多数现有的集群计算系统都是基于非循环的数据流模型,即从稳定的物理存储(如分布式文件系统)中加载记录,记录被传入由一组确定性操作构成的 DAG(Directed Acyclic Graph),然后写回稳定存储。DAG 数据流图能够在运行时自动实现任务调度和故障恢复。

尽管非循环数据流是一种很强大的抽象方法,但仍然有些应用无法使用这种方式描述。这些应用分为如下两类。

(1) 机器学习和图应用中常用的迭代算法(每一步对数据执行相似的函数)。
(2) 交互式数据挖掘工具(用户反复查询一个数据子集)。

基于数据流的框架并不明确支持工作集,所以需要将数据输出到磁盘,然后在每次查询时重新加载,这会带来较大的开销。针对上述问题,Spark 实现了一种分布式的内存抽象,称为弹性分布式数据集(resilient distributed dataset,RDD)。它支持基于工作集的应用,同时具有数据流模型的"自动容错、位置感知性调度和可伸缩性"3 个特点。RDD 允许用户在执行多个查询时显式地将工作集缓存在内存中,后续的查询能够重用工作集,这极大地提升了查询速度。

Spark 是一种快速、通用、可扩展的大数据分析引擎。它是不断壮大的大数据分析解决方案家族中备受关注的明星成员,为分布式数据集的处理提供了一个有效框架,并以高效的方式处理分布式数据集。Spark 集批处理、实时流处理、交互式查询、机器学习与图计算于一体,避免了多种运算场景下需要部署不同集群带来的资源浪费。它解决了 MapReduce 存在的问题。

一个 MapReduce Job 通常按如下 3 个步骤执行。

(1) 从 HDFS 读取输入数据。

(2) 在 Map 阶段,使用用户定义的 map function,然后把结果 Spill 到磁盘。

(3) 在 Reduce 阶段,从各个处于 Map 阶段的机器中读取 Map 计算的中间结果,使用用户定义的 reduce function,通常最后把结果写回 HDFS。

MapReduce 存在的问题是一个 Hadoop Job 会进行多次磁盘读写,比如写入机器本地磁盘,或是写入分布式文件系统中(这个过程涉及磁盘的读写以及网络传输)。考虑到磁盘读取比内存读取慢几个数量级,所以像 Hadoop 这样高度依赖磁盘读写的架构一定会有性能瓶颈。

此外,在实际应用中通常需要设计复杂算法处理海量数据,并由多个 MapReduce Job 共同完成。比如机器学习领域,需要大量使用迭代的方法训练机器学习模型。而 MapReduce 的基本模型只包括一个 Map 和一个 Reduce 阶段,想要完成复杂运算就需要切分出无数单独的 MapReduce Jobs,而且每个 MapReduce Job 都进行磁盘读写,这使 MapReduce 性能急剧下降。

Spark 没有像 MapReduce 一样使用磁盘读写,而转用高性能的内存存储输入数据、处理中间结果和存储最终结果。在大数据的场景中,很多计算都有循环往复的特点,像 Spark 这样允许在内存中缓存输入输出,上一个 Job 的结果马上可以被下一个使用,性能要比 MapReduce 好得多。

Spark 提供了更多灵活可用的数据操作,比如 filter、join 以及各种对 key value pair 的方便操作,甚至提供了一个通用接口,让用户根据需要开发定制的数据操作。

此外,Spark 本身作为平台也开发了 Streaming 处理框架 Spark Streaming、SQL 处理框架 Dataframe、机器学习库 MLlib 和图处理库 GraphX,这些框架开放的 Spark 操作应有尽有。

MapReduce 不使用内存是历史原因。当初 MapReduce 选择磁盘,除了要保证数据存储安全以外,更重要的是当时企业级数据中心购买大容量内存的成本非常高,选择基于内存的架构并不现实。现在内存成本降低了很多,Spark 恰逢其时,企业可以轻松部署多台大内存机器,内存大到可以装载所有要处理的数据。

1. Spark 生态系统

Spark 生态系统如图 4-1 所示。

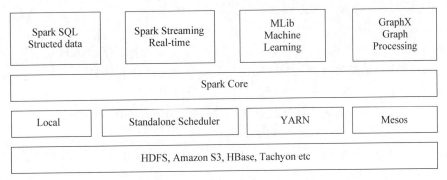

图 4-1 Spark 生态系统

(1) Spark Core。

Spark Core 是 Spark 的核心组件,其操作数据对象是 RDD(弹性分布式数据集)。图 4-1 中在 Spark Core 上面的 4 个组件都依赖于 Spark Core,可以简单认为 Spark Core 是 Spark 生态系统中的离线计算框架。Spark Core 中提供的 Map 和 Reduce 算子可以完成 MapReduce 计算引擎所做的计算任务。

(2) Spark Streaming。

Spark Streaming 是 Spark 生态系统中的流式计算框架,其操作数据对象是 DStream,其实 Spark Streaming 是将流式计算分解成一系列短小的批处理作业。这里的批处理引擎是 Spark Core,也就是把 Spark Streaming 的输入数据按照 batch size(批次间隔时长,如 1s)分成一段一段的数据系列(DStream),每一段数据都转换成 Spark Core 中的 RDD,然后将 Spark Streaming 中对 DStream 的转换计算操作变为针对 Spark 中对 RDD 的转换计算操作,如图 4-2 所示。

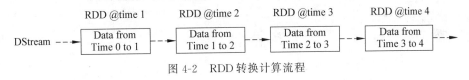

图 4-2 RDD 转换计算流程

DStream 内部由一组时间序列连续的 RDD 来表示。每个 RDD 都包含了自己特定时间间隔内的数据流。如图 4-2 中,0~1s 接收到的数据成为一个 RDD,1~2s 接收到的数据成为一个 RDD。使用 Spark Streaming 对图 4-2 中 DStream 的操作就会转化成使用 Spark Core 中的对应算子(函数)对 RDD 的操作。

(3) Spark SQL。

Spark SQL 可以让用户使用 SQL 方式进行数据计算,SQL 会被 SQL 解释器转化成 Spark Core 任务,让懂 SQL 但不懂 Spark 的人都能通过写 SQL 的方式进行数据计算,类似于 Hive 在 Hadoop 生态圈中的作用,提供 SparkSQL CLI(命令行界面),可以在命令行界面编写 SQL。

(4) Spark GraphX。

Spark GraphX 是 Spark 生态系统中的图计算和并行图计算,目前较新版本已支持

PageRank、最大连通图和最短路径等 6 种经典的图算法。

(5) Spark MLib。

Spark MLib 是一个可扩展的 Spark 机器学习库，里面封装了很多通用的算法，包括二元分类、线性回归、聚类、协同过滤等，用于机器学习和统计等场景。

(6) Tachyon。

Tachyon 是一个分布式内存文件系统，可以理解为内存中的 HDFS。

(7) Local、Standalone、YARN 和 Mesos。

Local、Standalone、YARN 和 Mesos 是 Spark 的 4 种部署模式。其中，Local 是本地模式，一般用来开发测试。Standalone 是 Spark 自带的资源管理框架。YARN 和 Mesos 是另外两种资源管理框架，Spark 采用哪种模式部署，也就是使用哪种资源管理框架。

2. Spark 运行架构

Spark 采用主从架构，包含一个 Master(即 Driver)和若干个 Worker，如图 4-3 所示。Spark 运行架构包含集群资源管理器(Cluster Manager)、运行作业任务的工作节点(Worker Node)、每个应用的任务控制节点(Driver Program)和每个工作节点上负责具体任务的执行过程(Executor)。其中，集群资源管理器可以是 Spark 自带的资源管理器，也可以是 YARN 和 Mesos 等资源管理框架。

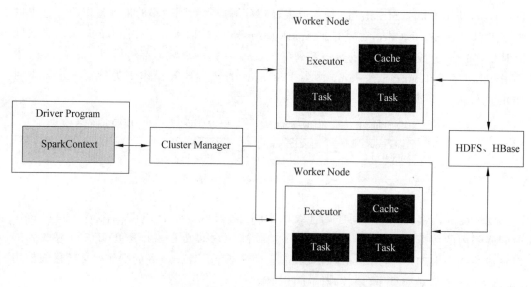

图 4-3 Spark 运行架构

Spark 架构中的基本概念如下。

(1) Application：用户编写的 Spark 应用程序。

(2) Driver：Spark 中的 Driver，即运行上述 Application 的 main()函数并创建 SparkContext。创建 SparkContext 是为了准备 Spark 应用程序的运行环境。在 Spark 中由 SparkContext 负责与 Cluster Manager 通信，进行资源申请、任务的分配和监控等。当 Executor 部分运行完毕后，Driver 同时负责将 SparkContext 关闭。

(3) Executor：运行在工作节点(Worker Node)的一个进程，负责运行 Task。

(4) RDD：弹性分布式数据集，它是分布式内存的一个抽象概念，提供了一种高度受限的共享内存模型。

(5) DAG：有向无环图，反映 RDD 之间的依赖关系。

(6) Task：运行在 Executor 上的工作单元。

(7) Job：一个 Job 包含多个 RDD 及作用于相应 RDD 上的各种操作。

(8) Stage：Job 的基本调度单位，一个 Job 会分为多组 Task，每组 Task 被称为 Stage，或者 TaskSet，代表一组关联的、相互之间没有 Shuffle 依赖关系的任务组成的任务集。

一个 Application 由一个 Driver 和若干个 Job 构成，一个 Job 由多个 Stage 构成，一个 Stage 由多个没有 Shuffle 关系的 Task 组成。

当执行一个 Application 时，Driver 会向集群管理器申请资源，启动 Executor，并向 Executor 发送应用程序代码和文件，然后在 Executor 上执行 Task，运行结束后，执行结果会返回给 Driver，或者写到 HDFS 或者其他数据库中。

与 Hadoop MapReduce 计算框架相比，Spark 所采用的 Executor 有如下两个优点。

(1) 利用多线程来执行具体的任务，减少任务的启动开销。

(2) Executor 中有一个 BlockManager 存储模块，会将内存和磁盘共同作为存储设备，有效地减少 I/O 开销。

3. Spark 运行基本流程

Spark 运行基本流程如图 4-4 所示。

(1) 当一个 Spark 应用被提交时，首先需要为应用构建基本的运行环境，即由任务控制节点 Driver 创建一个 SparkContext 对象，由 SparkContext 进行资源的申请、任务的分配和监控等，SparkContext 会向资源管理器注册并申请运行 Executor 的资源，SparkContext 可以看成是应用程序连接集群的通道。

(2) 资源管理器为 Executor 分配资源，并启动 Executor 进程，Executor 运行情况将随着"心跳"发送到资源管理器上。

(3) SparkContext 根据 RDD 的依赖关系构建 DAG 图，DAG 图提交给 DAGScheduler 解析成 Stage，并且计算出各个 Stage 的依赖关系，然后把一个个 TaskSet 提交给底层调度器 TaskScheduler 处理。

(4) Executor 向 SparkContext 申请 Task，任务调度器将 Task 发给 Executor 运行，同时 SparkContext 将应用程序代码发送给 Executor。

(5) Task 在 Executor 上运行并把执行结果反馈给 TaskScheduler，然后反馈给 DAGScheduler，运行完毕后写入数据并释放所有资源。

总体而言，Spark 运行架构具有如下 4 个特点。

(1) 每个 Application 都有自己专属的 Executor 进程，并且该进程在 Application 运行期间一直驻留。Executor 进程以多线程的方式运行 Task。

(2) Spark 运行过程与资源管理器无关，只要能够获取 Executor 进程并保存通信

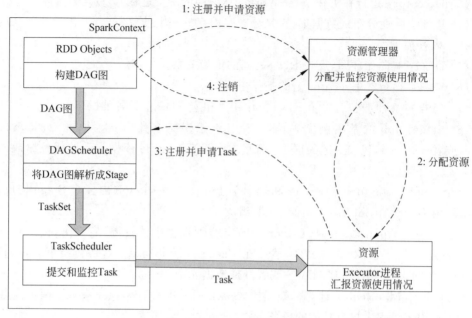

图 4-4 Spark 运行基本流程

即可。

（3）Executor 上有一个 BlockManager 存储模块，类似于键值存储系统，在处理迭代计算任务时，不需要把中间结果写入到 HDFS 等文件系统，而是直接存放在这个存储系统上，后续有需要时就可以直接存取；在交互式查询时，也可以把表提前缓存到这个存储系统上。

（4）Task 采用数据本地性和推测执行等优化机制。

4. RDD 的设计和运行机理

Spark 的核心是建立在统一的抽象 RDD 之上，使得 Spark 的各个组件可以无缝集成，在同一个应用程序中完成大数据计算任务。RDD 的设计理念源自 AMP 实验室发表的论文 *Resilient Distributed Datasets：A Fault-Tolerant Abstraction for In-Memory Cluster Computing*。

（1）RDD 设计背景。

在实际应用中，存在许多迭代式算法（如机器学习、图算法等）和交互式数据挖掘工具，这些应用场景的共同之处是不同计算阶段之间会重用中间结果，即一个阶段的输出结果会作为下一个阶段的输入。但是，目前的 MapReduce 框架都把中间结果写入到 HDFS 中，带来了大量的数据复制、磁盘 I/O 和序列化开销。虽然，类似 Pregel 等图计算框架也是将结果保存在内存当中，但是这些框架只能支持一些特定的计算模式，并没有提供一种通用的数据抽象。RDD 就是为了满足这种需求而出现的，它提供了一个抽象的数据架构，无须关心底层数据的分布式特性，只需将具体的应用逻辑表达为一系列转换处理，不同 RDD 之间的转换操作形成依赖关系，可实现管道化，从而避免了中间结果的存储，降低了数据复制、磁盘 I/O 和序列化开销。

(2) RDD 概念。

一个 RDD 就是一个分布式对象集合,本质上是一个只读的分区记录集合。每个 RDD 可以分成多个分区,每个分区就是一个数据集片段,并且一个 RDD 的不同分区可以被保存到集群中不同的节点上,从而可以在集群中的不同节点上进行并行计算。RDD 提供了一种高度受限的共享内存模型,即 RDD 是只读的记录分区的集合,不能直接修改,只能基于稳定的物理存储中的数据集来创建 RDD,或者通过在其他 RDD 上执行确定的转换操作(如 map、join 和 groupBy)而创建得到新的 RDD。RDD 提供了一组丰富的操作以支持常见的数据运算,分为"行动"(Action)和"转换"(Transformation)两种类型,前者用于执行计算并指定输出的形式,后者指定 RDD 之间的相互依赖关系。两类操作的主要区别是转换操作(比如 map、filter、groupBy、join 等)接受 RDD 并返回 RDD,而行动操作(比如 count、collect 等)接受 RDD 但是返回非 RDD(即输出一个值或结果)。RDD 提供的转换接口都非常简单,类似 map、filter、groupBy、join 等粗粒度的数据转换操作,而非针对某个数据项的细粒度修改。因此,RDD 比较适合对于数据集中元素执行相同操作的批处理式应用,而不适合用于需要异步、细粒度状态的应用,比如 Web 应用系统、增量式的网页爬虫等。正因为这样,这种粗粒度转换接口设计,会使人直觉上认为 RDD 的功能很受限、不够强大。实际上,RDD 已经被实践证明可以很好地应用于许多并行计算应用中,可以具备很多现有计算框架(比如 MapReduce、SQL、Pregel 等)的表达能力,并且可以应用于这些框架处理不了的交互式数据挖掘应用。

Spark 用 Scala 语言实现了 RDD 的 API,程序员可以通过调用 API 实现对 RDD 的各种操作。RDD 典型的执行过程如下。

① RDD 读取外部数据源(或者内存中的集合)进行创建。

② RDD 经过一系列的"转换"操作,每一次都会产生不同的 RDD,供给下一个"转换"使用。

③ 最后的 RDD 经"行动"操作进行处理,并输出到外部数据源(或变成 Scala 集合或标量)。

如图 4-5 所示,RDD 采用了惰性调用,即在 RDD 的执行过程中真正的计算发生在 RDD 的"行动"操作,对于"行动"之前的所有"转换"操作,Spark 只是记录下"转换"操作应用的一些基础数据集以及 RDD 生成的轨迹,即相互之间的依赖关系,而不会触发计算。

例如,在图 4-6 中,从输入中逻辑上生成 A 和 C 两个 RDD,经过一系列"转换"操作,逻辑上生成了 F(也是一个 RDD),之所以说是逻辑上,是因为这时候计算并没有发生,Spark 只是记录了 RDD 之间的生成和依赖关系。当 F 要进行输出时,也就是当 F 进行"行动"操作的时候,Spark 才会根据 RDD 的依赖关系生成 DAG,并从起点开始真正的计算。

上述系列处理称为一个"血缘关系(Lineage)",即 DAG 拓扑排序的结果。采用惰性调用,通过血缘关系连接起来的一系列 RDD 操作就可以实现管道化(Pipeline),避免多次转换操作之间数据同步的等待,而且不用担心有过多的中间数据,因为这些具有血缘关系

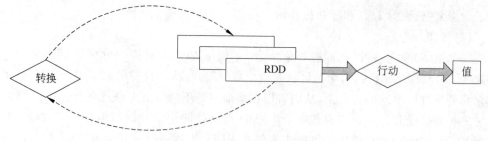

图 4-5 Spark 的转换和行动

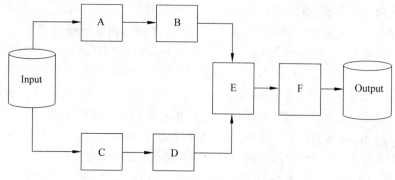

图 4-6 RDD 执行过程的一个实例

的操作都管道化了,一个操作得到的结果不需要保存为中间数据,而是直接管道式地流入到下一个操作进行处理。同时,这种通过血缘关系把一系列操作进行管道化连接的设计方式,也使得管道中每次操作的计算变得相对简单,保证了每个操作在处理逻辑上的单一性。相反,在 MapReduce 的设计中,为了尽可能地减少 MapReduce 过程,在单个 MapReduce 中会写入过多复杂的逻辑。

这里以一个"Hello World"入门级 Spark 程序来解释 RDD 执行过程,这个程序的功能是读取一个 HDFS 文件,计算出包含字符串"Hello World"的行数。

```
1.  import org.apache.spark.SparkContext
2.  import org.apache.spark.SparkContext._
3.  import org.apache.spark.SparkConf
4.  object HelloWorld{
5.    def main(args:Array[String]){
6.      val conf=new SparkConf().setAppName('HelloWorld').setMaster('local[2]')
7.      val sc=new SparkContext('spark://localhost:7077','Hello World',
                               'YOUR_SPARK_HOME','YOUR_APP_JAR')
8.      val fileRDD=sc.textFile('hdfs://192.168.0.103:9000/examplefile')
9.      val filterRDD=fileRDD.filter(_.contains('Hello World'))
10.     filterRDD.cache()
11.     filterRDD.count()
12.   }
13. }
```

可以看出，一个 Spark 应用程序，基本是基于 RDD 的一系列计算操作。第 7 行代码用于创建 SparkContext 对象；第 8 行代码从 HDFS 文件中读取数据创建一个 RDD；第 9 行代码对 fileRDD 进行转换操作得到一个新的 RDD，即 filterRDD；第 10 行代码表示对 filterRDD 进行持久化，把它保存在内存或磁盘中（这里采用 cache 接口把数据集保存在内存中），方便后续重复使用，当数据被反复访问时（比如查询一些热点数据，或者运行迭代算法），这是非常有用的，而且通过 cache() 可以缓存非常大的数据集，支持跨越几十甚至上百个节点；第 11 行代码中的 count() 是一个行动操作，用于计算一个 RDD 集合中包含的元素个数。

该程序的执行过程如下。

① 创建这个 Spark 程序的执行上下文，即创建 SparkContext 对象。

② 从外部数据源（即 HDFS 文件）中读取数据创建 fileRDD 对象。

③ 构建 fileRDD 和 filterRDD 之间的依赖关系，形成 DAG 图，这时候并没有发生真正的计算，只是记录转换的轨迹。

④ 执行到第 11 行代码时，count() 是一个行动类型的操作，触发真正的计算，开始实际执行从 fileRDD 到 filterRDD 的转换操作，并把结果持久化到内存中，最后计算出 filterRDD 中包含的元素个数。

5. RDD 特性

总体而言，Spark 采用 RDD 以后能够实现高效计算的主要原因如下。

（1）高效的容错性。

现有的分布式共享内存、键值存储、内存数据库等，为了实现容错，必须在集群节点之间进行数据复制或者记录日志，也就是在节点之间会发生大量的数据传输，这对于数据密集型应用而言会带来很大的开销。在 RDD 的设计中，数据只读，不可修改。如果需要修改数据，必须从父 RDD 转换到子 RDD，由此在不同 RDD 之间建立了血缘关系。所以，RDD 是一种天生具有容错机制的特殊集合，不需要通过数据冗余的方式（如检查点）实现容错，而只需通过 RDD 父子依赖（血缘）关系重新计算得到丢失的分区来实现容错，无须回滚整个系统，这样就避免了数据复制的高开销，而且重算过程可以在不同节点之间并行进行，实现了高效的容错。此外，RDD 提供的转换操作都是一些粗粒度的操作（比如 map、filter 和 join），RDD 依赖关系只需要记录这种粗粒度的转换操作，而不需要记录具体的数据和各种细粒度操作的日志（比如对哪个数据项进行了修改），这就大大降低了数据密集型应用中的容错开销。

（2）中间结果持久化到内存。

数据在内存中的多个 RDD 操作之间进行传递，不需要传送到磁盘上，避免了不必要的读写磁盘开销。

（3）存放的数据可以是 Java 对象，避免了不必要的对象序列化和反序列化开销。

6. RDD之间的依赖关系

RDD中不同的操作会使得不同RDD中的分区会产生不同的依赖。DAG调度器根据RDD之间的依赖关系,把DAG图划分成若干阶段。RDD中的依赖关系分为窄依赖(Narrow Dependency)与宽依赖(Wide Dependency),二者之间的区别在于是否包含Shuffle操作。

(1) Shuffle操作。

Spark中的一些操作会触发Shuffle过程,这个过程涉及数据的重新分发,因此会产生大量的磁盘I/O和网络开销。这里以reduceByKey(func)操作为例介绍Shuffle过程。在reduceByKey(func)操作中,会对所有的(key, value)形式的RDD元素,所有具有相同key的RDD元素的value会被归并,得到(key, value-list)的形式,然后对这个value-list使用函数func()计算得到聚合值,比如('hadoop',1)、('hadoop',1)和('hadoop',1),会被归并成('hadoop',(1,1,1))的形式,如果func()是一个求和函数,则可以计算得到('hadoop',3)。

这里的问题是,对于一个与key关联的value-list里面可能包含了很多不同的值,而这些值分布在多个分区里,并且散布在不同的机器上。但是对于Spark而言,在执行reduceByKey()的计算时,必须把与某个key关联的所有value都发送到同一台机器上,如图4-7所示。

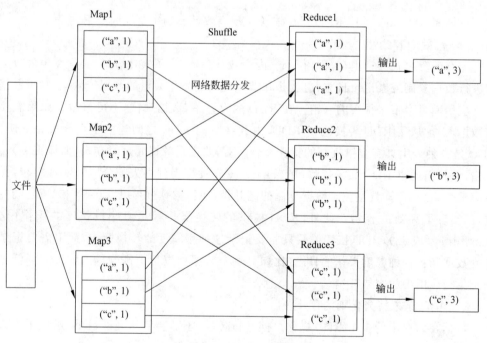

图4-7 一个关于Shuffle操作的简单实例

(2) 窄依赖与宽依赖。

图4-8展示了两种依赖之间的区别。

第 4 章 分布式计算框架 Spark

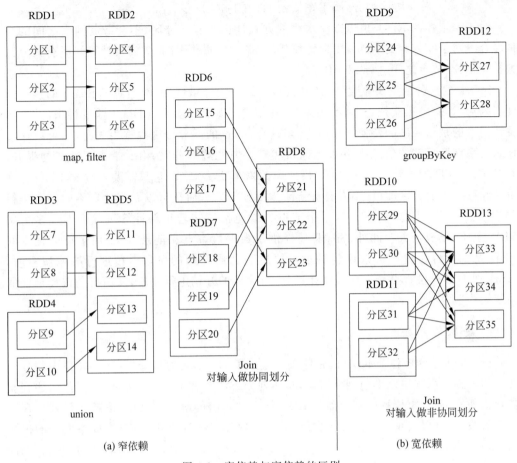

图 4-8 窄依赖与宽依赖的区别

窄依赖表现为一个父 RDD 的分区对应于一个子 RDD 的分区,或多个父 RDD 的分区对应于一个子 RDD 的分区。比如图 4-8(a)中,RDD1 是 RDD2 的父 RDD,RDD2 是子 RDD;RDD1 的分区 1,对应于 RDD2 的一个分区(即分区 4);再如,RDD6 和 RDD7 都是 RDD8 的父 RDD,RDD6 中的分区(分区 15)和 RDD7 中的分区(分区 18),两者都对应于 RDD8 中的分区 21。

宽依赖则表现为一个父 RDD 的一个分区对应一个子 RDD 的多个分区,比如图 4-8(b)中,RDD9 是 RDD12 的父 RDD,RDD9 中的分区 25 对应子 RDD12 中的两个分区(即分区 27 和分区 28)。

总体而言,如果父 RDD 的一个分区只被一个子 RDD 的一个分区所使用就是窄依赖,否则就是宽依赖。窄依赖典型的操作包括 map、filter、union 等,宽依赖典型的操作包括 groupByKey、sortByKey 等。对于连接(join)操作,可以分为如下两种情况。

① 窄依赖对输入进行协同划分(如图 4-8(a)所示)。所谓协同划分(co-partitioned)是指多个父 RDD 的某一分区的所有"键(key)"落在子 RDD 的同一个分区内,不会产生同一个父 RDD 的某一分区,也不会产生落在子 RDD 的两个分区的情况。

② 对输入做非协同划分,属于宽依赖,如图4-8(b)所示。

对于窄依赖的RDD,可以以流水线的方式计算所有父分区,不会造成网络之间的数据混合。对于宽依赖的RDD,则通常伴随着Shuffle操作,即首先需要计算好所有父分区数据,然后在节点之间进行Shuffle。

Spark的这种依赖关系设计,使其具有了天生的容错性,大大加快了Spark的执行速度。因为RDD数据集通过"血缘关系"记住了它是如何从其他RDD中演变过来的,血缘关系记录的是粗粒度的转换操作行为,当这个RDD的部分分区数据丢失时,它可以通过血缘关系获取足够的信息来重新运算和恢复丢失的数据分区,由此带来了性能的提升。相对而言,在两种依赖关系中,窄依赖的失败恢复更为高效,它只需要根据父RDD分区重新计算丢失的分区即可(不需要重新计算所有分区),而且可以并行地在不同节点进行重新计算。而对于宽依赖而言,单个节点失效通常意味着重新计算过程会涉及多个父RDD分区,开销较大。此外,Spark还提供了数据检查点和记录日志,用于持久化中间RDD,从而使得在进行失败恢复时不需要追溯到最开始的阶段。在进行故障恢复时,Spark会对数据检查点开销和重新计算RDD分区的开销进行比较,从而自动选择最优的恢复策略。

7. 阶段的划分

Spark通过分析各个RDD的依赖关系生成了DAG,再通过分析各个RDD中的分区之间的依赖关系来决定如何划分阶段,具体划分方法是在DAG中进行反向解析,遇到宽依赖就断开,遇到窄依赖就把当前的RDD加入到当前的阶段中;将窄依赖尽量划分在同一个阶段中,可以实现流水线计算(具体的阶段划分算法请参见AMP实验室发表的论文 *Resilient Distributed Datasets*: *A Fault-Tolerant Abstraction for In-Memory Cluster Computing*)。例如,如图4-9所示,假设从HDFS中读取数据生成3个不同的RDD(即A、C和E),通过一系列转换操作后再将计算结果写入HDFS。对DAG进行解析时,在依赖图中进行反向解析,由于从RDD A到RDD B的转换以及从RDD B和RDD F到RDD G的转换,都属于宽依赖,因此,在宽依赖处断开后可以得到3个阶段,即阶段1、阶段2和阶段3。可以看出,在阶段2中,从map到union都是窄依赖,这两步操作可以形成一个流水线操作,比如,分区7通过map操作生成的分区9,可以不用等待分区8到分区10这个转换操作的计算结束,而是继续进行union操作,转换得到分区13,这样流水线执行大大提高了计算的效率。

由上述论述可知,把一个DAG图划分成多个阶段后,每个阶段都代表了一组关联的、相互之间没有Shuffle依赖关系的任务组成的任务集合。每个任务集合会被提交给任务调度器(TaskScheduler)进行处理,由任务调度器将任务分发给Executor运行。

8. RDD运行过程

通过上述对RDD概念、依赖关系和阶段划分的介绍,结合之前介绍的Spark运行基本流程,这里总结一下RDD在Spark架构中的运行过程,如图4-10所示。

Spark的运行过程分为如下3个阶段。

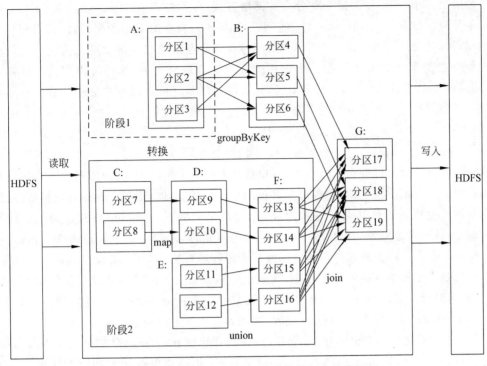

图 4-9 根据 RDD 分区的依赖关系划分的阶段

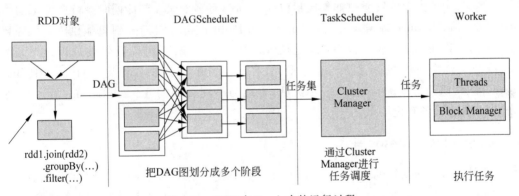

图 4-10 RDD 在 Spark 中的运行过程

(1) 创建 RDD 对象。

(2) SparkContext 负责计算 RDD 之间的依赖关系，构建 DAG。

(3) DAGScheduler 负责把 DAG 图分解成多个阶段，每个阶段中包含多个任务，每个任务会被任务调度器分发给各个工作节点（Worker Node）上的 Executor 去执行。

4.2.2 Spark 的部署方式

Spark 最主要资源管理方式为 Hadoop YARN、Apache Standalone 和 Mesos。在单机使用时，Spark 还可以采用最基本的 Local 模式。

目前 Apache Spark 支持 3 种分布式部署方式，分别是 Standalone、Spark On Mesos 和 Spark On YARN。其中，第一种类似于 MapReduce 1.0 所采用的模式，内部实现了容错性和资源管理。后两种则是未来发展的趋势，部分容错性和资源管理交由统一的资源管理系统完成，让 Spark 运行在一个通用的资源管理系统之上，这样可以与其他计算框架，比如 MapReduce，共用一个集群资源，最大的好处是降低运维成本和提高资源利用率（资源按需分配）。下面将介绍这 3 种部署方式，并比较其优缺点。

1. Standalone 模式

Standalone 模式自带完整的服务，可单独部署到一个集群中，无须依赖任何其他资源管理系统。从一定程度上说，该模式是其他两种模式的基础。借鉴 Spark 开发模式，可以得到一种开发新型计算框架的一般思路，先设计出它的 Standalone 模式。为了快速开发，起初不需要考虑服务（比如 master/slave）的容错性，之后再开发相应的 Wrapper，将 Standalone 模式下的服务原封不动地部署到资源管理系统 YARN 或者 Mesos 上，由资源管理系统负责服务本身的容错。目前，Spark 在 Standalone 模式下是没有任何单点故障问题的，这是借助 ZooKeeper 实现的，其思想类似于 HBase master 单点故障解决方案。将 Spark Standalone 与 MapReduce 比较，发现其在架构上是完全一致的，具体如下。

（1）二者都是由 master/slaves 服务组成的，且起初 master 均存在单点故障，后来均通过 ZooKeeper 解决（Apache MRv1 的 JobTracker 仍存在单点问题，但 CDH 版本得到了解决）。

（2）各个节点上的资源被抽象成粗粒度的 slot，有多少 slot 就能同时运行多少 Task。不同的是 MapReduce 将 slot 分为 Map slot 和 Reduce slot，它们分别只能供 Map Task 和 Reduce Task 使用，而不能共享，这是 MapReduce 资源利用率低效的原因之一，而 Spark 则更优化一些，它不区分 slot 类型，只有一种 slot，可以供各种类型的 Task 使用，这种方式可以提高资源利用率，但不灵活，不能为不同类型的 Task 定制 slot 资源。总之，这两种方式各有优缺点。

2. Spark On Mesos 模式

这是很多公司采用的模式，也是官方推荐的模式。由于 Spark 开发之初就考虑到支持 Mesos，因此，目前 Spark 运行在 Mesos 上会比运行在 YARN 上更加灵活和自然。目前在 Spark On Mesos 环境中，用户可选择两种调度模式之一运行自己的应用程序（可参考 Andrew Xia 的 *Mesos Scheduling Mode on Spark*）。

（1）粗粒度模式（Coarse-grained Mode）。

每个应用程序的运行环境由一个 Dirver 和若干个 Executor 组成，其中，每个 Executor 占用若干资源，内部可运行多个 Task（对应多少个 slot）。应用程序的各个任务正式运行之前，需要将运行环境中的资源全部申请好，且运行过程中要一直占用这些资源，程序运行结束后回收这些资源。举个例子，比如提交应用程序时，指定使用 5 个 Executor 运行应用程序，每个 Executor 占用 5GB 内存和 5 个 CPU，每个 Executor 内部设置了 5 个 slot，则 Mesos 需要先为 Executor 分配资源并启动它们，之后开始调度任务。

另外,在程序运行过程中,Mesos 的 master 和 slave 并不知道 Executor 内部各个 Task 的运行情况,Executor 直接将任务状态通过内部的通信机制汇报给 Driver,从一定程度上可以认为,每个应用程序利用 Mesos 搭建了一个虚拟集群自己使用。

(2) 细粒度模式(Fine-grained Mode)。

鉴于粗粒度模式会造成大量资源浪费,Spark On Mesos 还提供了细粒度模式,这种模式类似于现在的云计算,思想是按需分配。与粗粒度模式一样,应用程序启动时,先会启动 Executor,但每个 Executor 占用的资源仅仅是自己运行所需的资源,不需要考虑将来要运行的任务。之后,Mesos 会为每个 Executor 动态分配资源,每分配一些,便可以运行一个新 Task,单个 Task 运行结束后可以马上释放对应的资源。每个 Task 会汇报状态给 Mesos slave 和 Mesos master,便于更加细粒度管理和容错,这种调度模式类似于 MapReduce 调度模式,每个 Task 完全独立,优点是便于资源控制和隔离,但缺点也很明显,短作业运行延迟大。

3. Spark On YARN 模式

这是一种很有前景的部署模式。但限于 YARN 自身的发展,目前仅支持粗粒度模式。这是由于 YARN 上的 Container 资源是不可以动态伸缩的,一旦 Container 启动之后,可使用的资源不能再发生变化,不过这个已经在 YARN 计划中了。

Spark On YARN 支持两种模式,具体如下。

(1) yarn-cluster:适用于生产环境。

(2) yarn-client:适用于交互、调试,希望立即看到 App 的输出。

yarn-cluster 和 yarn-client 的区别在于 YARN AppMaster,每个 YARN App 实例有一个 AppMaster 进程,是为 App 启动的第一个 Container;负责从 ResourceManager 请求资源,获取资源后,告诉 NodeManager 为其启动 Container。yarn-cluster 和 yarn-client 模式内部实现还是有很大的区别。如果用于生产环境,那么请选择 yarn-cluster;而如果仅仅是 Debug 程序,可以选择 yarn-client。

这 3 种分布式部署方式各有利弊,通常需要根据实际情况决定采用哪种方案。进行方案选择时,往往要考虑公司的技术路线(采用 Hadoop 生态系统还是其他生态系统)、相关技术人才储备等。上面涉及的 Spark 的许多部署模式,究竟哪种模式好这个很难说,需要根据实际需求选择。如果只是测试 Spark Application,可以选择 Local 模式。而如果数据量不是很多,Standalone 是个不错的选择。当需要统一管理集群资源(如 Hadoop、Spark 等),那么可以选择 YARN 或者 Mesos,但是这样维护成本就会变高。从对比看,Mesos 似乎是 Spark 更好的选择,也是被官方推荐的。但如果同时运行 Hadoop 和 Spark,从兼容性上考虑,YARN 是更好的选择。如果不仅运行了 Hadoop 和 Spark,在资源管理上还运行了 Docker,Mesos 则更加通用。Standalone 对于小规模计算集群更适合。

搭建 Spark 环境是开展 Spark 编程的基础。作为一种分布式处理框架,Spark 可以部署在集群中运行,也可以部署在单机上运行。同时,由于 Spark 仅仅是一种计算框架,不负责数据的存储和管理。因此,通常需要把 Spark 和 Hadoop 进行统一部署,由

Hadoop 中的 HDFS 和 HBase 等组件负责数据的存储，由 Spark 完成计算。

4.2.3 Spark 集群环境搭建

本节介绍 Spark 集群的搭建方法，包括安装 Spark、配置环境变量、配置 Spark 启动和关闭 Spark 集群等。

1. 基础环境

Spark 可以和 Hadoop 部署在一起，相互协作，有 Hadoop 的 HDFS、HBase 等组件负责数据的存储和管理，由 Spark 负责数据的计算。另外，建议 Spark 和 Hadoop 在 Linux 系统中安装和使用。

本书采用的基础环境为 CentOS Linux release 7.9.2009（Core）、Hadoop 3.1.1 和 Java version "1.8.0_181"。

2. 集群概况

如图 4-11 所示，采用 3 台机器作为实例，说明如何搭建 Spark 集群，其中 1 台机器作为 Master 节点（主机名为 master，IP 地址为 192.168.50.194），另外 2 台机器作为 Slave 节点，主机名分别为 slave1 和 slave2，IP 地址分别为 192.168.50.190 和 192.168.50.191。

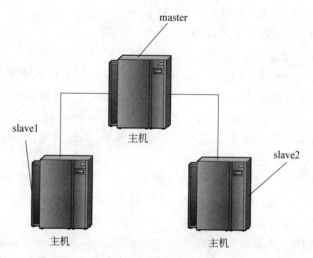

图 4-11 由 3 台机器构成的 Spark 集群

3. 搭建 Spark 集群

Spark 作为分布式计算框架，需要和分布式文件系统 HDFS 组合使用，通过 HDFS 实现数据的分布式存储，使用 Spark 实现数据的分布式计算。因此，需要在同一个集群中部署 Hadoop 和 Spark，这样 Spark 可以读写 HDFS 中的文件。如图 4-12 所示，在一个集群中同时部署 Hadoop 和 Spark 时，HDFS 的数据节点和 Spark 的工作节点是部署在一起的，这样可以实现"计算向数据靠拢"，在保存数据的地方进行计算，减少网络数据的传输。

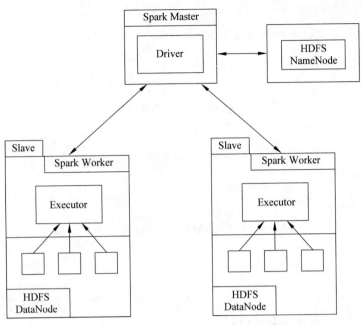

图 4-12　在一个集群中同时部署 Hadoop 和 Spark

（1）在集群中安装 Spark。

在 Master 节点上，访问 Spark 官网下载 Spark 安装包。下载完安装文件后，需要对文件进行解压。按照 Linux 系统使用的默认规范，用户安装的软件一般都存放在 /usr/local 目录下。使用 Hadoop 用户登录 Linux 系统，打开一个终端，执行如下的命令。

```
#cd /usr/local
#tar -zxf spark-2.4.0-bin-without-hadoop.tgz.gz
#mv ./spark-2.4.0-bin-without-hadoop ./spark
#chown -R root:root ./spark
```

（2）配置环境变量。

在 Master 节点的终端中，执行如下的命令。

```
vim ~/.bashrc
```

打开文件后，在文件末尾追加如下的配置。

```
export SPARK_HOME=/usr/local/spark
export PATH=$PATH:$SPARK_HOME/bin:$SPARK_HOME/sbin
export JAVA_LIBRARY_PATH=/usr/local/hadoop/lib/native
```

存盘后退出。使文件的修改生效，执行如下的命令。

```
#source ~/.bashrc
```

修改 profile 文件，执行如下的命令。

```
#vi /etc/profile
```

打开文件后,在文件末尾追加如下配置。

```
export SPARK_HOME=/usr/local/spark
export PATH=$PATH:$SPARK_HOME/bin:$SPARK_HOME/sbin
```

存盘后退出。使文件的修改生效,执行如下的命令。

```
#source /etc/profile
```

4. Spark 的配置

(1) 配置 slaves 文件。

在 Master 节点将 slaves.template 复制到 slaves,执行如下的命令。

```
#cd /usr/local/spark
#cp ./conf/slaves.template ./conf/slaves
```

在 slaves 文件中设置 Spark 集群中的 Worker 节点。用 vim 命令打开 slaves 文件,把默认内容 localhost 替换成如下内容。

```
slave1
slave2
```

存盘后退出。

(2) 配置 spark-env.sh。

在 Master 节点将 spark-env.sh.template 复制到 spark-env.sh,执行如下的命令。

```
#cp ./conf/spark-env.sh.template ./conf/spark-env.sh
#vim ./conf/spark-env.sh
```

打开文件后,在文件末尾追加如下的内容。

```
export SPARK_DIST_CLASSPATH=$(/usr/local/hadoop/bin/hadoop classpath)
export HADOOP_CONF_DIR=/usr/local/hadoop/etc/hadoop
export SPARK_MASTER_IP=192.168.50.194
export JAVA_HOME=/usr/java/jdk1.8.0_181-amd64
export HADOOP_HOME=/usr/local/hadoop
export SPARK_WORKER_MEMORY=1024m
export SPARK_WORKER_CORES=1
#export SPARK_WORKER_INSTANCES=1
```

存盘后退出。

(3) 配置 Slave 节点。

在 Master 节点将/usr/local/spark 文件夹复制到各个 Slave 节点上,执行如下的命令。

```
#cd /usr/local/
```

```
#tar -zcf ~/spark.master.tar.gz ./spark
#cd ~
#scp ./spark.master.tar.gz slave1:/home/spark.master.tar.gz
#scp ./spark.master.tar.gz slave2:/home/spark.master.tar.gz
```

在 Slave1 和 Slave2 节点下，均执行如下的命令。

```
#rm -rf /usr/loal/spark
#tar -zxf /home/spark.master.tar.gz -C /usr/local
#chown -R root /usr/local/spark
```

5. 启动 Spark 集群

（1）启动 Hadoop 集群。

```
[root@master ~]#start-all.sh
[root@master ~]#jps
25136 SecondaryNameNode
25525 ResourceManager
25687 Jps
17434 --process information unavailable
24844 NameNode
```

（2）启动 Master 节点，在 Master 节点执行如下的命令。

```
[root@master ~]#cd /usr/local/spark
[root@master spark]#sbin/start-master.sh
[root@master spark]#jps
25136 SecondaryNameNode
26161 Master
26225 Jps
25525 ResourceManager
17434 --process information unavailable
24844 NameNode
```

（3）启动所有 Slave 节点，在 Master 节点执行如下的命令。

```
[root@master spark]#sbin/start-slaves.sh
```

（4）查看 Slave 节点的启动情况，在 Slave 上执行 jps 命令。

```
#jps
23664 Worker
23777 Jps
23234 NodeManager
23094 DataNode
```

（5）查看集群信息。

在 Master 主机上打开浏览器，访问 http://master:8080，就可以通过浏览器查看

Spark 独立集群管理器的集群信息，如图 4-13 所示。

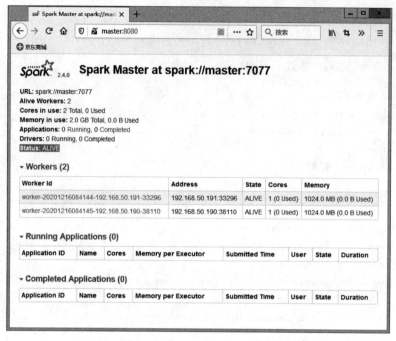

图 4-13　查看 Spark 集群信息

（6）配置开机自启动 Spark。

vim /etc/rc.local

打开文件后，在文件末尾追加如下的内容。

su -root -c /usr/local/hadoop/sbin/start-all.sh
su -root -c /usr/local/spark/sbin/start-master.sh
su -root -c /usr/local/spark/sbin/start-slaves.sh

存盘后退出。

6. 关闭 Spark 集群

关闭 Spark 集群，在 Master 节点上执行如下的命令。

#cd /usr/local/spark
#sbin/stop-master.sh

关闭 Worker 节点，在 Master 节点上执行如下的命令。

#sbin/stop-slaves.sh

关闭 Hadoop 集群，在 Master 节点上执行如下的命令。

#stop.sh

4.2.4 在集群上运行 Spark 应用程序

Spark 集群部署包括 3 种模式，分别是 Standalone 模式（Spark 自带的简单集群管理器）、YARN 模式（使用 YARN 作为集群管理器）和 Mesos 模式（使用 Mesos 作为集群管理器）。根据集群部署模式的不同，在集群上运行 Spark 应用程序可以有多种方法，本节介绍前两种方法。

1. 采用 Standalone 模式

当采用 Standalone 模式时，会使用 Spark 自带的独立集群管理器。

（1）在集群中运行应用程序 JAR 包。

向独立集群管理器提交应用，需要把 spark://master:7077 作为主节点参数传递给 spark-submit。可以运行 Spark 安装好以后自带的样例程序 SparkPi，它的功能是计算 Pi 的值。在 Linux Shell 中运行 SparkPi，执行如下的命令。

```
#bin/spark-submit \
--class org.apache.spark.examples.SparkPi \
--master spark://master:7077 \
examples/jars/spark-examples_2.11-2.4.0.jar 100 2>&1 | grep "Pi is roughly"
```

（2）在集群中运行 spark-shell。

可以使用 spark-shell 连接到独立集群上，在 Linux Shell 中启动 spark-shell 环境，执行如下的命令。

```
#cd /usr/local/spark
#bin/spark-shell --master spark://master:7077
```

（3）在浏览器进入 master:7077 站点，查看集群信息，如图 4-14 所示。

2. 采用 Hadoop YARN 管理器

当 Spark 集群采用 YARN 模式时，会使用 Hadoop YARN 作为 Spark 集群的资源管理器。首先要确保 HADOOP_CONF_DIR 或者 YARN_CONF_DIR 指向包含 Hadoop 集群的（客户端）配置文件的目录。这些配置被用于写入 HDFS 并连接到 YARN ResourceManager。此目录中包含的配置将被分发到 YARN 集群，以便应用程序使所有的容器都用相同的配置。如果配置引用了 Java 系统属性或者未由 YARN 管理的环境变量，则还应在 Spark 应用程序的配置（驱动程序、执行器和在客户端模式下运行时的 AM）。

有两种部署模式可以用于在 YARN 上启动 Spark 应用程序。在集群模式下，Spark Driver 运行在集群上由 YARN 管理的 Application Master 进程内，并且客户端可以在初始化应用程序后离开。在客户端模式下，Driver 在客户端进程中运行，并且 Application Master 仅用于从 YARN 请求资源。

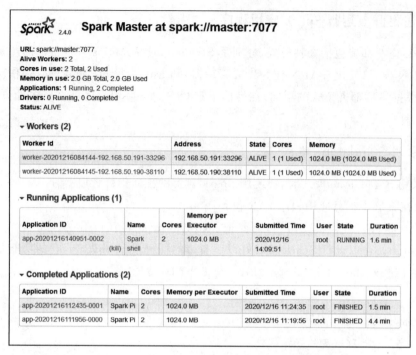

图 4-14　查看 Spark 集群中应用程序运行情况

与 Spark Standalone 和 Mesos 不同的是，在这两种模式中，master 的地址在--master 参数中指定，在 YARN 模式下，ResourceManager 的地址从 Hadoop 配置中选取。因此，--master 参数是 yarn。

（1）准备 HDFS 文件。

```
#hdfs dfs -touchz   hdfs://master:9000/README.txt
#echo "hello spark"| hdfs dfs -appendToFile -hdfs://master:9000/README.txt
#hadoop fs -ls hdfs://master:9000/ Found 3 items
```

（2）在集群中运行 spark-shell。

可使用 spark-shell 连接到 YARN 集群管理器上，在 Linux Shell 中启动 spark-shell 环境，执行如下的命令。

```
#cd /usr/local/spark
#bin/spark-shell --master yarn
scala>val textFile=sc.textFile("hdfs://master:9000/README.txt")
scala>textFile.count()
scala>textFile.first()
```

（3）访问 master:7077 站点，查看集群信息，如图 4-15 所示。

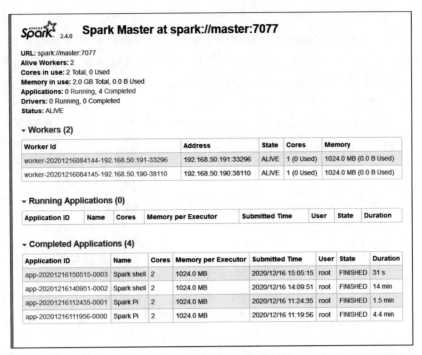

图 4-15　查看 Spark 集群信息

4.3　RDD 编程

本节介绍 RDD 编程的基础知识，包括 RDD 的创建、操作 API、持久化和分区等，并给出一个 RDD 编程实例。

4.3.1　RDD 创建

Spark 有两种方式创建 RDD。第一种是读取一个外部数据集，比如，从本地文件加载数据集，或者从 HDFS 文件系统、HBase、Cassandra、Amazon S3 等外部数据源中加载数据集。Spark 可以支持文本文件、SequenceFile 文件（Hadoop 提供的 SequenceFile 是一个由二进制序列化过的 key/value 的字节流组成的文本存储文件）和其他符合 Hadoop InputFormat 格式的文件。

1. 从文件系统中加载数据创建 RDD

Spark 采用 textFile() 方法从文件系统中加载数据创建 RDD，该方法把文件的 URI 作为参数，这个 URI 可以是本地文件系统的地址，或者是分布式文件系统 HDFS 的地址，或者是 Amazon S3 的地址等。

2. 从本地数据文件系统中加载数据

切换回 spark-shell 窗口，从本地文件系统中加载数据的方式如下。

```
scala>val lines =sc.textFile("file:///usr/local/spark/mycode/rdd/word.txt")
```

其中，lines：org.apache.spark.rdd.RDD[String]是命令执行后返回的信息。从中可以看出，执行 textFile()方法以后，Spark 从本地文件 word.txt 中加载数据到内存，在内存中生成一个 RDD 对象 lines，lines 是 org.apache.spark.rdd.RDD 这个类的实例，这个 RDD 包含了若干元素，每个元素的类型是 String 类型，也就是说从 word.txt 文件中读取出来的每一行文本内容，都成为 RDD 中的一个元素。图 4-16 给出了一个简单的实例。

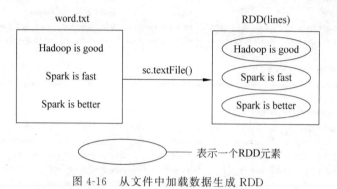

图 4-16　从文件中加载数据生成 RDD

3. 从分布式文件系统 HDFS 中加载数据

根据 4.2.3 节中在集群上运行 Spark 应用程序，已经完成 Hadoop 和 Spark 环境搭建，HDFS 的访问地址是 hdfs://master:9000/，root 用户对应用户目录'/user/root'。启动 HDFS，就可以让 Spark 对 HDFS 中的数据进行操作，在 Master 节点，执行如下的命令。

```
#hdfs dfs -touchz hdfs://master:9000/user/word.txt
#echo "Hadoop is good"| hdfs dfs -appendToFile -hdfs://master:9000/user/root/word.txt
#echo "Spark is fast"| hdfs dfs -appendToFile -hdfs://master:9000/user/root/word.txt
#echo "Spark is better"| hdfs dfs -appendToFile -hdfs://master:9000/user/root/word.txt
#hadoop fs -ls hdfs://master:9000/user/root/
#hadoop fs -cat hdfs://master:9000/user/root/word.txt
```

从 HDFS 中加载数据有 3 条等价的命令，具体如下。

```
scala>val textFile=sc.textFile("hdfs://master:9000/user/root/word.txt")
scala>val textFile=sc.textFile("/user/root/word.txt")
scala>val textFile=sc.textFile("word.txt")
```

4. 通过并行集合(数组)创建 RDD

第二种是调用 SparkContext 的 parallelize 方法，在 Driver 中一个已经存在的集合(数组)上创建 RDD，如图 4-17 所示。在 spark-shell 中，执行如下的命令。

```
scala>val array =Array(1,2,3,4,5)
array: Array[Int] =Array(1, 2, 3, 4, 5)
scala>val rdd =sc.parallelize(array)
rdd: org.apache.spark.rdd.RDD[Int] = ParallelCollectionRDD[2] at parallelize
at <console>:26
```

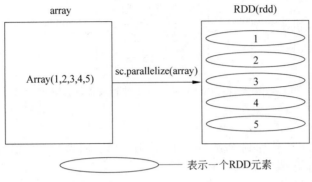

图 4-17　从数组中加载数据生成 RDD

4.3.2　RDD 操作

RDD 被创建好以后,在后续使用过程中一般会发生如下的两种操作。
- 转换(Transformation):基于现有的数据集创建一个新的数据集。
- 行动(Action):在数据集上进行运算,返回计算值。

1. 转换操作

在对 RDD 进行转换操作的时候,每次转换操作都会产生不同的 RDD,供给下一次转换使用。整个转换过程只是记录了转换的轨迹,并没有立刻进行计算,只有遇到行动操作时,才会发生计算。常见的转换操作如表 4-1 所示。

表 4-1　常用的 RDD 转换操作 API

操作	含义
filter(func)	筛选出满足函数 func 的元素,并返回一个信息的数据集
map(func)	将每个元素传递到函数 func 中,并将结果返回一个新的数据集
flatMap(func)	与 map 相似,但每个输入元素都可以映射到 0 或多个输出结果
groupByKey(func)	应用于(Key,Value)时,返回一个新的(key,Iterable)形式的数据集
reduceByKey(func)	应用于(Key,Value)时,返回一个新的(key,Value)形式的数据集,其中每个值是将每个 Key 传递到函数 func 聚集后的结果

下面结合具体实例对这些 RDD 转换操作 API 进行逐一介绍。

(1) filter(func)。

filter()筛选出满足函数条件的元素,并返回一个新的数据集。其示例如下所示。

```
scala>val lines=sc.textFile("hdfs://master:9000/user/root/word.txt")
scala>val lineWithSpark=lines.filter(line=>line.contains("spark"))
```

上面示例的执行过程如图 4-18 所示。

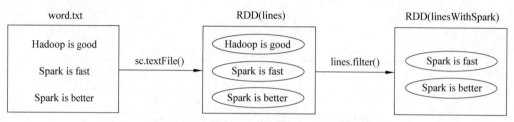

图 4-18　fliter()操作示例执行过程示意图

(2) map(func)。

map()将每个元素传递到函数 func 中,并将结果返回为一个新的数据集。输入静态矩阵的示例如下所示。

```
scala>val array =Array(1,2,3,4,5)
scala>val rdd1 =sc.parallelize(array)
scala>val rdd2 =rdd1.map(x=>x+10)
```

上面示例的执行过程如图 4-19 所示。

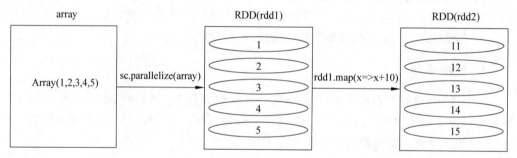

图 4-19　map()操作输入静态矩阵的示例执行过程示意图

输入 HDFS 文件的实例如下所示。

```
scala>val lines=sc.textFile("hdfs://master:9000/user/root/word.txt")
scala>val words=lines.map(line=>line.split(" "))
```

上面示例的执行过程如图 4-20 所示。

(3) flatMap(func)。

flatMap()与 map()相似,但每个输入元素都可以映射到 0 或多个输出结果,输入 HDFS 文件的示例如图 4-21 所示。

(4) groupByKey()。

groupByKey 应用于(K,V)键值对的数据集时,返回一个新的(K,Iterable)形式的数据集,示例如图 4-22 所示。

第 4 章 分布式计算框架 Spark

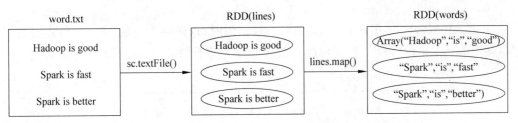

图 4-20 map()操作输入 HDFS 文件示例的执行过程示意图

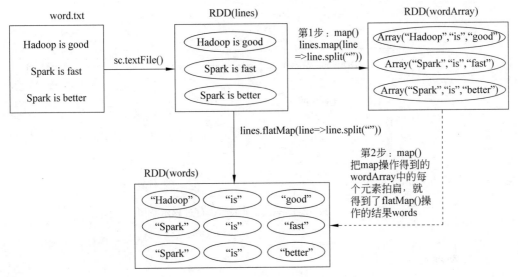

图 4-21 filterMap 操作示例执行过程示意图

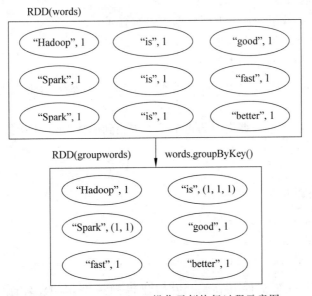

图 4-22 groupByKey()操作示例执行过程示意图

(5) reduceByKey(func)。

reduceByKey()应用于(K,V)键值对的数据集时,返回一个新的(K,V)形式的数据集,其中的每个值是将每个Key传递到函数func中进行聚合,示例如图4-23所示。

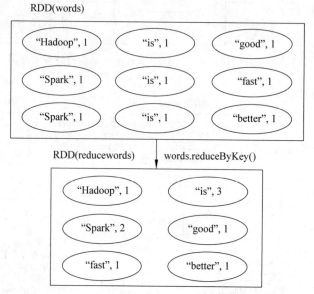

图4-23 reduceByKey()操作示例执行过程示意图

2. 行动操作

常见的行动操作函数如下所列。
- count():返回数据集中的元素个数。
- collect():以数组的形式返回数据集中所有元素。
- first():返回数据集中的第一个元素。
- taken(n):返回数据集中的前n个元素。
- reduce(func):通过函数func(输入两个参数并返回一个值)聚合数据集中的元素。
- foreach(func):将数据集中的每个元素传递到函数func中运行。

3. 惰性机制

惰性机制的示例如下。

```
scala>val lines =sc.textFile("data.txt")
scala>val lineLengths =lines.map(s =>s.length)
scala>val totalLength =lineLengths.reduce((a, b) =>a +b)
```

第1行首先从外部文件data.txt中构建得到一个RDD,名称为lines。但由于textFile()方法只是一个转换操作,因此这行代码执行后,不会立即把data.txt文件加载到内存中,这时 lines 只是一个指向这个文件的指针。

第 2 行代码用来计算每行的长度(即每行包含多少个单词)。同样,由于 map()方法只是一个转换操作,这行代码执行后,不会立即计算每行的长度。

第 3 行代码的 reduce()方法是一个动作类型的操作。这时,会触发真正的计算,Spark 会把计算分解成多个任务在不同的机器上执行,每台机器运行位于属于它自己的 map 和 reduce,最后把结果返回给 Driver Program。

4. 持久化

在 Spark 中,RDD 采用惰性求值的机制,每次遇到行动操作,都会从头开始执行计算。如果整个 Spark 程序中只有一次行动操作,没有问题。但是,当需要多次调用不同的行动操作,每次调用行动操作,都会触发一次从头开始的计算。这对于迭代计算而言,代价是很大的,迭代计算经常需要多次重复使用同一组数据。

可以通过持久化(缓存)机制避免这种重复计算的开销。使用 persist()方法对一个 RDD 标记为持久化,之所以成为"标记为持久化",因为出现 persist()语句的地方,并不会马上计算生成 RDD 并把它持久化,而是要等到遇到第一个行动操作触发真正计算以后,才会把计算结果进行持久化,持久化后的 RDD 将会被保留在计算节点的内存中被后面的行动操作重复使用。

persist()的圆括号中包含的是持久化级别参数,比如,persist(MEMORY_ONLY)表示将 RDD 作为反序列化的对象存储在 JVM 中。如果内存不足,就要按照 LRU 原则替换缓存中的内容。persist(MEMORY_AND_DISK)表示将 RDD 作为反序列化的对象存储在 JVM 中,如果内存不足,超出的分区将会被存放在硬盘上。一般而言,使用 cache()方法时,会调用 persist(MEMORY_ONLY),示例如下。

```
scala>val list =List("Hadoop","Spark","Hive")
scala>val rdd =sc.parallelize(list)
scala>rdd.cache()
```

cache()方法会调用 persist(MEMORY_ONLY)。但是,语句执行到这里,并不会缓存 RDD,因为 RDD 还没有被计算生成。

```
scala>println(rdd.count())
```

第一次行动操作,触发一次真正从头到尾的计算,这时才会执行上面的 rdd.cache(),把这个 RDD 放到缓存中。

```
scala>println(rdd.collect().mkString(","))
```

第二次行动操作,不需要触发从头到尾的计算,只需要重复使用上面缓存中的 RDD。行动结果如下。

```
Hadoop,Spark,Hive
```

最后,可以使用 unpersist()方法手动地把持久化的 RDD 从缓存中移除。

5. 分区

RDD 是弹性分布式数据集,通常很大,会被分成很多个分区,分别保存在不同的节点上。分区的目的是增加并行度和减少通信开销。RDD 分区原则是分区的个数尽量等于集群中的 CPU 核心(Core)数目。对于不同的 Spark 部署模式(Local 模式、Standalone 模式、YARN 模式、Mesos 模式),都可以通过设置 spark.default.parallelism 这个参数的值,来配置默认的分区数目,一般而言,分区数量与部署模式是相关的,具体如下。

- Local 模式:默认为本地机器的 CPU 数目,若设置了 local[N],则默认为 N。
- Apache Mesos 模式:默认的分区数为 8。
- Standalone 或 YARN 模式:在"集群中所有 CPU 核心数目总和"和"2"二者中,取较大值作为默认值。

6. 打印元素

在实际编程中,经常需要把 RDD 中的元素打印输出到屏幕上(标准输出 Stdout),一般会采用语句 rdd.foreach(println)或者 rdd.map(println)。

当采用 Local 模式在单机上执行时,这些语句会打印出一个 RDD 中的所有元素。但当采用集群模式执行时,在 Worker 节点上执行打印语句是输出到 Worker 节点的 Stdout 中,而不是输出到任务控制节点 Driver Program 中。因此,任务控制节点 Driver Program 中的 Stdout 是不会显示打印语句的这些输出内容的。

为了能够把所有 worker 节点上的打印输出信息显示到 Driver Program 中,可以使用 collect()方法,比如,rdd.collect().foreach(println)。但是,由于 collect()方法会把各个 worker 节点上的所有 RDD 元素都抓取到 Driver Program 中。因此,这可能会导致内存溢出。因此,当只需要打印 RDD 的部分元素时,可以采用语句 rdd.take(100).foreach(println)。

4.3.3 综合实例

假设有一个本地文件 word.txt,里面包含了很多行文本,每行文本由多个单词构成,单词之间用空格分隔。可以使用下面语句进行词频统计。

```
scala>val lines=sc.textFile("hdfs://controller:9000/user/root/word.txt")
scala>val wordcount=lines.flatMap(line=>line.split(" ")).
       |map(word=>(word,1)).reduceByKey((a,b)=>a+b)
scala>wordcount.collect().foreach(elem=>println(elem))
(is,3)
(fast,1)
(better,1)
(Spark,2)
(good,1)
(Hadoop,1)
```

执行过程示意图如图 4-24 所示。

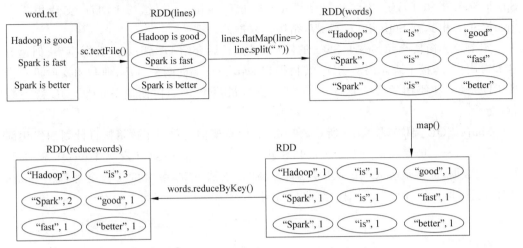

图 4-24　词频统计执行过程示意图

4.4　Spark SQL

关系数据库已经流行多年,最早是由图灵奖得主(有"关系数据库之父"之称)埃德加·弗兰克·科德于 1970 年提出的。由于具有规范的行和列结构,因此存储在关系数据库中的数据通常也被称为"结构化数据",用来查询和操作关系数据库的语言被称为"结构化查询语言"。由于关系数据库具有完备的数学理论基础、完善的事务管理机制和高效的查询处理引擎,因此得到了广泛的应用,并从 20 世纪 70 年代到 21 世纪前 10 年一直占据着商业数据库应用的主流位置。目前主流的关系数据库有 Oracle、DB2、SQL Server、Sybase、MySQL 等。

4.4.1　Spark SQL 架构

尽管关系数据库的事务和查询机制较好地满足了电信、银行等各类商业公司的业务数据管理需求,但是关系数据库在大数据时代已经不能满足各种新增的用户需求。首先,用户需要从不同的数据源执行各种操作,包括结构化和非结构化数据;其次,用户需要执行高级分析,比如机器学习和图像处理,在实际大数据应用中,经常需要融合关系查询和复杂分析算法,但是一直以来都缺少这样的系统。

Spark SQL 的出现,填补了这个空白。首先,Spark SQL 可以提供 DataFrame API,可以对内部和外部各种数据源执行各种关系操作;其次,可以支持大量的数据源和数据分析算法,组合使用 Spark 和 Spark MLib,可以融合传统关系数据库的结构化数据管理能力和机器学习算法的数据处理能力,从而有效满足各种复杂应用的需求。

Spark SQL 是 Spark 中用于结构化数据处理的组件,提供了一组通用的访问多种数据源的方式,可以访问的数据源包括 Hive、Avro、Parquet、ORC、JSON 和 JDBC 等。Spark SQL 采用了 DataFrame 数据模型(即带有 Schema 信息的 RDD),支持用户在 Spark SQL 中执行 SQL 语句,实现对结构化数据的处理。

本节首先简要介绍 Spark SQL 的基本结构,然后介绍 DataFrame 数据模型、创建方法和常用操作,接下来介绍从 RDD 转换得到 DataFrame 的两种方法,即利用反射机制推断 RDD 模式和使用编程方法定义 RDD 模式,最后介绍如何使用 Spark SQL 读写数据库。

Spark SQL 架构如图 4-25 所示,在 Shark 原有架构上重写了逻辑执行计划的优化部分,解决了 Shark 存在的问题。Spark SQL 在 Hive 兼容层面仅依赖 HiveQL 解析和 Hive 元数据,也就是说从 HiveQL 被解析成抽象语法树起,剩余的工作全部都由 Spark SQL 接管,即执行计划生成和优化都由 Catalyst 负责。

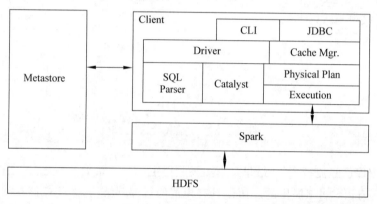

图 4-25 Spark SQL 架构

Spark SQL 增加了 DataFrame(即带有 Schema 信息的 RDD),使用用户可在 Spark SQL 中执行 SQL 语句,数据既可以来自 RDD,也可以来自 Hive、HDFS、Cassandra 等外部数据源,还可以是 JSON 格式的数据。Spark SQL 目前支持 Scala、Java、Python 等编程语言,支持 SQL-92 规范。

4.4.2 DataFrame

Spark SQL 所使用的数据抽象并非 RDD,而是 DataFrame。DataFrame 的推出,让 Spark 具备了处理大规模结构化数据的能力,它不仅比原有的 RDD 转化方式更加简单易用,而且获得了更高的系统性能。Spark 能够轻松实现从 MySQL 到 DataFrame 的转化,并支持 SQL 查询。

RDD 是分布式的 Java 对象集合,对象内部结构对于 RDD 而言却是不可知的。DataFrame 是一种以 RDD 为基础的分布式数据集,提供了详细的结构信息,相当于关系数据库的一张表,如图 4-26 所示。

1. DataFrame 的创建

从 Spark 2.0 以上版本开始,Spark 使用全新的 SparkSession 接口替代 Spark 1.6 中

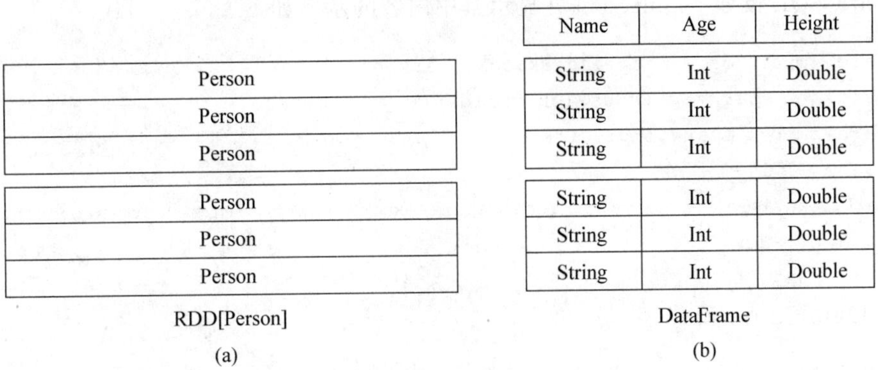
Person
Person
Person
Person
Person
Person
RDD[Person]
(a)
Name
Age
Height
String
Int
Double
String
Int
Double
String
Int
Double
String
Int
Double
String
Int
Double
String
Int
Double
DataFrame
(b)

图 4-26 DataFrame 与 RDD 的区别

的 SQLContext 及 HiveContext 接口来实现其对数据加载、转换、处理等功能。SparkSession 实现了 SQLContext 及 HiveContext 的所有功能。

SparkSession 支持从不同的数据源加载数据，并把数据转换成 DataFrame，并且支持把 DataFrame 转换成 SQLContext 自身中的表，然后使用 SQL 语句来操作数据。SparkSession 亦提供了 HiveQL 以及其他依赖于 Hive 的功能的支持。

可以通过如下语句创建一个 SparkSession 对象。

```
scala> import org.apache.spark.sql.SparkSession
scala> val spark=SparkSession.builder().getOrCreate()
```

在创建 DataFrame 之前，为了支持 RDD 转换为 DataFrame 及后续的 SQL 操作，需要通过 import 语句(即 import spark.implicits._)导入相应的包，启用隐式转换。

在创建 DataFrame 时，可以使用 spark.read 操作，从不同类型的文件中加载数据创建 DataFrame，示例如下。

- spark.read.json("people.json")：读取 people.json 文件创建 DataFrame；在读取本地文件或 HDFS 文件时，要注意给出正确的文件路径。
- spark.read.parquet("people.parquet")：读取 people.parquet 文件创建 DataFrame。
- spark.read.csv("people.csv")：读取 people.csv 文件创建 DataFrame。

在/usr/local/spark/examples/src/main/resources/目录下，有两个样例数据 people.json 和 people.txt。people.json 文件的内容如下。

```
{"name":"Michael"}
{"name":"Andy", "age":30}
{"name":"Justin", "age":19}
```

people.txt 文件的内容如下。

```
Michael, 29
Andy, 30
Justin, 19
```

Spark SQL 读取 people.json 并显示其中内容的示例如下。

```
scala>import org.apache.spark.sql.SparkSession
scala>val spark=SparkSession.builder().getOrCreate()
scala>import spark.implicits._
scala>val df =
spark.read.json("file:///usr/local/spark/examples/src/main/resources/people.json")
scala>df.show()
```

2. DataFrame 的保存

可以使用 spark.write 操作,把一个 DataFrame 保存成不同格式的文件,例如,把一个名称为 df 的 DataFrame 保存到不同格式的文件中,其方法如下。

```
df.write.json("people.json')
df.write.parquet("people.parquet')
df.write.csv("people.csv")
```

下面从 people.json 文件中创建一个 DataFrame,然后保存成 csv 格式文件,其代码如下。

```
scala>val peopleDF =
spark.read.format("json").load("file:///usr/local/spark/examples/src/main/resources/people.json")
scala>peopleDF.select("name", "age").
write.format("csv").save("file:///usr/local/spark/mycode/sql/newpeople.csv")
```

3. DataFrame 的常用操作

```
scala>import org.apache.spark.sql.SparkSession
scala>val spark=SparkSession.builder().getOrCreate()
scala>import spark.implicits._
scala>val df =
spark.read.json("file:///usr/local/spark/examples/src/main/resources/people.json")
```

(1) 显示全部信息,执行如下的命令。

```
scala>df.show()
```

(2) 打印模式信息,执行如下的命令。

```
scala>df.printSchema()
```

(3) 选择多列信息,执行如下的命令。

```
scala>df.select(df("name"),df("age")+1).show()
```

(4) 条件筛选信息,执行如下的命令。

```
scala>df.filter(df("age") >20 ).show()
```

(5) 分组聚合信息，执行如下的命令。

```
scala>df.groupBy("age").count().show()
```

(6) 排序信息，执行如下的命令。

```
scala>df.sort(df("age").desc).show()
```

(7) 多列排序信息，执行如下的命令。

```
scala>df.sort(df("age").desc, df("name").asc).show()
```

(8) 对列进行重命名，执行如下的命令。

```
scala>df.select(df("name").as("username"),df("age")).show()
```

(9) 使用 Spark SQL 语句，如下所示。

```
scala>df.createTempView("table1")
scala>spark.sql("select * from table1 limit 10")
```

4. 从 RDD 转换得到 DataFrame

Spark 官网提供了两种方法来实现从 RDD 转换得到 DataFrame：一种方法是利用反射来推断包含特定类型对象的 RDD 的 Schema，适用于对已知数据结构的 RDD 转换；另一种方法是使用编程接口，构造一个 Schema 并将其应用在已知的 RDD 上。

(1) 利用反射机制推断 RDD 模式。

首先定义一个 case class，因为只有 case class 才能被 Spark 隐式地转换为 DataFrame。下面是在 spark-shell 中执行命令以及反馈的信息。

```
scala>import org.apache.spark.sql.catalyst.encoders.ExpressionEncoder
scala>import org.apache.spark.sql.Encoder
scala>import spark.implicits._
scala>case class Person(name: String, age: Long)           //定义一个 case class
scala>val peopleDF = spark.sparkContext.textFile("file:///usr/local/spark/examples/src/main/resources/people.txt").map(_.split(",")).map(attributes => Person(attributes(0), attributes(1).trim.toInt)).toDF()
scala>peopleDF.createOrReplaceTempView("people")
scala>val personsRDD = spark.sql("select name,age from people where age >20")
personsRDD: org.apache.spark.sql.DataFrame =[name: string, age: bigint]
scala>personsRDD.map(t =>"Name:"+t(0)+","+"Age:"+t(1)).show()
```

(2) 使用编程方式定义 RDD 模式。

当无法提前定义 case class 时，就需要采用编程方式定义 RDD 模式，所以应导入如下两个包。

```
scala>import org.apache.spark.sql.types._
scala>import org.apache.spark.sql.Row
```

- 生成 RDD,执行如下的语句。

```
scala>val peopleRDD =spark.sparkContext.textFile(.
| "file:///usr/local/spark/examples/src/main/resources/people.txt")
```

- 定义一个模式字符串,执行如下的语句。

```
scala>val schemaString ="name age"
```

- 根据模式字符串生成模式,执行如下的语句。

```
scala > val fields = schemaString.split(" ").map(fieldName => StructField
(fieldName, StringType, nullable =true))
   scala>val schema =StructType(fields)
```

从上面信息可以看出,Schema 描述了模式信息,模式中包含 name 和 age 两个字段。对 peopleRDD 这个 RDD 中的每一行元素都进行解析 val peopleDF = spark.read.format("json").load("examples/src/main/resources/people.json")。

```
scala > val rowRDD = peopleRDD.map(_.split(",")).map(attributes => Row
(attributes(0), attributes(1).trim))
scala>val peopleDF =spark.createDataFrame(rowRDD, schema)
```

注册临时表以供查询使用。

```
scala>peopleDF.createOrReplaceTempView("people")
scala>val results =spark.sql("SELECT name,age FROM people")
scala> results.map(attributes => "name: " + attributes(0) +","+"age:" +
attributes(1)).show()
```

在上面的代码中,people.map(_.split(','))实际上和 people.map(line => line.split(','))这种表述是等价的,作用是对 people 这个 RDD 中的每一行元素都进行解析。比如,people 这个 RDD 的第一行如下。

```
Michael, 29
```

这行内容经过 people.map(_.split(','))操作后,就得到一个集合{Michael,29}。后面经过 map(p => Row(p(0), p(1).trim))操作时,这时 p 是这个集合{Michael,29},p(0)是 Micheael,p(1)是 29,map(p => Row(p(0), p(1).trim))会生成一个 Row 对象,这个对象里面包含了两个字段的值,这个 Row 对象构成 rowRDD 中的其中一个元素。因为 people 有 3 行文本,最终,rowRDD 中会包含 3 个元素,每个元素都是 org.apache.spark.sql.Row 类型。实际上,Row 对象只是对基本数据类型(比如整型或字符串)的数组的封装,本质就是一个定长的字段数组。

peopleDF = spark.createDataFrame(rowRDD, schema),这条语句就相当于建立了 rowRDD 数据集和模式之间的对应关系,即对于 rowRDD 的每行记录,第 1 个字段的名称是 Schema 中的"name",第 2 个字段的名称是 schema 中的"age"。

- 把 RDD 保存成文件,执行如下的语句。

这里介绍如何把 RDD 保存成文本文件,后面将会介绍其他格式的保存。

第 1 种保存方法,进入 spark-shell 执行如下的语句。

```
scala>val peopleDF =
spark.read.format("json").load("file:///usr/local/spark/examples/src/main/resources/people.json")
scala>peopleDF.select("name",
"age").write.format("csv").save("file:///usr/local/spark/mycode/newpeople.csv")
```

可以看出,这里使用 select('name', 'age')确定要把哪些列进行保存,然后调用 write.format('csv').save()保存成 csv 文件。

另外,write.format()支持输出 json、parquet、jdbc、orc、libsvm、csv、text 等格式文件,如果要输出文本文件,可以采用 write.format('text')。但需要注意,只有 select()中只存在一个列时,才允许保存成文本文件,如果存在两个列,比如 select('name', 'age'),就不能保存成文本文件。

上述过程执行结束后,可以打开第 2 个终端窗口,在 Shell 命令提示符下查看新生成的 newpeople.csv,执行如下的命令。

```
#cd  /usr/local/spark/mycode/
#ls
```

可以看到/usr/local/spark/mycode/这个目录下面有个 newpeople.csv 文件夹,其中包含下面两个文件。

```
part-r-00000-33184449-cb15-454c-a30f-9bb43faccac1.csv
_SUCCESS
```

用 Vim 编辑器打开 part-r-00000-33184449-cb15-454c-a30f-9bb43faccac1.csv 文件,查看其内容,该文件内容如下。

```
Michael,
Andy,30
Justin,19
```

因为 people.json 文件中,Michael 名字不存在对应的 age,所以,上面第一行逗号后面没有内容。

如果再次把 newpeople.csv 中的数据加载到 RDD 中,可以直接使用 newpeople.csv 目录名称,而不需要使用 part-r-00000-33184449-cb15-454c-a30f-9bb43faccac1.csv 文件,语句如下。

```
scala>val textFile = sc.textFile("file:///usr/local/spark/mycode/newpeople.csv")
scala>textFile.foreach(println)
Justin,19
Michael,
```

Andy,30

第 2 种保存方法，进入 spark-shell 执行如下的命令。

```
scala>val peopleDF=spark.read.format("json").load("file:///usr/local/spark/examples/src/main/resources/people.json")
scala>df.rdd.saveAsTextFile("file:///usr/local/spark/mycode/newpeople.txt")
```

可以看出，需要先把 DataFrame 转换成 RDD，然后调用 saveAsTextFile()保存成文本文件。在后面小节中，会介绍其他保存方式。

上述过程执行结束后，可以新打开一个终端窗口，在 Shell 命令提示符下查看新生成的 newpeople.txt，执行如下的命令。

```
# cd /usr/local/spark/mycode/
# ls
```

可以看到/usr/local/spark/mycode/这个目录下面有个 newpeople.txt 文件夹，其中包含下面两个文件。

```
part-00000
_SUCCESS
```

用 Vim 编辑器打开 part-00000 文件，该文件内容如下。

```
[null,Michael]
[30,Andy]
[19,Justin]
```

如果需要再次把 newpeople.txt 中的数据加载到 RDD 中，可以直接使用 newpeople.txt 目录名称，而不需要使用 part-00000 文件，执行如下的语句。

```
scala>val textFile=sc.textFile("file:///usr/local/spark/mycode/newpeople.txt")
scala>textFile.foreach(println)
[null,Michael]
[30,Andy]
[19,Justin]
```

4.4.3 使用 Spark SQL 读写 MySQL 数据库

Spark SQL 支持访问 Parquet、JSON、Hive 等数据源，并且可以通过 JDBC 连接外部数据源。Spark SQL 通过 JDBC 连接 MySQL 数据库。启动 MySQL 数据库后，使用 SQL 语句创建数据库和表。

```
MySQL [(none)]>create database spark;
MySQL [spark]>create table student (id int(4), gender char(4), age int(4));
MySQL [spark]>alter table student add column name char(20);
MySQL [spark]>insert into student values(1,'F',23,'Xueqian');
```

```
MySQL [spark]>insert into student values(2,'M',24,'Weiliang');
MySQL [spark]>select * from student;
```

进入Spark Shell,执行如下的命令。

```
[root@master mysql]#cd /usr/local/spark
[root@master spark]#./bin/spark-shell.
| jars /usr/local/spark/jars/mysql-connector-java-5.1.39-bin.jar.
| driver-class-path /usr/local/spark/jars/mysql-connector-java-5.1.39-bin.jar
```

在Spark中通过JDBC访问外部数据源MySQL的Spark数据库中的student表,执行如下的命令。

```
scala>val jdbcDF=spark.read.format("jdbc").
    | option("url","jdbc:mysql://localhost:3306/spark").
    | option("driver","com.mysql.jdbc.Driver").
    | option("dbtable","student").
    | option("user","root").
    | option("password","123456").
    | load()
scala>jdbcDF.show();
scala>import java.util.Properties
scala>import org.apache.spark.sql.types._
scala>import org.apache.spark.sql.Row
scala> val studentRDD = spark.sparkContext.parallelize(Array(" 3 M 26 Rongcheng","4 M 27 Guanhua")).map(_.split(" "))
scala> val schema = StructType(List(StructField(" id",IntegerType,true),StructField("gender",StringType,true),StructField("age",IntegerType,true),StructField("name",StringType,true)))
scala>val rowRDD=studentRDD.map(p=>Row(p(0).toInt,p(1).trim,p(2).toInt,p(3).trim))
```

以上分三步,一是制作表头,二是制作数据,三是拼接表头和数据。下面的语句在Spark Shell中以root身份登录到MySQL服务器,把2条student记录插入到Spark数据库的student表中。

```
scala>val studentDF=spark.createDataFrame(rowRDD,schema)
scala>val prop=new Properties()
scala>prop.put("user","root")
scala>prop.put("password","123456")
scala>prop.put("driver","com.mysql.jdbc.Driver")
scala> studentDF.write.mode("append").jdbc("jdbc:mysql://localhost:3306/spark?useUnicode=true&characterEncoding=utf-8&useSSL=false","spark.student",prop)
```

在宿主机的MySQL的SQLyog-64 bit客户端中,查看插入结果如图4-27所示。

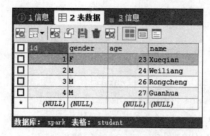

图 4-27　Spark SQL 通过 JDBC 访问 MySQL

4.5　自训任务和案例实践思考

1. 自训任务

（1）已知 3 名同学，每名同学 1 台笔记本电脑，每台机器或主机操作系统或虚拟机操作系统为 CentOS，搭建 Spark 集群。集群节点内存至少 4GB、硬盘至少 30GB 空白空间。主机名：master＋学生本人学号后 2 位，从机名：master＋学生本人学号后 2 位。给出相关的配置文件中的具体内容，说明其具体作用。用浏览器查看集群信息，给出查看结果的屏幕截屏。

（2）运用 Spark 求解 10 个数的最大值，给出 RDD 求解过程示意图和运行结果的屏幕截图。

（3）Spark SQL 通过 JDBC 访问 MySQL 数据库，在 MySQL 中创建一个 Course 表，关系模型：Course(Title，DeptName，Credits)；在 Spark Shell 下对 Course 进行完全查询和插入本学期的至少 3 门课程；针对插入操作，给出 RDD 求解过程图；给出运行结果的屏幕截屏。

2. 案例实践思考

根据表 3-8 中的查询流水，用 Spark 设计一个求解异常累计流量分析程序，要求如下。

（1）MySQL 的累计流量同步到 HBase。

（2）Spark 访问 HBase 分析异常流量。

（3）给出异常定义。

（4）给出 RDD 求解过程图。

轻量级虚拟化技术

5.1 教学目标

1. 能力目标

(1) 能够根据项目实际,运用 Docker 设计资源隔离运行环境解决方案,以支持开发复杂软件系统的解决方案。

(2) 能够根据项目需求,在容器和虚拟机技术之间进行准确评估和恰当选择,以解决复杂工程的关键问题。

(3) 能够基于工程实际,将 Docker、CephFS 和 Hadoop 进行有效集成,以解决复杂软件工程问题。

2. 素质目标

(1) 能够准确撰写 Docker 实现运行空间隔离的解决方案,并对方案分析和评估性价比。

(2) 能够翔实撰写 Docker 环境搭建的文档,对所遇问题和解决措施予以记录和分析。

5.2 Docker 容器实践基础

5.2.1 安装 Docker

Docker 是一个开源的应用容器引擎,基于 Go 语言并遵从 Apache 2.0 开源协议。Docker 可以让开发者打包应用以及依赖包到一个轻量级、可移植的容器中,然后发布到任何流行的 Linux 机器上,也可以实现虚拟化。容器是完全使用沙箱机制,相互之间不会有任何接口,更重要的是容器性能开销极低。

Docker 使用客户端/服务器(C/S)架构模式,使用远程 API 来管理和创建 Docker 容器。Docker 容器通过 Docker 镜像来创建。容器与镜像的关系类似于面向对象编程中的对象与类。Docker 的官方安装说明网址如下。

https://docs.docker.com/install/linux/docker-ee/centos/#install-from-the-repository

1. 检查系统内核

Docker 要求 CentOS 系统的内核版本高于 3.20,查看本页面的前提条件来验证 CentOS 版本是否支持 Docker。查看当前内核版本,执行如下的命令。

```
[root@master 189]#uname -r
```

命令执行结果显示如下。

```
3.20.0-693.el7.x86_64
```

2. 安装 Docker

Docker 软件包和依赖包包含在默认的 CentOS-Extras 软件源里,安装命令如下。

```
[root@master 189]#yum -y install docker
```

3. 查看 Docker 版本

启动 Docker 版本,执行如下的命令。

```
[root@master 189]#docker version
```

命令执行结果显示如下。

```
Client:
Version:         1.13.2
API version:     1.26
Package version:
Cannot connect to the Docker daemon at unix:///var/run/docker.sock. Is the docker daemon running?
```

4. 启动 Docker

启动 Docker,执行如下的命令。

```
[root@master 189]#systemctl start docker.service
```

5. 验证 Docker 启动是否成功

验证启动是否成功,执行如下的命令。

```
[root@master 189]#  docker version
```

输出信息中如果有 Client 和 Server 两部分,表示 Docker 安装与启动均成功。

6. 加入开机启动

加入开机启动,执行如下的命令。

```
[root@master 189]#sudo systemctl enable docker
```

5.2.2　Docker 基本操作

1. Docker 镜像基本操作

本次实验包含 Docker 基本操作，仅提供简单 Docker 操作命令演示，更多操作请访问官方文档。

(1) 手动启动 Docker 服务，执行如下的命令。

```
#service docker start
```

(2) 查看本机所有的镜像，执行如下的命令。

```
#docker images
```

命令执行结果显示如下。

```
REPOSITORY      TAG         IMAGE ID      CREATED        SIZE
```

实验环境中没有镜像，所以只输出头信息。

(3) 查找镜像。

通过 docker search 命令查找镜像，如查找 alpine 镜像，执行如下的命令。

```
#docker search alpine
```

(4) 拉取镜像。

查找到需要的镜像以后，可以通过 docker pull 命令拉取指定的镜像。以拉取 alpine 镜像为例，执行如下的命令。

```
#docker pull alpine
```

如果不指定镜像标签，则默认拉取最新版本的镜像。查看已拉取的镜像，执行如下的命令。

```
#docker images
```

命令执行结果显示如下。

```
REPOSITORY          TAG         IMAGE ID        CREATED         SIZE
docker.io/alpine    latest      389fef711851    3 weeks ago     5.58 MB
```

(5) 构建镜像。

当搜索不到需要的镜像时，可以使用 docker build 命令构建镜像，以 alpine:latest 为基础镜像，添加自定义脚本，并在容器启动时执行脚本，输出"hello docker my New Build"。

首先查看 test.sh 文件，该脚本仅输出"hello docker"到终端，不执行其他操作。

```
#vi test.sh
```

文件打开后,仅有一个如下的输出操作。

echo "hello docker my New Build"

查看并编辑 Dockerfile 文件,执行如下的命令。

#vim Dockerfile

文件内容如下。

```
FROM alpine:latest
ADD ./test.sh /test.sh
RUN chmod +x /test.sh
CMD ["/bin/sh", "-c", "/test.sh"]
```

构建镜像,执行如下的命令。

#docker build -t hello-docker.

运行构建的容器,执行如下的命令。

#docker run --name hello-docker hello-docker

命令执行结果显示如下。

hello docker my New Build

可以看到容器正确执行了自定义脚本。制作 Docker 镜像有如下两种方式。

第1种:docker commit,保存容器(Container)的当前状态到镜像后,然后生成对应的镜像。

第2种:docker build,使用 Dockerfile 文件自动化制作镜像。

A. docker commit

启动一个实例,执行如下的命令。

[root@master 189]#docker images
[root@master 189]#docker run -it centos:latest /bin/bash

安装 Apache,执行如下的命令。

[root@DMaster]#yum -y install httpd
[root@DMaster]#exit

查看容器的状态,执行如下的命令。

[root@master docker]#docker ps -a

命令执行结果显示如下。

CONTAINER ID	IMAGE	COMMAND	CREATED	STATUS
72ad7c24ba38	centos:latest	"/bin/bash"	3 hours ago	Exited (0) 48 seconds ago
21eac7115704	hello-docker	"/bin/sh -c /test.sh"	4 hours ago	Exited (0) 4 hours ago

```
e4e63beea0e6    hello-world    "/hello"           5 hours ago    Exited (0) 5 hours ago
```

根据容器当前状态制作一个镜像,语法:docker commit ＜容器 ID＞[仓库]:[标签],其具体示例语句如下。

```
[root@master docker]#docker commit 72ad7c24ba38 centos:httpd
```

命令执行结果显示如下。

```
sha256:6ec494cd22012b53698d3733b6bce4aa824d714f0f8384d29310d21c23dc7e15
```

```
[root@master docker]#docker images
```

命令执行结果显示如下。

```
REPOSITORY              TAG       IMAGE ID        CREATED            SIZE
centos                  httpd     6ec494cd2201    About a minute ago 209 MB
hello-docker            latest    864d2be3c4db    4 hours ago        5.58 MB
docker.io/alpine        latest    389fef711851    3 weeks ago        5.58 MB
docker.io/centos        latest    300e315adb2f    5 weeks ago        209 MB
docker.io/hello-world   latest    bf756fb1ae65    12 months ago      13.4 kB
```

启动新创建的镜像,查看是否存在 httpd 服务,执行如下的命令。

```
[root@master docker]#docker run -it centos:httpd /bin/bash
[root@master docker /]#rpm -qa httpd
```

命令执行结果显示如下。

```
httpd-2.4.6-89.el7.centos.1.x86_64
```

如果看到上面的输出信息,则说明 httpd 存在。

B. docker build

使用 docker build 创建镜像时,需要使用 Dockerfile 文件自动化制作镜像。Dockerfile 类似源码编译./configure 后产生的 Makefile。首先创建工作目录,制作 Dockerfile,执行如下的命令。

```
[root@master docker]#mkdir /docker-build
[root@master docker]#vim /docker-build/Dockerfile
```

文件打开后,编辑文件内容如下。

```
FROM centos:latest                              #以哪个镜像为基础
MAINTAINER <youxi@163.com>                      #镜像创建者
RUN yum -y install httpd                        #运行安装 httpd 命令
ADD start.sh /usr/local/bin/start.sh
                                                #将本地文件复制到镜像中,权限为 755,uid 和 gid 为 0
ADD index.html /var/www/html/index.html
```

```
CMD /usr/local/bin/start.sh
                    #实例启动后执行的命令,在strat.sh里添加需要开机启动的服务或脚本
```

创建start.sh和index.html,执行如下的命令。

```
[root@master docker]# echo "/usr/sbin/httpd -DFOREGROUND" > /docker-build/start.sh
[root@master docker]# chmod +x /docker-build/start.sh
[root@master docker]# echo "docker image build test" > /docker-build/index.html
```

删除已有的centos:httpd,先查看其容器ID,然后根据容器ID予以删除,执行如下的命令。

```
[root@master docker]# docker ps -a
```

命令执行结果显示如下。

CONTAINER ID	IMAGE	COMMAND	CREATED	STATUS
660fb6e03ba3	centos:httpd	"/bin/bash"	21 minutes ago	Exited (127) 6 seconds ago
72ad7c24ba38	centos:latest	"/bin/bash"	4 hours ago	Exited (0) 35 minutes ago
21eac7115704	hello-docker	"/bin/sh -c /test.sh"	5 hours ago	Exited (0) 5 hours ago
e4e63beea0e6	hello-world	"/hello"	5 hours ago	Exited (0) 5 hours ago

根据容器ID对容器予以先停止后删除,执行如下的命令。

```
[root@master docker]# docker stop 660fb6e03ba3
[root@master docker]# docker rm 660fb6e03ba3
[root@master docker]# docker ps -a
```

命令执行结果显示如下。

CONTAINER ID	IMAGE	COMMAND	CREATED	STATUS
72ad7c24ba38	centos:latest	"/bin/bash"	4 hours ago	Exited (0) 35 minutes ago
21eac7115704	hello-docker	"/bin/sh -c /test.sh"	5 hours ago	Exited (0) 5 hours ago
e4e63beea0e6	hello-world	"/hello"	5 hours ago	Exited (0) 5 hours ago

```
[root@master docker]# docker rmi centos:httpd
```

命令执行结果显示如下。

```
Untagged: centos:httpd
Deleted:
sha256:6ec494cd22012b53698d3733b6bce4aa824d714f0f8384d29310d21c23dc7e15
Deleted:
sha256:2c9b167f19cee62b426761a4e48d02ec6d1b8edd8107eeccb5617c4cd9f94868

[root@master docker]# docker images
```

命令执行结果显示如下。

```
REPOSITORY                TAG        IMAGE ID        CREATED          SIZE
hello-docker              latest     864d2be3c4db    5 hours ago      5.58 MB
docker.io/alpine          latest     389fef711851    3 weeks ago      5.58 MB
docker.io/centos          latest     300e315adb2f    5 weeks ago      209 MB
docker.io/hello-world     latest     bf756fb1ae65    12 months ago    13.4 kB
```

使用 build 创建新的镜像,语法:docker build -t [仓库名]:[标签] [Dockerfile 文件路径],其示例语句如下。

```
[root@master docker]#docker build -t centos:httpd /docker-build/
[root@master docker]#docker images
```

命令执行结果显示如下。

```
REPOSITORY                TAG        IMAGE ID        CREATED           SIZE
centos                    httpd      5fde376f6cb5    13 minutes ago    250 MB
hello-docker              latest     864d2be3c4db    5 hours ago       5.58 MB
docker.io/alpine          latest     389fef711851    3 weeks ago       5.58 MB
docker.io/centos          latest     300e315adb2f    5 weeks ago       209 MB
docker.io/hello-world     latest     bf756fb1ae65    12 months ago     13.4 kB
```

(6) Docker 镜像发布有发布到本地和发布到网上两种方式,具体如下。

① 发布到本地。

语法:docker save -o [tar 包名] [仓库名]:[标签],示例命令如下。

```
[root@master docker]# docker save -o docker.id-centos-httpd-image.tar centos:httpd
[root@master docker]#ll -h
```

② 发布到网上。

一般先到 https://hub.docker.com/(DockerHub)上注册一个账号,并创建一个存储库,然后使用如下的登录命令。

```
[root@master docker]#docker login -u [用户名] -p [密码]
```

上传镜像。注意:上传前需要修改仓库名,否则上传有问题。

```
[root@master docker]#docker tag centos:httpd 738441242/centos
```

738441242 是笔者的 Docker 用户名,centos 是建立的存储库。

```
[root@master docker]#docker push 738441242/centos
```

发布成功后,登录 Dock Hub 用户,查看镜像仓库,如图 5-1 所示。

(7) 删除镜像,使用 docker rmi <ID> 命令予以删除。如果镜像已经被容器运行,则先停止并删除对应的容器,而后删除镜像。

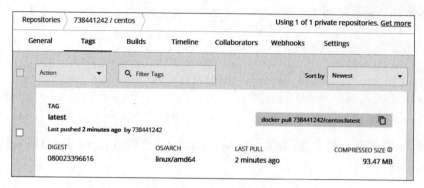

图 5-1 发布到远程 Dock Hub 用户下的仓库

2. Dockerfile 文件

(1) 什么是 Dockerfile。

Dockerfile 是组合镜像命令的文本文档,可以在命令行中调用任何命令。Docker 通过读取 Dockerfile 中的指令自动生成镜像。docker build 命令用于从 Dockerfile 构建镜像。可以在 docker build 命令中使用-f 标志指向文件系统中任何位置的 Dockerfile,如下所示。

```
docker build -f /path/to/a/Dockerfile
```

(2) Dockerfile 的基本结构。

Dockerfile 一般分为基础镜像信息、维护者信息、镜像操作指令和容器启动时执行指令四部分,♯开头的内容为 Dockerfile 中的注释。

(3) Dockerfile 文件说明。

Docker 以从上到下的顺序运行 Dockerfile 的指令。为了指定基本镜像,第一条指令必须是 FROM。一个声明以 ♯ 字符开头则被视为注释。可以在 Docker 文件中使用 RUN、CMD、FROM、EXPOSE、ENV 等指令。下面列出了一些常用的指令。

FROM:指定基础镜像,必须为第一个命令,格式如下。

```
FROM <image>
FROM <image>:<tag>
FROM <image>@<digest>
```

示例:FROM mysql:5.6

tag 或 digest 是可选的,如果不使用这两个值时,会使用 latest 版本的基础镜像。

MAINTAINER:维护者信息,格式如下。

```
MAINTAINER <name>
```

示例如下所示。

```
MAINTAINER Jasper Xu
```

```
MAINTAINER sorex@163.com
MAINTAINER Jasper Xu <sorex@163.com>
```

RUN：构建镜像时执行的命令，用于在镜像容器中执行命令，有以下两种命令执行方式。

shell 执行，格式：

```
RUN <command>
```

exec 执行，格式：

```
RUN ["executable", "param1", "param2"]
```

示例如下所示。

```
RUN ["executable", "param1", "param2"]
RUN apk update
RUN ["/etc/execfile", "arg1", "arg1"]
```

RUN 指令创建的中间镜像会被缓存，并会在下次构建中使用。如果不想使用这些缓存镜像，可以在构建时指定 --no-cache 参数，如：docker build --no-cache。

ADD：将本地文件添加到容器中，tar 类型文件会自动解压（网络压缩资源不会被解压），可以访问网络资源，类似 wget，格式如下。

```
ADD <src>... <dest>
```

ADD ["<src>",... "<dest>"] 用于支持包含空格的路径。

示例如下所示。

```
ADD hom* /mydir/              #添加所有以"hom"开头的文件
ADD hom?.txt /mydir/          #?替代一个单字符,例如："home.txt"
ADD test relativeDir/         #添加 "test" 到 `WORKDIR`/relativeDir/
ADD test /absoluteDir/        #添加 "test" 到 /absoluteDir/
```

COPY：功能类似 ADD，但是不会自动解压文件，也不能访问网络资源。

CMD：构建容器后调用，也就是在容器启动时才进行调用，其格式如下。

```
CMD ["executable","param1","param2"] (执行可执行文件,优先)
CMD ["param1","param2"] (设置了 ENTRYPOINT,则直接调用 ENTRYPOINT 添加参数)
CMD command param1 param2 (执行 shell 内部命令)
```

示例如下所示。

```
CMD echo "This is a test." | wc -
CMD ["/usr/bin/wc","--help"]
```

CMD 不同于 RUN，CMD 用于指定在容器启动时所要执行的命令，而 RUN 用于指定镜像构建时所要执行的命令。

ENTRYPOINT：配置容器，使其可执行化。配合 CMD 可省去"application"，只使用参数，具体格式如下所示。

```
ENTRYPOINT ["executable", "param1", "param2"] (可执行文件，优先)
ENTRYPOINT command param1 param2 (shell 内部命令)
```

示例如下所示。

```
FROM ubuntu
ENTRYPOINT ["top", "-b"]
CMD ["-c"]
```

ENTRYPOINT 与 CMD 非常类似，不同的是通过 docker run 执行的命令不会覆盖 ENTRYPOINT，而 docker run 命令中指定的任何参数，都会被当作参数再次传递给 ENTRYPOINT。Dockerfile 中只允许有一个 ENTRYPOINT 命令，多指定时会覆盖前面的设置，而只执行最后的 ENTRYPOINT 指令。

LABEL：用于为镜像添加元数据，其格式如下所示。

```
LABEL <key>=<value><key>=<value><key>=<value>...
```

示例如下所示。

```
LABEL version="1.0" description="这是一个 Web 服务器" by="IT 笔录"
```

使用 LABEL 指定元数据时，一条 LABEL 指定可以指定一或多条元数据，指定多条元数据时不同元数据之间通过空格分隔。推荐将所有的元数据通过一条 LABEL 指令指定，以免生成过多的中间镜像。

ENV：设置环境变量，其格式如下所示。

ENV <key> <value> ♯<key>之后的所有内容均会被视为其<value>的组成部分，因此，一次只能设置一个变量。

ENV <key>=<value>... ♯可以设置多个变量，每个变量为一个"<key>=<value>"的键值对，如果<key>中包含空格，可以使用\来进行转义，也可以通过""来进行标示；另外，反斜线也可以用于续行。

示例如下所示。

```
ENV myName John Doe
ENV myDog Rex The Dog
ENV myCat=fluffy
```

EXPOSE：指定与外界交互的端口，格式：EXPOSE <port> [<port>...]，示例如下所示。

```
EXPOSE 80 443
EXPOSE 8080
EXPOSE 11211/tcp 11211/udp
```

EXPOSE 并不会让容器的端口访问到主机。要使其可访问,需要在 docker run 运行容器时通过-p 来发布这些端口,或通过-P 参数来发布 EXPOSE 导出的所有端口。

VOLUME:用于指定持久化目录,格式:VOLUME ["/path/to/dir"],示例如下所示。

```
VOLUME ["/data"]
VOLUME ["/var/www", "/var/log/apache2", "/etc/apache2"]
```

一个卷可以存在于一个或多个容器的指定目录,该目录可以绕过联合文件系统,并具有以下功能。

- 卷可以容器间共享和重用。
- 容器并不一定要和其他容器共享卷。
- 修改卷后会立即生效。
- 对卷的修改不会对镜像产生影响。
- 卷会一直存在,直到没有任何容器在使用它。

WORKDIR:工作目录,类似 cd 命令,格式:WORKDIR /path/to/workdir,示例如下所示。

```
WORKDIR /a    (这时工作目录为/a)
WORKDIR b     (这时工作目录为/a/b)
WORKDIR c     (这时工作目录为/a/b/c)
```

通过 WORKDIR 设置工作目录后,Dockerfile 中其后的命令 RUN、CMD、ENTRYPOINT、ADD、COPY 等命令都会在该目录下执行。在使用 Docker RUN 运行容器时,可以通过-w 参数覆盖构建时所设置的工作目录。

USER:指定运行容器时的用户名或 UID,后续的 RUN 也会使用指定用户。使用 USER 指定用户时,可以使用用户名、UID 或 GID,或是两者的组合。当服务不需要管理员权限时,可以通过该命令指定运行用户,并且可以在之前创建所需要的用户。其格式如下所示。

```
USER user
USER user:group
USER uid
USER uid:gid
USER user:gid
USER uid:group
```

示例:USER www

使用 USER 指定用户后,Dockerfile 中其后的命令 RUN、CMD、ENTRYPOINT 将使用该用户。镜像构建完成后,通过 Docker RUN 运行容器时,可以通过-u 参数来覆盖所指定的用户。

ARG:用于指定传递给构建运行时的变量,格式:ARG <name>[=<default value>],

其示例如下。

```
ARG site
ARG build_user=www
```

ONBUILD：用于设置镜像触发器，格式：ONBUILD [INSTRUCTION]，其示例如下。

```
ONBUILD ADD . /app/src
ONBUILD RUN /usr/local/bin/python-build --dir /app/src
```

当所构建的镜像被用作其他镜像的基础镜像时，该镜像中的触发器将会被触发。

（4）利用 Dockerfile 制作 Nginx 镜像示例。

```
#This my first nginx Dockerfile
#Version 1.0
#Base images 基础镜像
FROM centos
#MAINTAINER 维护者信息
MAINTAINER tianfeiyu
#ENV 设置环境变量
ENV PATH /usr/local/nginx/sbin:$PATH
#ADD 文件放在当前目录下,复制过去会自动解压
ADD nginx-1.8.0.tar.gz /usr/local/
ADD epel-release-latest-7.noarch.rpm /usr/local/
#RUN 执行以下命令
RUN rpm -ivh /usr/local/epel-release-latest-7.noarch.rpm
RUN yum install -y wget lftp gcc gcc-c++ make openssl-devel pcre-devel pcre && yum clean all
RUN useradd -s /sbin/nologin -M www
#WORKDIR 相当于 cd
WORKDIR /usr/local/nginx-1.8.0
RUN ./configure --prefix=/usr/local/nginx --user=www --group=www --with-http_ssl_module --with-pcre && make && make install
RUN echo "daemon off;" >>/etc/nginx.conf
#EXPOSE 映射端口
EXPOSE 80
#CMD 运行以下命令
CMD ["nginx"]
```

3. 容器基本操作

本书仅提供简单 Docker 操作命令，更多操作可以访问官方文档。

（1）查看本机所有容器，使用 docker ps 命令。

如果当前没有正在运行的容器,则只输出头信息。使用 docker ps -a 命令可以查看所有的(包括停止的)容器。

(2) 创建容器,使用 docker create 命令,其示例如下。

[root@master 189]#docker create --name my-container hello-docker:latest
177f676188754f2fe48ffa2ac18a499f25c00708fa43d8f4253092802025d0a3

创建完成后,会输出新创建的容器的 ID,注意,此时只是创建了容器,并没有运行容器。

(3) 启动容器,通过 docker start 命令启动,其示例如下。

[root@master 189]#docker start -i my-container

ID 需要填入读者自己创建容器时输出的 ID,启动容器以后默认不输出信息到控制台,因此,需要加 -i 参数将输出信息重定向到控制台。

(4) 查看容器信息,使用 docker inspect ＜ID|Name＞ 命令,例如,查看上面创建的 my-container 容器,其示例如下。

[root@master 189]#docker inspect my-container

(5) 直接运行容器,可以通过先创建后运行的方式运行一个容器,也可以通过 docker run 命令直接运行一个容器,例如,运行一个 hello-docker 容器,其示例如下。

[root@master 189]#docker run hello-docker

(6) 后台运行容器。hello-docker 容器只输出一句"hello docker"便退出了,而像 MySQL、Nginx 这些容器需要一直保持后台运行状态,此时可以使用 -d 参数让容器在后台运行,其示例如下。

[root@master 189]#docker run -d --hostname nginx --name nginx nginx:alpine

测试容器运行情况,首先查看容器的 IP 地址,执行如下的命令。

[root@master 189]#docker inspect nginx

部分输出如下。

```
"NetworkSettings": {
    "Bridge": "",
    "SandboxID": "5f77c7bf56d1be9f0b94f0c68f2e2eb83b031608d9447bc6596f539c598c5856",
    "HairpinMode": false,
    "LinkLocalIPv6Address": "",
    "LinkLocalIPv6PrefixLen": 0,
    "Ports": {
        "80/tcp": null
    },
```

```
            "SandboxKey": "/var/run/docker/netns/5f77c7bf56d1",
            "SecondaryIPAddresses": null,
            "SecondaryIPv6Addresses": null,
            "EndpointID": "90bafccffea2ec6f5064c0c343a43c8ca549ee31373aeb741fa790cef31f7fc4",
            "Gateway": "172.17.0.1",
            "GlobalIPv6Address": "",
            "GlobalIPv6PrefixLen": 0,
            "IPAddress": "172.17.0.2",
            "IPPrefixLen": 16,
            "IPv6Gateway": "",
            "MacAddress": "02:42:ac:11:00:02",
            "Networks": {
                "bridge": {
                    "IPAMConfig": null,
                    "Links": null,
                    "Aliases": null,
                    "NetworkID": "c41fc6c7855b9bf755f2992eaa68b00f8a4aad9729ca49919163dd5b61b6f13d",
                    "EndpointID": "90bafccffea2ec6f5064c0c343a43c8ca549ee31373aeb741fa790cef31f7fc4",
                    "Gateway": "172.17.0.1",
                    "IPAddress": "172.17.0.2",
                    "IPPrefixLen": 16,
                    "IPv6Gateway": "",
                    "GlobalIPv6Address": "",
                    "GlobalIPv6PrefixLen": 0,
                    "MacAddress": "02:42:ac:11:00:02"
                }
            }
        }
```

curl 命令利用容器 IP 地址，请求 Nginx 首页信息，其示例如下。

```
# curl 172.17.0.2
```

输出内容如下。

```
<!DOCTYPE html>
<html>
    <head>
        <title>Welcome to nginx!</title>
        <style>
            body {
```

```
            width: 35em;
            margin: 0 auto;
            font-family: Tahoma, Verdana, Arial, sans-serif;
        }
    </style>
</head>
<body>
    <h1>Welcome to nginx!</h1>
      <p>If you see this page, the nginx web server is successfully
        installed and
working. Further configuration is required.</p>
<p>For online documentation and support please refer to
<a href="http://nginx.org/">nginx.org</a>.<br/>
Commercial support is available at
<a href="http://nginx.com/">nginx.com</a>.</p>
<p><em>Thank you for using nginx.</em></p>
</body>
</html>
```

可以看到容器在后台运行,并且正确请求到了 Nginx 首页信息。

(7) 进入容器 Shell 环境,使用 docker exec 命令可以与容器进行交互,例如,与 Nginx 容器进行交互,其示例如下。

```
[root@master 189]#docker exec -it nginx sh
```

此时进入容器的 Shell 环境,使用 exit 命令可以退出容器 Shell。

```
#exit
```

(8) 查看容器运行日志,使用 docker logs <ID|Name>,例如,查看 Nginx 容器运行日志,其示例如下。

```
[root@master 189]#docker logs nginx
```

(9) 停止容器,使用 docker stop <ID|Name>,其示例如下。

```
[root@master 189]#docker stop nginx
```

(10) 删除容器,使用 docker rm <ID|Name>命令,其示例如下。

```
[root@master 189]#docker rm nginx
```

如果 Nginx 容器正在运行,则会提示删除错误,应该先停止 Nginx 容器然后再删除,或者添加 -f 参数强制删除,其示例如下。

```
[root@master 189]#docker rm -f nginx
```

5.2.3　Volume 基本操作

有些容器会自动产生一些数据,为了不让数据随着容器的消失而消失,引入了 Volume。例如:数据库容器,数据表的表会产生一些数据,如果删除容器,数据就丢失。Volume 是保存 Docker 容器生成和使用的数据的首选机制。虽然 bind mounts 依赖于主机的目录结构,但 Volume 完全由 Docker 管理。Volume 与绑定安装相比,具有如下 6 个优点。

(1) 与 bind mounts 相比,Volume 更易于备份或迁移。

(2) 可以使用 Docker CLI 命令或 Docker API 管理 Volume。

(3) Volume 适用于 Linux 和 Windows 容器。

(4) 可以在多个容器之间更安全地共享 Volume。

(5) Volume 驱动程序允许在远程主机或云提供程序上存储 Volume,加密 Volume 的内容或添加其他功能。

(6) 新 Volume 可以通过容器预先填充其内容。

此外,Volume 通常是比容器的可写层中的持久数据更好的选择,因为 Volume 不会增加使用它的容器的大小,并且 Volume 的内容存在于给定容器的生命周期之外。Docker Volumes 允许升级容器、重启机器和共享数据,而不会造成数据丢失。在更新数据库或应用程序版本时,这是必不可少的。

它允许存储在主机上的数据从容器中访问。它还意味着容器内进程保存的数据保存在主机上。

1. 挂载 Volume

在运行容器时,需要指定数据卷进行挂载,运行 Nginx 容器,并挂载已创建的 nginx-v 数据卷。

```
[root@master 189]# docker run -d --name nginx-2 -v nginx-v:/var/log/nginx nginx:alpine
```

这条命令将 nginx-v 挂载到容器的/var/log/nginx 目录,访问本机的 /var/lib/docker/volumes/nginx-v/_data 目录,即相当于访问容器的 /var/log/nginx 目录,首先查看本机的/var/lib/docker/volumes/nginx-v/_data 目录,执行如下的命令。

```
[root@master 189]# ls /var/lib/docker/volumes/nginx-v/_data
```

在本机的 /var/lib/docker/volumes/nginx-v/_data 创建一个测试文件,执行如下的命令。

```
[root@master 189]# echo "hello volume" > /var/lib/docker/volumes/nginx-v/_data/test
```

查看容器中的/var/log/nginx/test 文件,执行如下的命令。

```
[root@master 189]# docker exec -it nginx-2 cat /var/log/nginx/test
```

可以看到输出内容即为在主机上写入的"hello volume"。

2. 直接挂载数据卷

前面通过先创建再挂载的方式使用数据卷，Docker命令行支持在创建容器时直接创建数据卷，下面这条命令将主机的/docker目录挂载到容器的/volume/docker目录。

[root@master 189]# docker run -it -v /docker:/volume/docker alpine ls /volume/docker

3. 共享Volume

映射到主机的数据卷对于持久化数据非常有用。但为了从另一个容器中获得它们，需要做确切的路径，这会使它容易出错。另一种方法是使用-volumes-from，该参数将映射的卷从源容器映射到正在启动的容器。在这种情况下，将nginx-2容器的卷映射到一个Alpine容器，其示例如下。

[root@master 189]# docker run --volumes-from nginx-2 -it alpine ls /var/log/nginx

可以看到，在新创建的Alpine容器中，可以正常访问nginx-v数据卷的内容，实现了容器间共享数据卷。

4. 删除Volume

通过docker volume rm <volume-name>可以删除一个数据卷，其示例如下。

[root@master 189]#docker volume rm nginx-v

此时，如果容器正在运行，则会提示删除数据卷失败，需要先删除容器，再删除数据卷。

5.3 在Docker上部署Hadoop集群

5.3.1 创建Hadoop容器

1. 从registry中拉取镜像

如果本地使用VMware搭建，需要准备Java环境和Hadoop安装包，还要配置环境变量。虽然不难，但是经常做这些工作也难免费时耗力。如果使用Docker容器，就变简单了。

首先要准备一个镜像，可以使用Dockerfile构建一个适合自己的镜像，或者可以在共有仓库中找一个具有Hadoop环境的镜像来使用。由于本书配置的阿里云加速器，所以在阿里云的仓库中找了一个具有Hadoop环境的镜像。拉到本地，执行如下的命令。

```
[root@master 189]#sudo docker pull registry.cn-beijing.aliyuncs.com/jing-studio/centos7-hadoop
```

2. 创建容器

有了镜像,根据镜像创建两个容器,分别是 DMaster 和 DSlave。DMaster 用来作为 Hadoop 集群的 NameNode,DSlave 用来作为 DataNode。先删除同名容器,执行如下的命令。

```
[root@master 189]#docker container rm DMaster
[root@master 189]#docker container rm DSlave
```

创建容器,执行如下的命令。

```
[root@master 189]#docker run -d --name DMaster -h DMaster -p 50070:50070 --privileged=true registry.cn-beijing.aliyuncs.com/jing-studio/centos7-hadoop /usr/sbin/init
[root@master 189]#docker run -d --name DSlave -h DSlave --privileged=true registry.cn-beijing.aliyuncs.com/jing-studio/centos7-hadoop /usr/sbin/init
```

命令中的参数说明如下。
-h 为该容器设置主机名为 DMaster,创建容器时设置主机名,在容器内部设置不生效。
--name 指定了容器的名字,为方便区分使用。
-p 是指定对外开放的端口 50070,方便在浏览器上访问 HDFS。如果需要设置挂载,可自行设置。
--privileged=true 指定容器获得全部权限。
registry.cn-……指定镜像,/usr/sbin/init 指定运行终端。
需要开放的端口:namenode 开放 50070,9000,sourcemanager 开放 8088。
如果控制台在反复频繁启动的容器文本命令窗口闪烁,则按 Ctrl+Alt+F1 组合键,切换到图形窗口。在图形窗口的终端中,查看容器状态,执行如下的命令。

```
[root@master 189]#docker ps -a
```

3. 进入容器查看 IP

进入容器使用命令 docker exec -it DMaster /bin/bash,其中-it 表明显式打开容器终端。

```
[root@master 189]#   docker exec -it DMaster /bin/bash
```

进入容器后,仔细观察命令提示符的变化,此时的主机名变成了 DMaster,路径为根目录。
查看全部容器 IP,执行如下的命令。

```
[root@DMaster /]#IPaddr
```

命令执行结果显示如下。

```
1: lo: <LOOPBACK,UP,LOWER_UP> mtu 65536 qdisc noqueue state UNKNOWN group default qlen 1
```

```
link/loopback 00:00:00:00:00:00 brd 00:00:00:00:00:00
inet 127.0.0.1/8 scope host lo
   valid_lft forever preferred_lft forever
inet6 ::1/128 scope host
   valid_lft forever preferred_lft forever
6: eth0@if7: <BROADCAST,MULTICAST,UP,LOWER_UP>mtu 1500 qdisc noqueue state UP group default
   link/ether 02:42:ac:11:00:02 brd ff:ff:ff:ff:ff:ff link-netnsid 0
   inet 172.17.0.2/16 scope global eth0
      valid_lft forever preferred_lft forever
   inet6 fe80::42:acff:fe11:2/64 scope link
      valid_lft forever preferred_lft forever
```

按 Ctrl+D 组合键退出当前容器。

4. 设置主机名

进入容器，在 2 台容器上编辑配置文件 /etc/sysconfig/network，分别执行如下的命令。

```
[root@DSlave /]#vim /etc/sysconfig/network
```

打开文件后，设置 DSlave 容器的网络配置，如下所示。

```
#Created by anaconda
NETWORKING=yes
HOSTNAME=DSlave
[root@DMaster /]#vim /etc/sysconfig/network
```

打开文件后，设置 DMaster 容器的网络配置，如下所示。

```
#Created by anaconda
NETWORKING=yes
HOSTNAME=DMaster
```

5. 配置主机名映射到 IP 地址

2 个容器上的主机映射相同，以 DMaster 为例说明。

```
[root@DMaster /]#vim /etc/hosts
```

打开文件后，在末尾追加如下的 2 条配置。

```
172.17.0.2    DMaster
172.17.0.3    DSlave
```

6. 为各个集群节点配置彼此间的 SSH 免密登录

（1）在 DMaster 上生成本机公钥与私钥，执行如下的命令。

```
[root@DMaster /]#cd ~/.ssh
[root@DMaster .ssh]#ssh-keygen -t rsa
[root@DMaster .ssh]#
```

同时,按 Ctrl+D 组合键退出容器。

在~/.ssh 目录下生成密钥文件,id_dsa,为私钥;id_dsa.pub:为公钥。

(2) 在 DSlave 上生成本机公钥与私钥,执行如下的命令。

```
[root@master 189]#docker exec -it DSlave /bin/bash
[root@DSlave /]#cd ~/.ssh
[root@DSlave .ssh]#ssh-keygen -t rsa
[root@DSlave .ssh]#exit
```

(3) 为各个集群节点配置彼此间的 SSH 免密登录,依次执行如下的命令。

```
[root@DMaster .ssh]#cp id_rsa.pub authorized_keys
[root@DMaster .ssh]#yum install passwd
[root@DMaster .ssh]#passwd
[root@DMaster .ssh]#exit
[root@master 189]#docker exec -it DSlave /bin/bash
[root@DSlave /]#passwd
[root@DSlave /]#exit
[root@DSlave /]#docker exec -it DMaster /bin/bash
[root@DMaster /]#scp /root/.ssh/authorized_keys root@DSlave:/root/.ssh
[root@DMaster /]#exit
[root@master 189]#docker exec -it DSlave /bin/bash
[root@DSlave /]#cd /root/.ssh
[root@DSlave .ssh]#cat id_rsa.pub>>authorized_keys
[root@DSlave .ssh]#ssh DMaster
[root@DMaster ~]#
```

7. 关闭防火墙

关闭防火墙,执行如下的命令。

```
[root@DSlave /]#systemctl stop iptables.service
[root@DSlave /]#exit
[root@master 189]#docker exec -it DMaster /bin/bash
[root@DMaster /]#systemctl stop iptables.service
[root@DMaster /]#
```

5.3.2 Hadoop 集群配置

1. 集群规划

完成上述准备工作后,对 Hadoop 集群进行配置。在配置之前,考虑集群中节点规划,即哪些节点作为 HDFS 的 NameNode、DataNode、SecondaryNameNode,哪些节点作为 YARN 的 SourceManager、NodeManager,集群规划示例如表 5-1 所示。

表 5-1 Docker Hadoop 集群规划示例

Host	HDFS	YARN
DMaster	NameNode + DataNode	SourceManager
DSlave	DataNode + SecondaryNameNode	NodeManger

2. 配置 Hadoop

到现在为止,由于该 Docker 镜像准备得充分,已经准备好了 Hadoop 搭建的所有基本工作。现在,需要配置 Hadoop 相关的内容。为方便起见,可以直接在 DMaster 节点进行配置,然后使用 scp 命令发送到各节点覆盖原来的即可。

在 DMaster 中,首先配置 core-site.xml 文件,执行如下的命令。

```
[root@DMaster /]#cd /usr/local/hadoop/etc/hadoop
[root@DMaster hadoop]#vim core-site.xml
```

打开文件后,文件内容编辑如下。

```
<configuration>
    <property>
        <name>fs.defaultFS</name>
        <value>hdfs://DMaster:9000</value>
    </property>
    <property>
        <name>hadoop.tmp.dir</name>
        <value>/home/data/hadoopdata</value>
    </property>
</configuration>
```

指定 HDFS 主节点,并指定临时文件目录,存储 Hadoop 运行过程中产生的文件的目录(注意一定配置在有权限的目录下),确定数据目录存在,执行如下的命令。

```
[root@DMaster hadoop]#cd /home
[root@DMaster home]#cd data
bash: cd: data: No such file or directory
[root@DMaster home]#mkdir data
[root@DMaster home]#cd data
[root@DMaster data]#mkdir hadoopdata
```

接着配置 hdfs-site.xml 文件,执行如下的命令。

```
[root@DMaster data]#vim /usr/local/hadoop/etc/hadoop/hdfs-site.xml
```

打开文件后，文件的内容编辑如下。

```xml
<configuration>
    <property>
        <name>dfs.namenode.name.dir</name>
        <value>/home/data/hadoopdata/name</value>
    </property>
    <!--配置存储namenode数据的目录-->
    <property>
        <name>dfs.datanode.data.dir</name>
        <value>/home/data/hadoopdata/data</value>
    </property>
    <!--配置存储datanode数据的目录-->
    <property>
        <name>dfs.replication</name>
        <value>1</value>
    </property>
    <!--配置副本数量-->
    <property>
        <name>dfs.secondary.http.address</name>
        <value>DSlave:50090</value>
    </property>
    <!--配置第二名称节点 -->
</configuration>
```

然后，编辑 mapred-site.xml 文件，执行如下的命令。

`[root@DMaster data]#vim /usr/local/hadoop/etc/hadoop/mapred-site.xml`

打开文件后，文件内容编辑如下。

```xml
<configuration>
  <property>
    <name>mapreduce.Framework.name</name>
    <value>yarn</value>
  </property>
</configuration>
```

如第 3 章 3.2.1 节所述，配置 yarn-site.xml 文件，执行如下的命令。

`[root@DMaster data]#vim /usr/local/hadoop/etc/hadoop/yarn-site.xml`

打开文件后，文件内容编辑如下。

```xml
<configuration>
    <property>
        <name>yarn.resourcemanager.hostname</name>
```

```xml
        <value>DMaster</value>
    </property>
    <!--配置yarn主节点-->
    <property>
        <name>yarn.nodemanager.aux-services</name>
        <value>mapreduce_shuffle</value>
    </property>
    <!--配置执行的计算框架-->
</configuration>
```

最后,配置 Slaves 文件,执行如下的命令。

```
[root@DMaster data]#vim /usr/local/hadoop/etc/hadoop/slaves
```

打开文件后,文件内容编辑如下。

```
DMaster
DSlave
```

3. 将 Hadoop 配置文件和新建的目录发送到全部节点

在 DMaster 容器上,DataNode 和 NameNode 节点各有一个。相关目录最好需要手动创建,然后分发给其他节点上,执行如下的命令。

```
[root@DMaster hadoop]# scp slaves root@DSlave:/usr/local/hadoop/etc/hadoop/
[root@DMaster hadoop]# scp mapred-site.xml root@DSlave:/usr/local/hadoop/etc/hadoop
[root@DMaster hadoop]# scp yarn-site.xml root@DSlave:/usr/local/hadoop/etc/hadoop/
[root@DMaster hadoop]# scp hdfs-site.xml root@DSlave:/usr/local/hadoop/etc/hadoop
[root@DMaster hadoop]# scp core-site.xml root@DSlave:/usr/local/hadoop/etc/hadoop
[root@DMaster hadoop]#scp -r /home/data/hadoopdata root@DSlave:/home/
```

4. 测试是否互联互通

用 ping 命令测试互联互通,首先在容器 DMaster 中测试是否连通 DSlave。

```
[root@DMaster /]#ping DSlave
```

命令执行结果显示如下。

```
PING DSlave (172.17.0.3) 56(84) bytes of data.
64 bytes from DSlave (172.17.0.3): icmp_seq=4 ttl=64 time=0.086 ms
64 bytes from DSlave (172.17.0.3): icmp_seq=5 ttl=64 time=0.146 ms
64 bytes from DSlave (172.17.0.3): icmp_seq=6 ttl=64 time=0.062 ms
```

```
^C
---DSlave ping statistics ---
6 packets transmitted, 6 received, 0% packet loss, time 5000ms
rtt min/avg/max/mdev =0.054/0.093/0.146/0.038 ms
[root@DMaster /]#exit
```

其次,在容器 DSlave 中测试是否连通 DMaster。

```
[root@master 189]#docker exec -it DSlave /bin/bash
[root@DSlave /]#ping DMaster
```

命令执行结果显示如下。

```
PING DMaster (172.17.0.2) 56(84) bytes of data.
64 bytes from DMaster (172.17.0.2): icmp_seq=2 ttl=64 time=0.122 ms
64 bytes from DMaster (172.17.0.2): icmp_seq=3 ttl=64 time=0.225 ms
64 bytes from DMaster (172.17.0.2): icmp_seq=4 ttl=64 time=0.125 ms
^C
---DMaster ping statistics ---
4 packets transmitted, 4 received, 0% packet loss, time 3000ms
rtt min/avg/max/mdev =0.052/0.131/0.225/0.061 ms
[root@DSlave /]#exit
[root@master 189]#docker exec -it DMaster /bin/bash
```

到此为止,所有准备工作都已做好。

5.3.3 运行 Hadoop 集群

1. 格式化操作

进行格式化,执行如下的命令。

```
[root@DMaster /]#hadoop namenode -format
```

出现"Storage directory /home/data/hadoopdata name has been successfully formatted"的提示表示格式化成功。

2. 启动集群和查看相关进程是否启动

在 DMaster 上使用 jps 查看相关进程是否启动,执行如下的命令。

```
[root@DMaster /]#cd /usr/local/hadoop/sbin
[root@DMaster sbin]#./start-all.sh
```

如果启动过程中提示关于 0.0.0.0 地址输入 yes 或 no,输入 yes 即可。

```
[root@DMaster sbin]#jps
```

命令执行结果显示如下。

```
7761 ResourceManager
7495 DataNode
7405 NameNode
8007 Jps
7853 NodeManager
```

在 DSlave 节点上使用 jps 查看相关进程是否启动,执行如下的命令。

```
[root@DMaster sbin]#exit
[root@master 189]#docker exec -it DSlave /bin/bash
[root@DSlave /]#jps
```

命令执行结果显示如下。

```
4028 NodeManager
3964 SecondaryNameNode
3874 DataNode
4151 Jps
```

使用命令查看各节点运行报告信息,执行如下的命令。

```
[root@DSlave /]#hadoop dfsadmin -report
```

3. MapReduce 统计单词的例子

先在 HDFS 上创建一个文件夹,执行如下的命令。

```
[root@DMaster /]#hadoop fs -mkdir /input
```

查看该文件夹信息,执行如下的命令。

```
[root@DMaster /]#hadoop fs -ls /
```

将当前目录的 README.txt 上传文件到 HDFS,执行如下的命令。

```
[root@DMaster /]#cd /usr/local/hadoop
[root@DMaster hadoop]#hadoop fs -put README.txt /input/
```

执行单词计数,执行如下的命令。

```
[root@DMaster hadoop]#cd share/hadoop/mapreduce
[root@DMaster mapreduce]#hadoop jar hadoop-mapreduce-examples-2.7.6.jar wordcount  /input  /output
```

查看统计结果,执行如下的命令。

```
[root@DMaster mapreduce]#hadoop fs -cat /output/part-r-00000
```

命令执行结果显示如下。

```
......
with        1
```

```
written    1
you        1
your       1
[root@DMaster mapreduce]#
```

5.3.4 制作自己的 Hadoop 镜像

在前面的基础上,制作自己的容器。在容器依托的宿主机(安装 Docker 的 master 虚拟机)内制作镜像。

1. 查看容器 ID

在宿主机内查看刚刚使用的容器 ID,执行如下的命令。

```
[root@master 189]#docker ps -a
```

命令执行结果如图 5-2 所示。

```
CONTAINER ID    IMAGE                                                          COMMAND
    CREATED        STATUS              PORTS                                  NAMES
48ed781fb511    registry.cn-beijing.aliyuncs.com/jing-studio/centos7-hadoop   "/usr/sbin/init"
    25 hours ago   Exited (137) 4 minutes ago                                 DSlave
94585dc53792    registry.cn-beijing.aliyuncs.com/jing-studio/centos7-hadoop   "/usr/sbin/init"
    25 hours ago   Up 59 seconds       0.0.0.0:50070->50070/tcp               DMaster
cab3384f42f8    alpine                                                         "ls /var/log/nginx"
    25 hours ago   Exited (0) 25 hours ago                                    amazing_feynman
1bed8f01df24    alpine                                                         "ls /volume/docker"
    25 hours ago   Exited (0) 25 hours ago                                    goofy_hodgkin
02e5a420d715    nginx:alpine                                                   "/docker-entrypoin..."
    25 hours ago   Exited (0) 25 hours ago                                    nginx-2
b6e7c0341413    nginx:alpine                                                   "/docker-entrypoin..."
    26 hours ago   Exited (0) 25 hours ago                                    nginx
72ad7c24ba38    centos:latest                                                  "/bin/bash"
    47 hours ago   Exited (0) 44 hours ago                                    nostalgic_mclean
21eac7115704    hello-docker                                                   "/bin/sh -c /test.sh"
    2 days ago     Exited (0) 2 days ago                                      hello-docker
e4e63beea0e6    hello-world                                                    "/hello"
    2 days ago     Exited (0) 2 days ago                                      elastic_einstein
```

图 5-2　查看全部容器的执行结果

2. 打包

根据图 5-2 的 DMaster 的容器 ID,在 master 主机中打包,执行如下的命令。

```
[root@master 189]# docker commit -m "centos7 with hadoop" 94585dc53792 centos7/hadoop
```

命令执行结果显示如下。

```
sha256:0ea34ff07ef61bf892475747729b9b15e9e573ae74e6a272db35e313e530cc24
```

命令说明如下。

格式:docker commit [OPTIONS] 容器 ID [镜像[:版本标签]]
-m:提交说明

centos7/hadoop:镜像名称,如果未给出版本标签,默认为 latest。

3. 查看打包结果

查看打包结果，执行如下的命令。

[root@master 189]#docker images

命令执行结果显示如下。

```
REPOSITORY                TAG      IMAGE ID        CREATED         SIZE
centos7/hadoop            latest   0ea34ff07ef6    56 seconds ago  1.57 GB
738441242/centos          latest   5fde376f6cb5    43 hours ago    250 MB
centos                    httpd    5fde376f6cb5    43 hours ago    250 MB
hello-docker              latest   864d2be3c4db    2 days ago      5.58 MB
docker.io/nginx           alpine   629df02b47c8    4 weeks ago     22.3 MB
docker.io/alpine          latest   389fef711851    4 weeks ago     5.58 MB
docker.io/centos          latest   300e315adb2f    5 weeks ago     209 MB
docker.io/hello-world     latest   bf756fb1ae65    12 months ago   13.4 kB
registry.cn-beijing.aliyuncs.com/jing-studio/centos7-hadoop  latest
06f1d0f19add 21 months ago 1.48GB
```

4. 提交镜像

现已经将容器打包为本地镜像，下面将本地镜像提交到阿里云的镜像仓库。事先注册阿里云账号，阿里云仓库 https://cr.console.aliyun.com/。进入阿里云仓库，在容器镜像服务中依次单击"实例列表"→"个人容器镜像托管服务，限额使用"，如图5-3所示。

图 5-3 容器镜像服务界面

进入个人实例（默认实例）后，选中代码源，以关联到 GitHub。关联 GitHub，需要事先在 GitHub 完成个人项目的代码仓库创建和托管。关联完成后的界面如图 5-4 所示。

图 5-4　容器镜像服务-实例列表-代码源绑定界面

如图 5-5 所示，在仓库管理中依次单击"镜像仓库"→"创建镜像仓库"，进入如图 5-6 所示的创建镜像仓库对话框。

图 5-5　容器镜像服务-实例列表-镜像仓库界面

创建仓库配置完成后，单击"下一步"按钮，进入如图 5-7 所示的关联代码源界面。因已关联了 GitHub 的 lhb738441242 用户，该用户创建了 centos-with-hadoop 仓库。单击 GitHub 选项卡，直接选择 lhb738441242 用户和其下的 centos-with-hadoop 仓库，单击

图 5-6 创建镜像仓库

"创建镜像仓库"按钮,进入如图 5-8 所示的界面。

图 5-7 创建镜像仓库-关联代码源界面

单击图 5-8 的"管理"按钮,可以看到操作指南。在虚拟机的宿主机终端中,根据该指南执行如下的操作。

(1) 登录阿里云 Docker Registry,执行如下的命令。

```
#docker login --username=fast_run_man_lhb registry.cn-hangzhou.aliyuncs.com
```

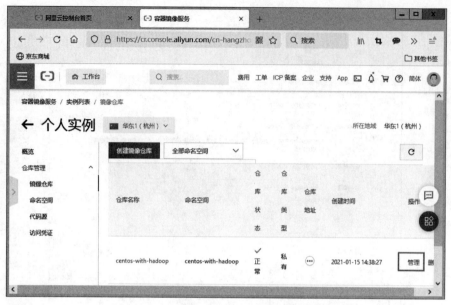

图 5-8 创建 centos-with-hadoop 镜像仓库的记录信息

用于登录的用户名为阿里云账号全名,密码为开通服务时设置的密码(可以在访问凭证页面修改凭证密码)。

(2) 将镜像推送到 Registry,执行如下的命令。

#docker login --username=fast_run_man_lhb registry.cn-hangzhou.aliyuncs.com
#docker tag 0ea34ff07ef6 registry.cn-hangzhou.aliyuncs.com/centos-with-hadoop/centos-with-hadoop
#docker push registry.cn-hangzhou.aliyuncs.com/centos-with-hadoop/centos-with-hadoop:[版本号]

请根据实际镜像信息替换示例中的[ImageId]和[版本号]参数。

(3) 选择合适的镜像仓库地址。

从 ECS 推送镜像时,可以选择使用镜像仓库内网地址。推送速度将得到提升并且不会损耗公网流量。如果机器位于 VPC 网络,请使用 registry-vpc.cn-hangzhou.aliyuncs.com 作为 Registry 的域名登录。

(4) 从 Registry 中拉取镜像。

此时,可以在其他 CentOS 主机环境下拉取 centos-with-hadoop 镜像。当然前提是安装并启动 Docker,以及成功登录阿里云镜像仓库,具体拉取命令如下。

#docker pull registry.cn-hangzhou.aliyuncs.com/centos-with-hadoop/centos-with-hadoop:[版本号]

读者对比 push 和 pull 成功执行后的输出信息 sha256 是否一致。如果一致,说明拉取的就是推送的。

5.4 Docker 私有镜像仓库 Harbor 集群搭建

1. Harbor 介绍

Harbor 是由 VMware 开源的企业级 Docker Registry 管理项目,包括权限管理、LDAP、日志审核、管理界面、自我注册、镜像复制等功能。Harbor 相对于 Docker Registry,具有如下的优点。
- 有比较方便的管理界面。
- 支持镜像同步和集群部署。
- 和 K8s 集成良好。

2. 环境和软件准备

在 Linux CentOS 7 系统上准备以下两台机器作为 Harbor 集群。

```
192.168.50.194 =>master
192.168.50.190 =>slave
```

其他需要安装的软件及版本如下。

(1) Docker:version 18.09.6,Docker 版本不能低于 1.10.0。

(2) Docker-compose:version 1.22.0,需要 Docker-compose 支持 version 1.18.0 以上。

(3) Harbor:version 1.8.0。

Harbor 的所有服务组件都是在 Docker 中部署的,官方安装使用 Docker-compose 快速部署,因此才需要安装 Docker 和 Docker-compose。

3. Docker 安装

如果 Docker 已经安装,则跳过本步骤。否则,下载官方的 Shell 脚本,使用以下命令,执行安装。

```
#sudo yum -y update
#curl -fsSL https://get.docker.com -o get-docker.sh
#sudo sh get-docker.sh
```

在 CentOS 7 系统下,启动 Docker,执行如下的命令。

```
#sudo systemctl start docker.service
```

4. Docker-compose 快速安装

快速安装,执行如下的命令。

```
#curl -L https://github.com/docker/compose/releases/download/1.22.0/docker-
```

```
compose-`uname -s`-`uname -m` -o /usr/local/bin/docker-compose
#chmod +x /usr/local/bin/docker-compose
```

5. Harbor 服务搭建

(1) 从官网下载 Harbor 安装文件。

从 Github Harbor 官网的 release 页面下载 1.8.0 版本的安装包。

(2) 下载在线安装包,执行如下的命令。

```
#wget https://storage.googleapis.com/harbor-releases/release-1.8.0/harbor-online-installer-v1.8.0.tgz
        #tar xvf harbor-online-installer-v1.8.0.tgz
```

(3) 下载离线安装包,执行如下的命令。

```
#wget https://storage.googleapis.com/harbor-releases/release-1.8.0/harbor-offline-installer-v1.8.0.tgz
        #tar xvf harbor-offline-installer-v1.8.0.tgz
```

6. 配置 Harbor

以配置 192.168.1.91 为例来进行说明解压缩之后,打开 harbor.yml 文件进行编辑。

(1) 找到 hostname 属性,将值改为 192.168.1.91。

(2) 找到 port 属性,将值改为 8084(这里用 8084 作为访问端口)。

(3) 找到 harbor_admin_password 属性用于设置管理界面默认账号 admin 的登录密码。

(4) 找到 password 属性,用于设置 Harbor DB 的 root 账号的密码。

(5) 其他都可以保持默认值就好。这里暂时使用 http 访问,不开启 https 访问。

7. 启动 Harbor

修改完配置文件后,在当前目录执行 install.sh 脚本,Harbor 服务会自动生成 docker-compose.yml 并下载依赖的镜像,然后检测并按照顺序依次启动各个服务。

执行完 install.sh 脚本后,就可以使用 http://192.168.50.194:8084 来访问管理界面。

8. 登录 Web Harbor

输入用户名(默认用户名为 admin)和密码(密码为修改配置文件时设置的密码)登录系统。系统主要有以下 4 个模块。

(1) 项目:上传镜像,必须先创建项目,并且给项目分配成员,项目配置为公开的话,则任何人都可以拉取镜像。

(2) 用户管理:创建不同的用户来管理镜像,在真实情况下,不同的角色用户可能对镜像的操作是不一样的。

(3)仓库管理。

(4)同步管理:主要用于在多台 Harbor 之间进行镜像同步管理。

5.5 在 Docker 中挂载 CephFS

Docker 具有可移植性、隔离性等优势,使其越来越广泛地流行,生产环境正逐步采用容器化编排管理。本节主要讲解如何通过 Docker 镜像来完成 Ceph 的集群部署。本教程采用 CentOS 7.3 版,按照上篇所讲的集群规划,3 台 VMWare 虚拟机,仍采用 3 个节点部署,如表 5-2 所示。

表 5-2 Docker Ceph 集群规划示例

主机名称	主机 IP	说　　明
master-L	192.168.50.192	容器主节点(Dashbaord、mon、mds、rgw、mgr、osd)
slave1-L	192.168.50.193	容器子节点(mon、mds、rgw、mgr、osd)
slave2-L	192.168.50.194	容器子节点(mon、mds、rgw、mgr、osd)

1. 操作系统基础配置

依次在 3 台节点上执行,不失一般性,以 master-L 节点为例,加以说明。
(1)修改主机名称,执行如下的命令。

```
#vim /etc/hostname
```

按表 5-2 的主机名编辑完成后,重启生效。临时修改,以 master-L 主机为例,执行如下的命令。

```
#hostnamectl set-hostname master-L
#su
```

建议采用永久修改方法并进行重启。
(2)编辑 hosts 文件,执行如下的命令。

```
#vim /etc/hosts
```

打开文件后,文件内容编辑如下。

```
192.168.50.192 master-L
192.168.50.193 slave1-L
192.168.50.194 slave2-L
```

主机名称要和部署的 Ceph 节点名称保持一致,否则安装时候会出现问题。
(3)关闭防火墙,执行如下的命令。

```
#systemctl stop firewalld.service
#systemctl disable firewalld.service
```

(4) 关闭 SELinux,执行如下的命令。

`#vim /etc/selinux/config`

打开文件后,修改设置如下。

`SELINUX=disabled`

临时生效,执行如下的命令。

`#setenforce 0`

2. 安装 Docker 服务

在 3 台节点上安装 Docker 服务,如已安装,可以忽略此步骤。
(1) 卸载旧版本,执行如下的命令。

`#yum -y remove docker docker-common docker-selinux docker-engine`

(2) 安装依赖包,执行如下的命令。

`#yum -y install yum-utils device-mapper-persistent-data lvm2`

(3) 配置 YUM 源,执行如下的命令。

`#yum-config-manager --add-repo https://download.docker.com/linux/centos/docker-ce.repo`

(4) 安装 Docker,版本为 18.03.2-ce,执行如下的命令。

```
#yum update
#yum upgrade
#yum -y install docker-ce-18.03.2.ce
```

(5) 启动服务,执行如下的命令。

`#systemctl start docker`

(6) 设置开机启动,执行如下的命令。

`#systemctl enable docker`

(7) 查看安装的 Docker 版本,执行如下的命令。

`#docker version`

命令执行结果显示如下。

```
Client:
        Version:        18.03.2-ce
        API version:    1.37
        Go version:     go1.9.5
        Git commit:     9ee9f40
```

```
        Built:          Thu Apr 26 07:20:16 2018
        OS/Arch:        linux/amd64
        Experimental: false
        Orchestrator: swarm
Server:
    Engine:
        Version:        18.03.2-ce
        API version:    1.37 (minimum version 1.12)
        Go version:     go1.9.5
        Git commit:     9ee9f40
        Built:          Thu Apr 26 07:23:58 2018
        OS/Arch:        linux/amd64
        Experimental: false
```

出现以上提示信息,则代表安装成功。

(8) 修改 Docker 仓库镜像加速下载,执行如下的命令。

```
#vim /etc/docker/daemon.json
```

文件打开后,修改配置如下。

```
{
    "registry-mirrors": [
        "https://registry.docker-cn.com",
        "http://hub-mirror.c.163.com",
        "https://docker.mirrors.ustc.edu.cn"
    ]
}
```

(9) 配置修改后,需要重启 Docker 服务,执行如下的命令。

```
#systemctl daemon-reload
#systemctl restart docker
```

(10) 下载 Ceph 镜像。

不要贸然采用最新版,新版本有时存在缺陷,安装时会出现问题,本书采用 nautilus 版本。拉取镜像,执行如下的命令。

```
#docker pull ceph/daemon:latest-nautilus
#docker images
```

命令执行结果显示如下。

REPOSITORY	TAG	IMAGE ID	CREATED	SIZE
ceph/daemon	latest-nautilus	8a038c709324	19 hours ago	969MB

3. 设置免密登录

在主节点 master-L 配置免密登录到 slave1-L 和 slave2-L,执行如下的命令。

```
#ssh-keygen
#ssh-copy-id slave1-L
#ssh-copy-id slave2-L
```

4. 打开NTP服务

NTP服务的作用是用于同步不同机器的时间。用如下的命令查看NTP，如果状态是inactive或dead，则表示没启动。

```
#systemctl status ntpd
```

用如下的命令启动NTP服务。

```
#systemctl start ntpd
```

用如下的命令设置开启自启动NTP服务。

```
#systemctl enable ntpd
```

5. 创建OSD磁盘

OSD服务是对象存储守护进程，负责把对象存储到本地文件系统，必须有一块独立的磁盘作为存储。如果没有独立磁盘，可以在Linux下面创建一个虚拟磁盘进行挂载，其步骤如下。

(1) 初始化5GB的镜像文件，执行如下的命令。

```
#mkdir -p /usr/local/ceph-disk
#dd if=/dev/zero of=/usr/local/ceph-disk/ceph-disk-01 bs=1G count=5
```

(2) 将镜像文件虚拟成块设备，执行如下的命令。

```
#losetup -f /usr/local/ceph-disk/ceph-disk-01
```

(3) 格式化。
首先查询名称，执行如下的命令。

```
#fdisk -l
```

根据选定的名称格式化，执行如下的命令。

```
#mkfs.xfs -f /dev/loop0
```

(4) 挂载文件系统。
将loop0磁盘挂载到/usr/local/ceph/data/目录下，执行如下的命令。

```
#mkdir /usr/local/ceph
#mkdir /usr/local/ceph/data/
#mount /dev/loop0 /usr/local/ceph/data/
```

如果有独立磁盘，格式化与挂载的步骤如下。

① 直接格式化,执行如下的命令。

```
#mkfs.xfs -f /dev/sdc
```

② 挂载文件系统,执行如下的命令。

```
#mount /dev/sdb /usr/local/ceph/data/osd/
```

查看挂载结果,执行如下的命令。

```
#df -h
```

命令执行结果显示如下。

文件系统	容量	已用	可用	已用%	挂载点
devtmpfs	1.4GB	0	1.4GB	0%	/dev
tmpfs	1.4GB	0	1.4GB	0%	/dev/shm
tmpfs	1.4GB	1.8MB	1.4GB	1%	/run
tmpfs	1.4GB	0	1.4GB	0%	/sys/fs/cgroup
/dev/mapper/centos-root	32GB	18GB	15GB	56%	/
/dev/sda1	1014MB	225MB	790MB	23%	/boot
tmpfs	1.4GB	28KB	1.4GB	1%	/var/lib/ceph/osd/ceph-2
tmpfs	284MB	28KB	284MB	1%	/run/user/1000
/dev/sr0	4.3GB	4.3GB	0	100%	/run/media/189/CentOS 7 x86_64
/dev/loop0	5.0GB	33MB	5.0GB	1%	/usr/local/ceph/data

6. 在 master-L 节点部署 MON 服务

在3个节点上完成 Docker 安装和 Ceph 下载,修改 Ceph 镜像分支后,需要在3个节点上都安装 MON 服务。先在 master-L 节点上当以 root 用户执行部署 MON 服务相关命令。

(1) 创建 Ceph 目录。

在宿主机上创建 Ceph 目录与容器建立映射,便于直接操纵管理 Ceph 配置文件。如果要进行重装,最好将所有目录内容文件清空,避免残留配置影响,以 root 身份依次在3台节点上创建 /usr/local/ceph/{admin,data,etc,lib,logs} 目录,执行如下的命令。

```
docker stop /mon
docker rm /mon
docker stop osd
docker rm osd
docker stop mgr
docker rm mgr
docker stop mds
docker rm mds
docker stop rgw
docker rm rgw
rm -rf /usr/local/ceph/{etc,lib,logs}
```

首次安装,需要创建目录,执行如下的命令。

```
mkdir -p /usr/local/ceph/{admin,etc,lib,logs,data}
chmod 777 -R /usr/local/ceph
```

mkdir -p /usr/local/ceph/{admin,data,etc,lib,logs}命令会一次创建5个指定的目录,以逗号分隔,不能有空格。

授予Ceph用户权限,执行如下的命令。

```
# chown -R ceph:ceph /usr/local/ceph
```

将目录权限授予Ceph用户,如果仍碰到目录权限问题,可将目录权限全部放开。

(2) 先在主节点的/usr/local/ceph/admin目录下创建start_mon.sh脚本,执行如下的命令。

```
vim /usr/local/ceph/admin/start_mon.sh
```

打开文件后,编辑文件内容如下。

```
docker run -d --net=host \
    --name=mon \
    -v /etc/localtime:/etc/localtime \
    -v /usr/local/ceph/etc:/etc/ceph \
    -v /usr/local/ceph/lib:/var/lib/ceph \
    -v /usr/local/ceph/logs:/var/log/ceph \
    -e MON_IP=192.168.50.194,192.168.50.190,192.168.50.191 \
    -e CEPH_PUBLIC_NETWORK=192.168.50.0/24 \
    ceph/daemon:latest-nautilus mon
```

参数说明如下。

name:指定节点名称,这里设为mon。

MON_IP:指定mon服务的节点IP信息。

CEPH_PUBLIC_NETWORK:指定mon的IP网段信息。

ceph/daemon:最后指定镜像版本,采用的是最新镜像,MON为参数,代表启动MON服务,不能乱填。

-v:建立宿主机与容器的目录映射关系,包含etc、lib、logs目录。

(3) 给脚本增加权限,执行如下的命令。

```
chmod 777 -R /usr/local/ceph/admin/start_mon.sh
```

(4) 启动MON服务,执行如下的命令。

```
# /usr/local/ceph/admin/start_mon.sh
```

执行启动命令后,用docker ps -a查看服务启动是否成功。如果STATUS的值为Up,则表示MON已经运行。

(5) 导出OSD密钥字符串,执行如下的命令。

```
# docker exec -it mon ceph auth get client.bootstrap-osd -o /var/lib/ceph/
```

bootstrap-osd/ceph.keyring

(6) 修改 Ceph 配置文件。

所有 mon 节点的 Ceph 配置参数相同，执行如下的命令。

#vim /usr/local/ceph/etc/ceph.conf

打开文件后，文件内容编辑如下。

```
[global]
fsid =646aa796-0240-4dd8-83b3-8781779a8feb
#mon 节点名称
mon initial members =master
#mon 主机地址信息
mon host =192.168.50.192,192.168.50.193,192.168.50.194
#对外访问的 IP 网段
public network =192.168.50.0/24
#集群 IP 网段
cluster network =192.168.50.0/24
osd journal size =100
#设置 pool 池默认分配数量
osd pool default size =2
#容忍更多的时钟误差
mon clock drift allowed =2
mon clock drift warn backoff =30
#允许删除 pool
mon_allow_pool_delete =true
[mgr]
#开启 WEB 仪表盘
mgr modules =dashboard
[client.rgw.master]
#设置 rgw 网关的 web 访问端口
rgw_frontends ="civetweb port=20003"
```

(7) 修改了启 ceph.conf 后，重启 mon 服务，执行如下的命令。

docker restart mon

(8) 修改 docker mon 的 start_mon.sh。

执行 docker logs mon 查看 mon 启动日志，只要出现错误：

2020-05-04 08:31:21 /opt/ceph-container/bin/entrypoint.sh: Existing mon, trying to rejoin cluster...,

则执行如下的命令。

#docker cp mon:/opt/ceph-container/bin/start_mon.sh .
#vim start_mon.sh

打开文件后，找到v2v1所在行，注释此行，然后直接将v2v1赋值为2，代表是走V2协议，以指定IP方式加入集群。最后将脚本复制至容器内，执行如下的命令。

```
#docker cp start_mon.sh mon:/opt/ceph-container/bin/start_mon.sh
```

再次重新启动名mon服务，查看运行状态，执行如下的命令。

```
#docker restart mon
#docker ps -a
#docker exec -it mon ceph -s
```

命令执行结果显示如下。

```
cluster:
    id:     c6f01393-4e9e-4174-8d0b-de8f79b1b8b4
    health: HEALTH_OK
services:
    mon: 1 daemons, quorum master-1 (age 20m)
    mgr: no daemons active
    osd: 0 osds: 0 up, 0 in
data:
    pools:   0 pools, 0 pgs
    objects: 0 objects, 0 B
    usage:   0 B used, 0 B / 0 B avail
    pgs:
```

上面信息表示集群状态健康情况没问题。

7. 在master-L节点创建start_osd.sh,start_mgr.sh,start_rgw.sh,start_mds.sh

（1）在主节点的/usr/local/ceph/admin目录下创建start_osd.sh脚本，执行如下的命令。

```
vim /usr/local/ceph/admin/start_osd.sh
```

打开文件后，文件内容编辑如下。

```
docker run -d --net=host \
    --name=osd \
    --restart=always \
    --privileged=true \
    -v /etc/localtime:/etc/localtime \
    -v /usr/local/ceph/etc:/etc/ceph \
    -v /usr/local/ceph/lib:/var/lib/ceph \
    -v /usr/local/ceph/logs:/var/log/ceph \
    -v /usr/local/ceph/data:/var/lib/ceph/osd \
    ceph/daemon:latest-nautilus osd_directory
```

参数说明如下。

name：用于指定 OSD 容器的名称。

net：用于指定 host，就是前面配置的 host。

restart：指定为 always，使 OSD 组件可以在 down 时重启。

privileged：用于指定该 OSD 是专用的。

这里采用的是 osd_directory 镜像模式，如果有独立的磁盘可以用 osd_ceph_disk 模式，则不需要格式化，直接指定设备名称即可 OSD_DEVICE＝/dev/sdb-v：建立宿主机与容器的目录映射关系，包含 etc、lib、logs 目录。

（2）在主节点的/usr/local/ceph/admin 目录下创建 start_mgr.sh 脚本，执行如下的命令。

```
vim /usr/local/ceph/admin/start_mgr.sh
```

打开文件后，文件内容编辑如下。

```
docker run -d --net=host \
    --name=mgr \
    -v /etc/localtime:/etc/localtime \
    -v /usr/local/ceph/etc:/etc/ceph \
    -v /usr/local/ceph/lib:/var/lib/ceph \
    -v /usr/local/ceph/logs:/var/log/ceph \
  ceph/daemon:latest-nautilus mgr
```

这个脚本是用于启动 mgr 组件，它的主要作用是分担和扩展 monitor 的部分功能，提供图形化的管理界面以便更好地管理 Ceph 存储系统。

（3）在主节点的/usr/local/ceph/admin 目录下创建 start_rgw.sh 脚本，执行如下的命令。

```
vim /usr/local/ceph/admin/start_rgw.sh
```

打开文件后，文件内容编辑如下。

```
docker run -d --net=host \
    --name=rgw \
    -v /etc/localtime:/etc/localtime \
    -v /usr/local/ceph/etc:/etc/ceph \
    -v /usr/local/ceph/lib:/var/lib/ceph \
    -v /usr/local/ceph/logs:/var/log/ceph \
  ceph/daemon:latest-nautilus rgw
```

该脚本主要是用于启动 rgw 组件，rgw（Rados GateWay）作为对象存储网关系统，一方面扮演 RADOS 集群客户端角色，为对象存储应用提供数据存储，另一方面扮演 HTTP 服务端角色，接受并解析互联网传送的数据。

（4）在主节点的/usr/local/ceph/admin 目录下创建 start_mds.sh 脚本，执行如下的命令。

```
vim /usr/local/ceph/admin/start_mds.sh
```

打开文件后,文件内容编辑如下。

```
docker run -d --net=host \
    --name=mds \
    --privileged=true \
    -v /etc/localtime:/etc/localtime \
    -v /usr/local/ceph/etc:/etc/ceph \
    -v /usr/local/ceph/lib:/var/lib/ceph \
    -v /usr/local/ceph/logs:/var/log/ceph \
    -e CEPHFS_CREATE=0 \
    -e CEPHFS_METADATA_POOL_PG=512 \
    -e CEPHFS_DATA_POOL_PG=512 \
    ceph/daemon:latest-nautilus mds
```

该脚本是用来启动 mds 组件,该组件的作用如下所列。
① 跟踪文件层次结构并存储只供 CephFS 使用的元数据。
② mds 不直接给客户端提供数据,因此可以避免系统中的单点故障。
脚本参数说明如下。
CEPHFS_CREATE:为 METADATA 服务生成文件系统,0 表示不自动创建文件系统(默认值),1 表示自动创建。
CEPHFS_DATA_POOL_PG:数据池的数量,默认为 8。
CEPHFS_METADATA_POOL_PG:元数据池的数量,默认为 8。

8. 在 3 个节点启动所有服务

在 3 个节点上完成 Docker 安装和 Ceph 下载并修改 Ceph 镜像分支后,需要在 3 个节点上都安装 mon 服务。先在 master-L 节点上当以 root 用户执行部署 mon 服务相关命令。

(1) 复制 master-L 的所有数据(已包含脚本)到另外 2 台服务器,执行如下的命令。

```
scp -r /usr/local/ceph root@slave1-L:/usr/local/
scp -r /usr/local/ceph root@slave2-L:/usr/local/
```

(2) 在 master-L 上远程启动另外 2 台服务器的 mon 服务,执行如下的命令。

```
ssh slave1-L bash /usr/local/ceph/admin/start_mon.sh
ssh slave2-L bash /usr/local/ceph/admin/start_mon.sh
```

(3) 启动 OSD,执行如下的命令。

在执行 start_osd.sh 脚本前,首先在 mon 节点生成 OSD 的密钥信息,否则直接启动会报错。执行如下的命令。

```
# docker exec -it mon ceph auth get client.bootstrap-osd -o /var/lib/ceph/bootstrap-osd/ceph.keyring
```

接着在主节点执行如下的命令。

```
#bash /usr/local/ceph/admin/start_osd.sh
#ssh slave1-L bash /usr/local/ceph/admin/start_osd.sh
#ssh slave2-L bash /usr/local/ceph/admin/start_osd.sh
```

全部 OSD 都启动之后,稍等片刻,执行 ceph -s 查看状态。

(4) 启动 mgr。

直接在主节点 master-L 上执行如下的命令。

```
bash /usr/local/ceph/admin/start_mgr.sh
ssh slave1-L bash /usr/local/ceph/admin/start_mgr.sh
ssh slave2-L bash /usr/local/ceph/admin/start_mgr.sh
```

(5) 启动 rgw。

同样需要先在 mon 节点生成 rgw 的密钥信息,执行如下的命令。

```
docker exec mon ceph auth get client.bootstrap-rgw -o /var/lib/ceph/bootstrap
-rgw/ceph.keyring
```

接着在主节点 master-L 上执行如下的命令。

```
bash /usr/local/ceph/admin/start_rgw.sh
ssh slave1-L bash /usr/local/ceph/admin/start_rgw.sh
ssh slave2-L bash /usr/local/ceph/admin/start_rgw.sh
```

(6) 启动 mds。

直接在主节点 master-L 上执行如下的命令。

```
bash /usr/local/ceph/admin/start_mds.sh
ssh slave1-L bash /usr/local/ceph/admin/start_mds.sh
ssh slave2-L bash /usr/local/ceph/admin/start_mds.sh
```

(7) 启动完成后,通过 ceph-s 查看集群的状态。

```
[root@localhost master-1]#docker exec -it mon ceph -s
```

9. 安装 Dashboard 管理后台

首先确定主节点,通过 ceph -s 命令查看集群状态,找到 mgr 为 active 的节点,如下所示。

```
mgr: master-1(active, since 12m), standbys: slave1-1
```

这里主节点是 master-L 节点。

(1) 开启 Dashboard 功能,执行如下的命令。

```
#docker exec mgr ceph mgr module enable dashboard
```

(2) 创建登录用户与密码,执行如下的命令。

```
#docker exec mgr ceph dashboard set-login-credentials admin 123456
```

如果出现错误："Invalid command：unused arguments：[u'123456']"，则需要以文件的方式设置密码，执行如下的命令。

```
echo "123456" > passwd
docker cp passwd mgr:/root/passwd
docker exec mgr ceph dashboard set-login-credentials admin -i /root/passwd
```

（3）配置外部访问端口，这里指定端口号是18080，可以自定义修改，执行如下的命令。

```
#docker exec mgr ceph config set mgr mgr/dashboard/server_port 18080
```

（4）配置外部访问地址，执行如下的命令。

```
#docker exec mgr ceph config set mgr mgr/dashboard/server_addr 192.168.50.192
```

这里，master-L节点IP是192.168.50.192，读者需要换成自己的IP地址。
（5）关闭https（如果没有证书或内网访问可以关闭），执行如下的命令。

```
#docker exec mgr ceph config set mgr mgr/dashboard/ssl false
```

（6）重启Mgr DashBoard服务，执行如下的命令。

```
#docker restart mgr
```

（7）查看Mgr DashBoard服务，执行如下的命令。

```
#docker exec mgr ceph mgr services
{
    "dashboard": "http://controller-L:18080/"
}
```

（8）管理控制台界面。

启动火狐浏览器，在地址栏中输入http://192.168.50.192:18080，进入后得到如图5-9所示的界面。输入用户名admin和密码123456后，进入Ceph集群图形管理控制台主界面。

10. 创建FS文件系统

以下命令在主节点执行。
（1）创建Data Pool，执行如下的命令。

```
#docker exec osd ceph osd pool create cephfs_data 128 128
```

（2）创建Metadata Pool，执行如下的命令。

```
#docker exec osd ceph osd pool create cephfs_metadata 128 128
```

注意：如果受mon_pg_per_osd限制，不能设为128，可以调小点，改为64。
（3）创建CephFS，执行如下的命令。

```
#docker exec osd ceph fs new cephfs cephfs_metadata cephfs_data
```

将上面的数据池与元数据池关联，创建CephFS的文件系统。

图 5-9　Ceph 管理控制台登录界面

（4）查看 FS 信息，执行如下的命令。

#docker exec osd ceph fs ls

（5）查看整个集群信息。

至此，规划的所有节点都已创建成功并加入集群，整个集群已搭建完毕。查看整个集群信息，执行如下命令。

#docker exec mon ceph -s

执行结果如下。

```
cluster:
    id:     c6f01393-4e9e-4174-8d0b-de8f79b1b8b4
    health: HEALTH_OK
services:
    mon: 3 daemons, quorum master-1,slave1-1,slave2-1 (age 6d)
    mgr: master-1(active, since 6d), standbys: slave2-1, slave1-1
    mds: cephfs:1 {0=master-1=up:active} 2 up:standby
    osd: 3 osds: 3 up (since 6d), 3 in (since 6d)
    rgw: 3 daemons active (master-1, slave1-1, slave2-1)
data:
    pools:   8 pools, 360 pgs
    objects: 256 objects, 46 KiB
    usage:   3.4 GiB used, 27 GiB / 30 GiB avail
    pgs:     360 active+clean
```

5.6 自训任务和案例实践思考

1. 自训任务

(1) 拉取 CentOS 7 镜像,创建 CentOS 7 容器,进入容器,在容器中完成以下任务。
① 安装 JDK 并配置环境变量。
② 设置主机名并进行主机映射。
③ 设置集群节点间的免密登录。
④ 安装 Hadoop、配置 Hadoop 环境变量。
⑤ 进行 Hadoop 集群规划、配置 Hadoop。
⑥ 启动服务、格式化操作、启动集群,进行单词统计计算。
⑦ 打包并提交到阿里云。

(2) 新建 4 台虚拟机,启动系统为 CentOS 7,虚拟机名称为 master+学号后 3 位、slave+学号后 3 位+01、slave+学号后 3 位+02、slave+学号后 3 位+03。基于这 4 台虚拟机,完成如下任务。
① 进行集群规划,保证规划的合理性。
② 启动 mon、OSD、mgr、rgw、mds 服务后,在 Docker 中挂载 CephFS。
③ 给出运行结果的屏幕截图。

2. 案例实践思考

本章讲解了通过 Docker 搭建 Ceph 集群。通过容器镜像,可以简化一些配置,也多出一些容器脚本的配置。这里容器网络采用桥接模式,便于 Ceph 集群内外部的通信,读者可以根据自己的需要,组建不同的网络模式。在生产环境当中,建议选用 Docker Ceph 镜像稳定版。

Docker Ceph 集群创建后,在实际环境中如何去调用?RGW 服务在 LibRADOS 之上向应用提供访问 Ceph 集群的 RestAPI,支持 Amazon S3 和 Openstack Swift 两种接口,Java Swift API 对此提供封装与调用来实现。

此外,针对水务云平台的各个企业应用的隔离性、快速部署的现实需求,容器技术能提供什么样的支持,如何设计容器的快速接入企业客户的架构。

云计算资源管理平台

6.1 教学目标

1. 能力目标

（1）能够根据项目实际，运用 Openstack 对租户的计算、存储和网络资源进行规划及高效自动化管理和运维。

（2）能够根据云计算工程项目需求，应用 Mesos 对各种计算框架进行统一管理。

2. 素质目标

（1）能够翔实、准确地撰写 Openstack 规划部署文档。

（2）能够翔实、准确地撰写 Mesos 环境搭建文档。

6.2 Openstack 实践

6.2.1 Openstack 服务架构

Openstack 提供了一个通用的平台管理云计算里面的计算（服务器）、存储和网络以及应用资源。这个管理平台不仅能管理这些资源，而且不需要用户选择特定的硬件和软件厂商，厂商特定组件可以很方便地被替换成通用组件。Openstack 可通过 Web 界面、命令行工具和应用程序接口来进行管理。

在云计算平台管理员看来，Openstack 可以控制多种类型的商业或者开源的软硬件，提供位于各种特定资源之上的云计算资源管理平台。以往磁盘和网络配置这些重复性手动操作的任务，现在可以通过 Openstack 框架来进行自动化管理。事实上，提供虚拟机甚至上层应用的整个流程都可以使用 Openstack 框架实现自动化管理。

在开发者看来，Openstack 是一个在开发环境中可以像 AWS 一样获得资源（虚拟机、存储等）的平台，还是一个可以基于应用模板来部署可扩展应用的云编排平台。通过 Openstack 框架，可以为应用提供基础设置（X 虚拟机有 Y 容量内存）和相应的软件依赖资源。

在最终用户看来，Openstack 是一个提供自助服务的基础设施和应用管理系统。用户可以做各种事情，简单得像 AWS 一样提供虚拟机到构建高级虚拟网络和应用，都可以在一个独立的租户内完成。租户是通常所说的项目，是 Openstack 用来对资源进行分配和隔离的方式。租户隔离了存储、网络和虚拟机这些资源。因此,最终用户可以拥有比传统虚拟服务环境更大的自由度。最终用户被分配到了一定额度的资源,可以随时获得用户需要的资源。

在 Openstack 云平台上,用户可以做以下 3 个方面的工作。
- 充分利用物理服务器、虚拟服务器、网络和存储系统资源。
- 通过租户、配额和用户角色高效管理云资源。
- 提供一个对底层透明的通用资源控制接口。

1. Openstack 的架构

截至 Grizzly 版本,Openstack 含有 Compute(Nova)、Network(Neutron/Quantum)、Identity Service(Keystone)、Object Storage(Swift)、Block Storage(Cinder)、Image Service(Glance)和 User Interface Dashboard(Horizon)7 个核心项目,如图 6-1 和表 6-1 所示。其中,计算基础架构 Nova、存储基础架构 Swift 和镜像服务 Glance 是 3 个最核心的架构服务单元。

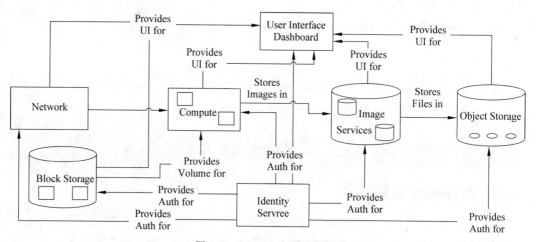

图 6-1 Openstack 服务架构

表 6-1 Openstack 服务项目描述

服务名称	项目名称	描述
User Interface Dashboard	Horizon	基于 Openstack API 接口使用 django 开发的 Web 管理
Compute	Nova	通过虚拟化服务提供计算资源池
Network	Neutron	实现了虚拟机的网络资源管理
Object Storage	Swift	对象存储,适用于"一次写入,多次读取"
Block Storage	Cinder	块存储,提供存储资源池
Identity Service	Keystone	认证服务
Image Service	Glance	提供虚拟镜像的注册和存储管理

Nova 是 Openstack 云计算架构控制器，管理 Openstack 云里的计算资源、网络、授权和扩展需求。Nova 不能提供本身的虚拟化功能，相反它使用 Libvirt 的 API 来支持虚拟机管理程序交互，并通过 Web 服务接口开放其所有功能并兼容亚马逊 Web 服务的 EC2 接口。

Swift 为 Openstack 提供分布式的、最终一致的虚拟对象存储。Swift 有能力存储数十亿计的对象，具有内置冗余、容错管理、存档、流媒体的功能，并且高度扩展，不论大小（多个 PB 级别）和能力（对象的数量）。

2. Openstack 的核心优势

Openstack 提供了如何打造类似于主要公有云［如亚马逊（AWS）和 Google Cloud Platform（GCP）］的弹性私有云的样板，就像 Hadoop 将 Google 的 MapReduce 推向大众一样，Openstack 将 AWS/GCP 式样的基础架构［即服务（IaaS）］推向每个用户。它是实现企业内部 DevOps 的终极平台。

Openstack 能在企业内部提供类似的平台。私有云可以基于公有云模型来构造，使得开发者同时拥有集中式 IT 控制和支配。本质上，它是两者融合的较佳平台，这也是 Openstack 驱动的私有云的真正价值。由 Openstack 来实现企业内部的 DevOps，进而实现敏捷，而敏捷是驱动云计算的原动力。

3. 企业级 Openstack 需求的 6 个关键因素

（1）99.999% 的 API 可用性以及可扩展的控制平面。

高可靠性应用需要高可靠的云 API，向全新的云和 DevOps 模型转型，其中一个关键能力是提供云原生应用在弹性云中的容错能力。要使一个应用能实时地适应不同组件的出错，云 API 需要有更高的可用性。

API 的可用性不是唯一的衡量标准。云控制平面的吞吐量同样关键。可以将控制平面想象成云的指挥中枢，这是中央智能和编排层的核心。API 是控制平面的一部分，对于 Openstack 来说，这些 API 包括所有的核心项目和日常的云管理系统，以及所有必要的辅助服务，比如数据库、Openstack 各厂商插件等等。云的控制平面必须能够随着云的增长而增长，这意味着在总体上，将会获得更多 API 操作的吞吐量（对象上传/下载、镜像上传/下载、元数据更新等待）。

（2）健壮的管理和安全模型。

安装是管理 Openstack 的开端。一个真正的云操作系统将提供一个从设计上就能保证基础设施团队能成功交付服务并以运维为核心的云管理工具套件。这些管理工具将提供以下功能。

- 可重用的架构模型。
- 初始云安装和部署。
- 典型的日常云运维工具，包括日志、系统测量值和相关度分析。

- 供云运维人员用来做整合和自动化的CLI和API。
- 用于可视化和分析的云运维图形界面。

OneAPM的出现,使得企业可以缩减庞大运维团队的开支,OneAPM的产品能进行应用性能分析、告警、日志分析记录,并能实现代码级的故障诊断。

(3) 开放的架构。

Openstack的开放架构能够减少厂商的限制,进而降低风险。

(4) 混合云兼容性。

目前环境下,混合云兼具私有云安全性与公有云的弹性扩展能力,混合云必然成为企业云部署的第一选择。根据应用类别和业务特点,将关键应用、性能敏感型及中高密级应用部署在私有云,其他应用部署在公有云;将同一个应用的不同层部署在不同云中,时延敏感业务就近用户部署,提升最终用户体验;Web Front支持Web服务灵活扩展,集中控制关键数据;突发型应用,私有云资源不足时(如Web网站),向公有云临时租借资源。混合云的难点在于解决应用的移植性问题。如果需要一个公有云和私有云组合而成的混合云,不管应用在某个云中被开发,还是要在两个云之间做迁移,或者从一个云到另一个云,应用的可移植性都是必需的。当选定一个应用以及它的云原生的自动化框架,并将它们从一个云移动到另一个云中时,如下的关键因素必须保持一致:

- 性能相对平稳。
- 底层的存储、网络和计算架构保持一致或者近似。
- 应用的自动化框架必须和两个云中的API都兼容。
- 每个云中运行应用的总成本(TCO)都应该在1/2~2倍的范围之内。
- 行为上的兼容性,意味着非API功能也需要吻合。
- 支持与相关公有云API的兼容。

(5) 可扩展的弹性架构。

当在系统中增加资源后,其性能会按照所增加资源的某种比例增加时,就可以说其服务是可扩展的。

从多方面看,Openstack是高扩展性的系统。它被设计为松耦合、基于消息通信的架构,这些技术已经在各种中级到高级扩展的系统中得到应用和验证,它们也可以适应小规模的部署。

一部分默认的配置,以及许多厂商的插件和方案在设计时并没有考虑扩展性。基础架构从来没有实现资源的弹性分配,可是它能支持弹性的应用在其上面运行。一个弹性云需要被设计虚拟机、块存储和对象存储等抽象资源,这类资源的实现成本尽可能低。这和杰文斯悖论直接相关,随着技术的进步,提升效率会带来技术被快速采用。

(6) 全面的支持和服务。

Openstack作为一个可扩展的打造下一代弹性云的基础架构,尽管它还不完美,但作为一个开源项目,它的吸引力不容小视。基于平台开放,开关社区会有越来越多的力量促使它更完善和强大,采用Openstack意味着企业云平台会更加自主可控,并实现技术沉淀和自动化运维水平的提升。

4. 在单机上一键部署 Openstack

(1) 主机设置。

主机设置如图 6-2 所示。

如果已经安装了 MariaDB,则先卸载掉,交由一键部署自动安装 MariaDB。

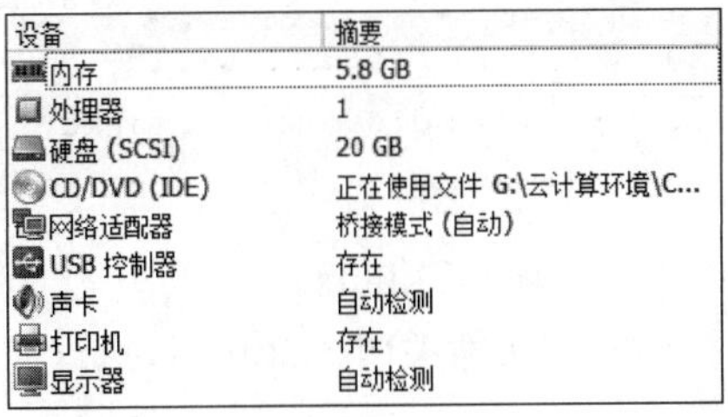

(2) 配置网口 up 并通过 DHCP 方式获得 IP,执行如下的命令。

```
#IPlink set ens33 up
#dhclient ens33
```

设备	摘要
内存	5.8 GB
处理器	1
硬盘 (SCSI)	20 GB
CD/DVD (IDE)	正在使用文件 G:\云计算环境\C...
网络适配器	桥接模式 (自动)
USB 控制器	存在
声卡	自动检测
打印机	存在
显示器	自动检测

图 6-2 主机设置

(3) 配置网络参数以访问 Internet,执行如下的命令。

```
#vim /etc/sysconfig/network-scripts/ifcfg-ens33
```

打开文件后,文件内容编辑如下。

```
TYPE=Ethernet
PROXY_METHOD=none
BROWSER_ONLY=no
BOOTPROTO=static
DEFROUTE=yes
IPV4_FAILURE_FATAL=no
IPV6INIT=yes
IPV6_AUTOCONF=yes
IPV6_DEFROUTE=yes
IPV6_FAILURE_FATAL=no
IPV6_ADDR_GEN_MODE=stable-privacy
NAME=ens33
UUID=4a33cf3e-6ace-40d9-a949-c3f80d37f557
DEVICE=ens33
ONBOOT=yes
IPADDR=192.168.50.193
PREFIX=25
GATEWAY=192.168.50.254
DNS1=202.194.48.69
DNS2=202.194.48.67
```

重新启动使得网络配置生效,执行如下的命令。

```
#reboot
```

访问外网测试,执行如下的命令。

```
#ping www.126.com
```

(4) 停止网络管理器并关闭防火墙,执行如下的命令。

```
#systemctl stop NetworkManager
#systemctl disable NetworkManager
#systemctl stop firewalld
#systemctl disable firewalld
#systemctl restart network
```

(5) 关闭 SELinux。

临时一次性关闭 SELinux,执行如下的命令。

```
#setenforce 0
```

永久关闭,执行如下的命令。

```
#vi /etc/selinux/config
```

打开文件后,进行如下的设置。

```
SELINUX=disabled          #enforcing
```

(6) 更新,执行如下的命令。

```
#yum -y update
```

(7) 安装 Openstack RPM,执行如下的命令。

```
#yum-config-manager --enable Openstack-queens
#yum install -y centos-release-Openstack-queens
#yum -y update
#sync; reboot
```

(8) 安装 PackStack,执行如下的命令。

```
yum?install?-y?Openstack-packstack
```

(9) 修改 SSH 配置,执行如下的命令。

```
vi /etc/ssh/ssh_config
```

打开文件后,相关配置设置如下。

```
StrictHostKeyChecking no
UserKnownHostsFile /dev/null
```

(10) 生成安装应答文件并修改易于识记的密码,执行如下的命令。

```
#cd ~
#packstack --gen-answer-file=answer.txt
```

```
#vim answer.txt
```

打开文件后,下载 6-2-1-4-Openstack-answer 文件,作为 answer.txt 的内容。

(11) 利用应答文件执行部署和运行 Openstack,执行如下的命令。

```
#packstack --answer-file answer.txt
```

(12) 登录 Openstack Dashboard。

在图 6-3 登录界面中输入用户名 admin 和密码 123456,进入如图 6-4 所示的主界面。

图 6-3　Openstack Dashboard 登录界面

图 6-4　Openstack Dashboard 主界面

在终端中登录 MariaDB 数据库,查看用户信息和数据库信息,分别执行如下的命令。

```
MariaDB [mysql]>select host, user from user;
MariaDB [mysql]>show databases;
```

查看用户授权信息,执行如下的命令。

```
MariaDB [mysql]>select * from information_schema.user_privileges;
```

6.2.2 Openstack 基础软件包部署

1. 部署规划

(1) 节点硬件规划。

使用 VMware Workstation 虚拟出 3 台 CentOS 7 虚拟机作为主机节点,节点架构和硬件配置如表 6-2 所示。

表 6-2 虚拟机硬件基本配置

节点名称	CPU	内存/GB	磁盘/GB	操作系统镜像
controller	1VCPU	4	20	CentOS-7-x86_64-DVD-1708.iso
compute	1VCPU	4	20	CentOS-7-x86_64-DVD-1708.iso
cinder	1VCPU	4	系统盘 20,存储盘 20	CentOS-7-x86_64-DVD-1708.iso

CentOS 安装包的下载地址为 https://www.centos.org/。VMware Workstation 虚拟机开启虚拟化引擎,进入虚拟机设置的硬件(处理器)予以开启。

(2) 节点网络规划。

本书搭建网络使用 Linux Bridge+VXLAN 模式,包含管理网络、外部网络和租户隧道网络 3 种网络类型,具体规划如表 6-3 所示。

表 6-3 网络规划表

节点名称	网卡号	网卡名	网卡模式	交换机	网络类型	IP 地址	网关
controller（控制）	网卡 1	ens33	桥接模式	VMnet0	管理网络	192.168.50.194	无
	网卡 2	ens37	仅主机模式	VMnet1	隧道网络	192.168.51.194	无
	网卡 3	ens38	NAT 模式	VMnet8	外部网络	192.168.52.70	192.168.52.2/24
compute1（计算）	网卡 1	ens33	桥接模式	VMnet0	管理网络	192.168.50.220	无
	网卡 2	ens37	仅主机模式	VMnet1	隧道网络	192.168.51.220	无
	网卡 3	ens38	NAT 模式	VMnet8	部署网络	192.168.52.71	192.168.52.2/24
cinder1（存储）	网卡 1	ens33	桥接模式	VMnet0	管理网络	192.168.50.222	无
	网卡 2	ens38	NAT 模式	VMnet8	部署网络	192.168.52.72	192.168.52.2/24

网络规划说明如下。

（1）计算节点和存储节点的最后一块网卡仅用于部署，即连接互联网部署 Openstack 软件包。如果搭建了本地 yum 源，这两块网卡则不需要。

（2）管理网络配置为桥接模式，通过管理网络访问互联网安装软件包。如果搭建了内部 yum 源，管理网络则不需要访问互联网，也可配置成仅主机模式。

（3）隧道网络配置为仅主机模式。因为隧道网络不需要访问互联网，仅用来承载 Openstack 内部租户的网络流量，这里完全可以配置为仅主机模式。

（4）外部网络配置为 NAT 模式，控制节点的外部网络主要实现 Openstack 租户网络对外网的访问，另外，Openstack 软件包的部署安装也需要 NAT 模式网络。

（5）计算节点和存储节点的外部网络仅用来部署 Openstack 软件包，没有其他用途。

3 种网络类型说明如下。

① 管理网络（management/API 网络）提供系统管理相关功能，用于节点之间各服务组件内部通信以及对数据库服务的访问。所有节点都需要连接到管理网络，这里管理网络也承载了 API 网络的流量，将 API 网络和管理网络合并，Openstack 各组件通过 API 网络向用户提供 API 服务。

② 隧道网络（tunnel 网络或 self-service 网络）提供租户虚拟网络的承载网络（VXLAN or GRE）。Openstack 里面使用 GRE 或者 VXLAN 模式需要有隧道网络；隧道网络采用了点到点通信协议代替交换连接。在 Openstack 里 tunnel 是虚拟机走网络数据流量用的。这个网络所承载的网络和官方文档 Networking Option 2：self-service networks 相对应。

③ 外部网络（external 网络或者 provider 网络）能够访问 Openstack 安装环境之外的网络，并且非 Openstack 环境中的设备能够访问 Openstack 外部网络的某个 IP。另外，外部网络为 Openstack 环境中的虚拟机提供浮动 IP，实现 Openstack 外部网络对内部虚拟机实例的访问。这个网络和官方文档 Networking Option 1：provider networks 相对应。Openstack 网络至少要包括一个外部网络。

④ 没有规划存储平面网络，cinder 节点使用管理网络承载存储网络数据。

本次搭建 Openstack 网络结构如图 6-5 所示。

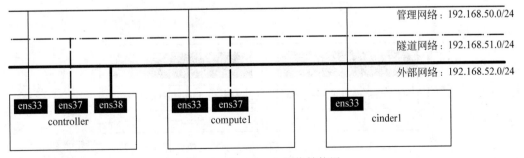

图 6-5　Openstack 网络结构图

2. 环境准备

Openstack 主机名不能改,需在安装之前确定。建议在物理机上部署 Openstack,并且是 CentOS 7 或 Ubuntu 系统下。本书在一台 PC 上安装 VMware,在 VMware 中添加 2 台 CentOS 7 虚拟机。

(1) CentOS 7 系统部署 3 台 Openstack 虚拟机。

如图 6-6 所示,controller 既作为控制节点,也作为计算节点,这说明可以单机部署。单机部署时控制节点和计算节点的操作步骤都要在本机执行。如图 6-7 所示,compute1 是计算节点,cinder1 为存储节点。controller 节点操控计算节点,controller 节点上可以创建虚拟机。

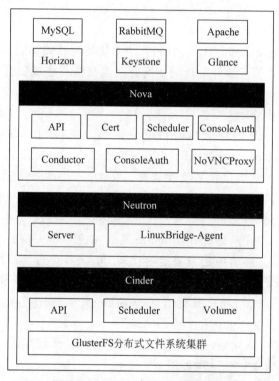

图 6-6 controller 节点部署的进程

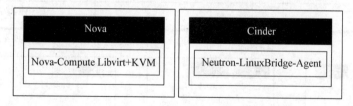

图 6-7 compute1 节点和 cinder1 节点部署的进程

根据表 6-3,设置 controller 节点的网卡属性,执行如下的命令。

```
#vim /etc/sysconfig/network-scripts/ifcfg-ens33
```

打开文件后,文件内容编辑如下。

```
BOOTPROTO=static
ONBOOT=yes
IPADDR=192.168.50.194
PREFIX=25
GATEWAY=192.168.50.254
DNS1=202.194.48.69
DNS2=202.194.48.67
```

使网卡配置生效,执行如下的命令。

```
#systemctl restart network
```

升级 yum,执行如下的命令。

```
#yum upgrade
```

(2)域名解析并关闭防火墙和 SELinux。

分别在控制节点和计算节点执行如下的命令。

```
#vim /etc/hosts
```

打开文件后,文件内容编辑如下。

```
192.168.50.194 controller
192.168.50.220 compute1
192.168.50.221 cinder1
```

主机名和 IP 地址映射一开始就设置好,后面不能更改,否则会出问题。在控制节点,首先打开主机名文件,执行如下的命令。

```
#vim /etc/hostname
```

重启主机后主机名永久生效。如不重启主机,当前临时一次更改主机名生效,执行下面的两条命令。

```
#hostnamectl set-hostname controller
#su
```

在计算节点和存储节点的主机名 IP 地址映射与控制节点类似,此处不再赘述。
在 3 个节点关闭 SELinux,执行如下的命令。

```
#sed -i 's#SELINUX=enforcing#SELINUX=disabled#g' /etc/sysconfig/selinux
#setenforce 0
```

在 3 个节点关闭 iptables,执行如下的命令。

```
systemctl start firewalld.service
```

```
systemctl stop firewalld.service
systemctl disable firewalld.service
```

3. 配置阿里云 yum 源以获取更快的下载速度

在所有节点执行如下的命令。

```
# mv /etc/yum.repos.d/CentOS-Base.repo /etc/yum.repos.d/CentOS-Base.repo.backup
#wget -O /etc/yum.repos.d/CentOS-Base.repo http://mirrors.aliyun.com/repo/Centos-7.repo
#yum clean all && yum makecache
```

也可以搭建本地 yum 源,参考链接:https://blog.csdn.net/networken/article/details/80729234。

4. 配置 NTP 服务

在控制节点进行配置,执行如下的命令。

```
[root@controller ~]#yum install chrony
[root@controller ~]#vim /etc/chrony.conf
```

打开文件后,将 allow 192.168.0.0/16 的注释去掉,允许其他节点网段同步时间,配置为对应网段。

```
[root@controller ~]# systemctl enable chronyd.service && systemctl start chronyd.service
```

MS 列中包含^*的行,指明 NTP 服务当前同步的服务器。当前同步的源为 time.cloudflare.com。

```
[root@controller lhb]#chronyc sources
```

执行下面的命令,查看当前时间是否准确,其中 NTP synchronized:yes 说明同步成功。

```
[root@controller lhb]#  timedatectl
```

在计算节点进行配置,执行如下的命令。

```
[root@compute1 ~]#yum install chrony
```

修改配置文件,使计算节点与控制节点同步时间。

```
[root@compute1 ~]#vim /etc/chrony.conf        #注释3~6行,并增加第7行内容
    #Use public servers from the pool.ntp.org project.
    #Please consider joining the pool (http://www.pool.ntp.org/join.html).
    #server 0.centos.pool.ntp.org iburst
    #server 1.centos.pool.ntp.org iburst
```

```
# server 2.centos.pool.ntp.org iburst
# server 3.centos.pool.ntp.org iburst
  server 192.168.52.194 iburst
```

重启服务并设置开机启动,执行如下的命令。

```
[root@ compute1 ~]# systemctl enable chronyd.service && systemctl start chronyd.service
```

查看时间同步状态,当前同步的源为controller,执行如下操作。

```
[root@ compute1 ~]# chronyc sources
210 Number of sources = 4
```

查看时间是否与控制节点一致,执行如下的命令。

```
[root@ compute1 lhb]# timedatectl
```

5. 安装和配置 Openstack 软件包

(1) Openstack Queens 部署时至少需要安装以下服务,按照下面指定的顺序安装服务。

- 认证服务(Identity service)-Keystone installation for Queens。
- 镜像服务(Image service)-Glance installation for Queens。
- 计算服务(Compute service)-Nova installation for Queens。
- 网络服务(Networking service)-Neutron installation for Queens。

(2) 建议在最小部署以上服务后也安装以下组件。

- 仪表盘(Dashboard)-Horizon installation for Queens。
- 块存储服务(Block Storage service)-Cinder installation for Queens。

6. 在所有节点上安装

在全部节点上,执行如下的命令。

```
# yum install -y centos-release-Openstack-queens
# yum upgrade
# yum install -y python-Openstackclient python-Openstackclient
```

安装 Openstack-selinux 软件包以便自动管理 Openstack 服务的安全策略。

```
# yum install Openstack-selinux -y
```

7. 在控制节点上安装

大多数 Openstack 服务使用 MySQL 数据库来存储信息。数据库通常在控制节点上运行。本次搭建使用 MariaDB 数据库,Openstack 服务还支持其他 SQL 数据库,包括 PostgreSQL 等。

```
[root@controller ~]#yum install mariadb mariadb-server python2-PyMySQL -y
[root@controller lhb]#vim /etc/my.cnf.d/Openstack.cnf
```

打开文件后,有关的最小化配置如下。

```
[mysqld]
bind-address =192.168.50.194
default-storage-engine =innodb
innodb_file_per_table =on
max_connections =4096
collation-server =utf8_general_ci
character-set-server =utf8
```

上面的 bind-address 设置为控制节点的管理 IP 地址,以使其他节点能够通过管理网络进行访问。启动数据库服务并设置服务开机启动,执行如下的命令。

```
#systemctl start mariadb.service && systemctl enable mariadb.service
```

运行 mysql_secure_installation 脚本初始化数据库服务,并为数据库 root 账户设置密码(这里设为 123456),执行如下的命令。

```
#mysql_secure_installation
```

Openstack 使用消息队列(Message queue)来协调服务之间的操作和状态信息,消息队列服务通常在控制节点上运行。Openstack 支持多种消息队列服务,包括 RabbitMQ、Qpid 和 ZeroMQ。

安装 RabbitMQ 软件包,执行如下的命令。

```
#yum install rabbitmq-server
```

启动 RabbitMQ 消息队列服务并设置服务开机启动,执行如下的命令。

```
# systemctl enable rabbitmq-server.service && systemctl start rabbitmq-server.service
#yum install -y Openstack-keystone httpd mod_wsgi memcached python-memcached
#yum install -y Openstack-Glance python-Glance python-Glanceclient
#yum install -y Openstack-nova-api Openstack-nova-cert Openstack-nova-conductor Openstack-nova-console Openstack-nova-novncproxy Openstack-nova-scheduler python-novaclient
#yum install -y Openstack-neutron Openstack-neutron-ml2 Openstack-neutron-linuxbridge python-neutronclient ebtables ipset
#yum install -y Openstack-dashboard
#yum install -y Openstack-cinder python-cinderclient
```

8. 在计算节点上安装 Nova、Neutron 和 Cinder

在计算节点上,执行如下的命令。

```
yum install -y Openstack-nova-compute sysfsutils
yum install -y Openstack-neutron Openstack-neutron-linuxbridge ebtables ipset
yum install -y Openstack-cinder python-cinderclient targetcli python-oslo
-policy
```

(1) 在控制节点配置 MariaDB,执行如下的命令。

```
#mysql -uroot -p123456
```

登录数据库后,下载 6-2-2-6-OpenStack-PRIVILEGES 文件,在 MariaDB 中执行,先执行授权命令。授权成功后执行显示数据库命令,执行结果显示如下。

```
+--------------------------------+
| Database                       |
+--------------------------------+
| cinder                         |
| Glance                         |
| keystone                       |
| information_schema             |
| mysql                          |
| neutron                        |
| nova                           |
| performance_schema             |
+--------------------------------+
8 rows in set (0.00 sec)
```

(2) 在控制节点配置 RabbitMQ。

消息队列(Message Queue,MQ)是一种应用程序间通信的方法。应用程序通过读写出入队列的消息(针对应用程序的数据)来通信,无须专用连接来链接它们。

消息传递是程序之间通过在消息中发送数据进行通信,而不是通过直接调用彼此来通信,直接调用通常是用于诸如远程过程调用的技术。排队指应用程序通过队列来通信。

使用队列除去了接收和发送应用程序同时执行的要求。RabbitMQ 是一个在 AMQP 基础上完整的、可复用的企业消息系统。它遵循 Mozilla Public License 开源协议。

启动 RabbitMQ,端口 15672,添加 Openstack 用户,执行如下的命令。

```
#systemctl enable rabbitmq-server.service
#systemctl start rabbitmq-server.service
#chown -R rabbitmq:rabbitmq /var/log/rabbitmq
#systemctl stop rabbitmq-server.service
#systemctl start rabbitmq-server.service
#rabbitmqctl add_user Openstack 123456
#rabbitmqctl set_permissions Openstack ".*" ".*" ".*"
#rabbitmqctl set_user_tags Openstack administrator
```

```
# rabbitmq-plugins list
# rabbitmq-plugins enable rabbitmq_management          #启动插件
# systemctl restart rabbitmq-server.service
```

访问 RabbitMQ，地址为 http://controller：15672，默认用户名和密码都是 guest。RabbitMQ 的 Openstack 用户登录后的主界面如图 6-8 所示。

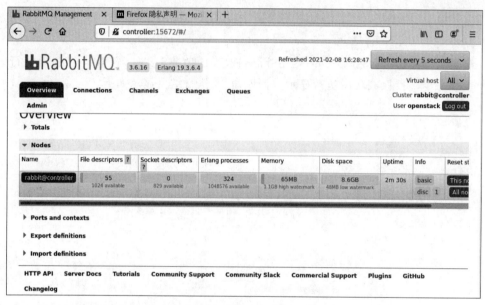

图 6-8　RabbitMQ Management 主界面

9. 在控制节点安装 Memcached 缓存数据库

身份认证服务使用 Memcached 缓存令牌，Memcached 服务通常在控制节点上运行。

（1）安装软件包，执行如下的命令。

```
[root@controller ~]# yum install memcached python-memcached
```

（2）使用控制节点的管理 IP 地址配置服务，使其他节点能够通过管理网络进行访问。编辑/etc/sysconfig/memcached 文件，执行如下的命令。

```
[root@controller ~]# vim  /etc/sysconfig/memcached
```

打开文件后，文件内容编辑如下。

```
PORT="11211"
USER="memcached"
MAXCONN="1024"
CACHESIZE="64"
OPTIONS="-l 192.168.50.194,::1"                #增加一行
```

（3）启动 Memcached 服务，将其配置为在系统引导时启动，执行如下的命令。

```
[root@controller ~]#systemctl enable memcached.service && systemctl start memcached.service
```

10. 在控制节点安装 Etcd 服务

Etcd 是一个可靠的分布式键值存储,用于分布式密钥锁定、存储配置、跟踪服务的实时性和其他场景。

(1) 安装软件包,执行如下的命令。

```
[root@controller ~]#yum install etcd
```

(2) 编辑/etc/etcd/etcd.conf 文件,以控制节点管理 IP 地址设置相关选项,使其他节点通过管理网络进行访问,执行如下的命令。

```
[root@controller ~]#vim /etc/etcd/etcd.conf
```

文件打开后,下载 6-2-2-9-etcd-conf 文件,作为 etcd.conf 的内容。

(3) 启动 Etcd 服务并设为开机启动,执行如下的命令。

```
[root@controller ~]#systemctl enable etcd && systemctl start etcd
[root@controller ~]#systemctl status etcd
```

完成基础环境的配置后,下面开始安装 Openstack 的组件。

6.2.3 配置认证服务

所有的服务都需要在 Keystone 上注册。本节描述如何在控制节点上安装和配置 Openstack 认证服务(Keystone)。出于可扩展的目的,此配置部署 Fernet tokens 和 Apache HTTP 服务器来处理请求。

1. Keystone 介绍

Openstack 认证服务提供单一的集成点,用于管理身份认证、授权和服务目录。认证服务通常是用户与之交互的第一个服务。一旦经过身份认证,最终用户可以使用其身份来访问其他 Openstack 服务。同样,其他 Openstack 服务利用认证服务来确保用户的合法性,并且发现部署中的其他服务在何处。认证服务还可以与一些外部用户管理系统(如 LDAP)集成。

用户和服务可以通过使用由认证服务管理的服务目录来定位其他服务。服务目录是 Openstack 部署中可用服务的集合。每个服务可以有一个或多个端点,每个端点可以是管理员、内部或公共三种类型之一。在生产环境中,为安全起见,不同的端点类型可能驻留在不同类型用户的单独网络上。例如,公共 API 网络可能从 Internet 上可见,因此客户可以管理他们的云。管理 API 网络可能局限于管理云基础设施组织内的操作员。内部 API 网络可能局限于包含 Openstack 服务的主机。此外,Openstack 支持多个区域的可扩展性。为简单起见,本书使用管理网络来实现所有端点类型和默认的 TrimOne 区域。在认证服务中创建的区域、服务和端点一起构成部署的服务目录。部署中的每个

Openstack 服务需要一个服务条目,其中存储在标识服务中的相应端点。这一切都可以在认证服务安装和配置之后完成。认证服务中的基本概念及类比说明如表 6-4 所示。

表 6-4 认证服务中的基本概念及类比说明

概　念	类　比　说　明
User	User 是住宾馆的人
Credentials	Credentials 是开启房间的钥匙
Authentication	宾馆为了拒绝不必要的人进入宾馆,专门设置 Authentication 机制,只有拥有钥匙的人才能进入
Token	Token 也是一种钥匙
Tenant	Tenant 是宾馆
Service	宾馆可提供的服务类别,比如饮食类、娱乐类
Endpoint	Endpoint 是具体的一种服务,比如游泳、棋牌
Role	Role 是 VIP 等级,VIP 等级越高,享有越高的权限

认证服务包含如下的组件。

(1) Server:中央服务器使用 RESTful 接口提供认证和授权服务。

(2) Drivers:驱动程序或服务后端集成到中央服务器。它们用于访问 Openstack 外部库中的身份信息,并且可能已经存在于部署 Openstack 的基础设施中(例如,SQL 数据库或 LDAP 服务器)。

(3) Modules:中间件模块运行在使用认证服务的 Openstack 组件的地址空间中。这些模块拦截服务请求,提取用户凭据,并将其发送到集中式服务器进行授权。中间件模块和 Openstack 组件之间的集成使用 Python Web 服务器网关接口。

2. 控制节点上配置 Keystone

配置 Keystone 的端口为 5000 和 35357。

(1) 修改/etc/keystone/keystone.conf,执行如下的命令。

```
# cp /etc/keystone/keystone.conf  /etc/keystone/keystone.conf.back
# rm /etc/keystone/keystone.conf
# openssl rand -hex 10
```

命令执行结果显示如下。

```
c368a513bf6a8af5faf6
# vim /etc/keystone/keystone.conf
```

打开文件后,相关配置如下。

```
[DEFAULT]
admin_token =c368a513bf6a8af5faf6
#verbose =true
```

```
[database]
connection=mysql+pymysql://keystone:keystone@controller/keystone
[token]
provider=fernet          #uuid
driver=sql               #memcache
```

(2)创建数据库表,使用命令同步,执行如下的命令。

```
chmod 777 -R /var/log/keystone/
su -s /bin/sh -c "keystone-manage db_sync" keystone
```

在 MySQL 客户端中,看到 Keystone 数据库包含如图 6-9 所示的表,表示同步成功。

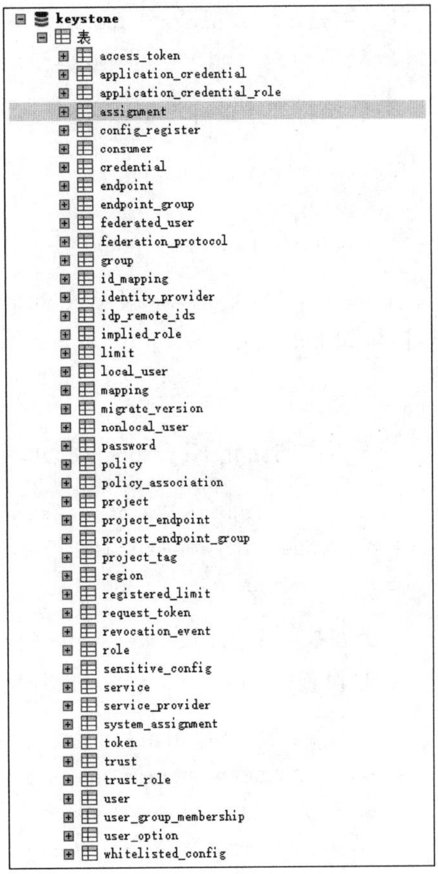

查看 Keystone 服务日志文件信息,执行如下的命令。

```
ll /var/log/keystone/keystone.log
```

登录 Keystone 数据库,执行如下的命令。

```
mysql -h controller -u keystone -p
```

(3)启动 Memcached,执行如下的命令。

```
systemctl enable memcached
systemctl start memcached
```

(4)初始化 Fernet key 库,执行如下的命令。

```
 keystone-manage fernet_setup --keystone-user keystone --keystone-group keystone
 keystone-manage credential_setup --keystone-user keystone --keystone-group keystone
```

图 6-9 同步 Keystone 数据库

(5)引导身份认证服务,执行如下的命令。

```
#keystone-manage bootstrap --bootstrap-password 123456\
    --bootstrap-admin-url http://controller:35357/v3/ \
    --bootstrap-internal-url http://controller:5000/v3/ \
    --bootstrap-public-url http://controller:5000/v3/ \
    --bootstrap-region-id RegionOne
```

(6)启动 httpd 服务,执行如下的命令。

```
#vim /etc/httpd/conf/httpd.conf
```

文件打开后,相关配置编辑如下。

```
ServerName controller
ServerAdmin root@controller
```

存盘后退出,执行如下的命令。

```
#ln -s /usr/share/keystone/wsgi-keystone.conf /etc/httpd/conf.d/
#cat /etc/httpd/conf.d/wsgi-keystone.conf
```

最后执行如下的命令。

```
systemctl enable httpd
systemctl start httpd
netstat -lntup|grep httpd
```

如果 httpd 无法启动,则安装 yum install Openstack-selinux。查看 httpd 服务的状态,执行如下的命令。

```
systemctl status httpd
```

(7) 再次初始化 Keystone 数据库和 Fernet keys,执行如下的命令。

```
#su -s /bin/sh -c "keystone-manage db_sync" keystone
# keystone-manage fernet_setup --keystone-user keystone --keystone-group keystone
```

(8) 在控制节点创建 Keystone 用户。

临时设置 admin_token 用户的环境变量,用来创建用户,执行如下的命令。

```
export OS_TOKEN=c368a513bf6a8af5faf6
export OS_USERNAME=admin
export OS_PASSWORD=123456
export OS_AUTH_URL=http://controller:35357/v3
export OS_URL=http://controller:35357/v3
export OS_IDENTITY_API_VERSION=3
```

查看环境变量,执行如下的命令。

```
[root@controller ~]#env | grep OS
```

命令执行结果显示如下。

```
HOSTNAME=controller
OS_IDENTITY_API_VERSION=3
OS_PASSWORD=123456
OS_AUTH_URL=http://controller:35357/v3
OS_TOKEN=54704bc75b6f8abc644e
OS_USERNAME=admin
OS_URL=http://controller:35357/v3
```

接下来,创建 admin 项目、admin 用户(密码 123456)、admin 角色,把 admin 用户加入到 admin 项目赋予的 admin 角色(3 个 admin 的位置:项目、用户、角色)。

查看用户列表和域列表,执行如下的命令。

```
Openstack user list
Openstack domain list
```

创建 admin 项目,执行如下的命令。

```
Openstack project create --domain default --description "Admin Project" admin
```

如果已经存在 admin 用户,根据前面查看用户列表中获取到的 UserID 予以删除。

```
Openstack user delete 0b0b93f50ea04ec094eae5c2ce2c797b
```

创建 admin 用户和角色,依次执行如下的命令。

```
Openstack user create --domain default --password-prompt admin
Openstack role create admin
```

关联项目、用户和角色,执行如下的命令。

```
Openstack role add --project admin --user admin admin
```

类似地,创建一个普通用户 demo,执行如下的命令。

```
Openstack project create --domain default --description "Demo Project" demo
Openstack user create --domain default --password=demo demo
Openstack role create user
Openstack role add --project demo --user demo user
```

创建 service 项目,用来管理其他服务,执行如下的命令。

```
Openstack project create --domain default --description "Service Project" service
```

以上名字都是固定的,不能改。若查看创建的用户和项目,则执行如下的命令。

```
Openstack user list
Openstack project list
Openstack role list
```

(9) 在控制节点注册 Keystone 服务,为公共的、内部的、管理的 3 种类型注册服务,执行如下的命令。

```
Openstack service create --name keystone --description "Openstack Identity" identity
Openstack endpoint create --region RegionOne identity internal http://192.168.50.194:5000/v2.0
```

如果服务已经存在,则根据 ID 予以删除。首先查看服务列表以获取端点 ID,执行如下的命令。

```
Openstack service list
```

然后根据 ID 予以删除,执行如下的命令。

```
Openstack service delete 209c74e63de34a83be74b33fbfe6ce17
```

删除成功后,再执行创建服务命令。
类似地,端点如果存在,获取端点 ID,然后予以删除,执行如下的命令。

```
Openstack endpoint list
Openstack endpoint delete ID
```

删除端点成功后,再创建端点。

3. 在控制节点验证认证服务

临时取消设置 OS_TOKEN、OS_URL、OS_AUTH_URL 和 OS_PASSWORD 环境变量,执行如下的命令。

```
#unset OS_URL OS_AUTH_URL OS_TOKEN
#Openstack --os-auth-url http://controller:35357/v3 --os-project-domain-name Default \
--os-user-domain-name Default --os-project-name admin --os-username admin token issue
#Openstack --os-auth-url http://controller:5000/v3 --os-project-domain-name Default \ --os-user-domain-name Default --os-project-name demo --os-username demo token issue
```

此命令使用演示用户和 API 端口 5000 的密码,该端口只允许对 Identity Service API 进行常规(非管理员)访问。

4. 在控制节点创建客户端环境脚本

前面使用了环境变量和命令选项的组合,通过 Openstack 客户端与 Identity Service 进行交互。为了提高客户端操作的效率,Openstack 支持简单的客户端环境脚本,也称为 OpenRC 文件。这些脚本通常包含所有客户端的常用选项,但也支持独特的选项。

(1) 创建脚本。

为管理员、演示项目和用户创建客户端环境脚本。后续所有操作将引用这些脚本来为客户端操作加载适当的凭据。创建 admin-openrc 文件,执行如下的命令。

```
vim /etc/keystone/admin-openrc
```

文件打开后,添加如下的内容。

```
export OS_TOKEN=c368a513bf6a8af5faf6
export OS_USERNAME=admin
export OS_PASSWORD=123456
```

```
export OS_AUTH_URL=http://controller:35357/v3
export OS_URL=http://controller:35357/v3
export OS_IDENTITY_API_VERSION=3
export OS_PROJECT_DOMAIN_NAME=Default
export OS_USER_DOMAIN_NAME=Default
export OS_PROJECT_NAME=admin
export OS_IMAGE_API_VERSION=2
unset OS_URL OS_TOKEN
```

注意,admin 用户密码为 123456,替换为在 Identity Service 中为 admin 用户设置的密码。

同样,创建 demo-openrc,执行如下的命令。

```
vim /etc/keystone/demo-openrc
```

打开文件后,添加如下的内容。

```
unset OS_URL OS_TOKEN
export OS_PROJECT_DOMAIN_NAME=Default
export OS_USER_DOMAIN_NAME=Default
export OS_PROJECT_NAME=demo
export OS_USERNAME=demo
export OS_PASSWORD=123456
export OS_AUTH_URL=http://controller:5000/v3
export OS_IDENTITY_API_VERSION=3
export OS_IMAGE_API_VERSION=2
```

注意,demo 用户密码为 123456,替换为在 Identity Service 中为 demo 用户设置的密码。

(2) 使用脚本。

要以特定项目和用户身份运行客户端,需在运行客户端环境脚本之前加载相关的客户端环境脚本。加载 admin-openrc 文件,以便使用 Identity Service 位置、管理项目和用户凭据,执行如下的命令。

```
cd /etc/keystone
. admin-openrc
```

然后请求身份验证令牌,执行如下的命令。

```
Openstack token issue
```

使用环境变量来获取 token,环境变量在后面创建虚拟机时也需要用。创建一个环境变量文件,使用时直接执行 source。注意,切换到 admin-openrc 文件所在的路径,再执行 source。

6.2.4 在控制节点上配置镜像服务 Glance

本节介绍如何在控制节点上安装和配置镜像服务,即 Glance。为简单起见,该配置将镜像存储在本地文件系统上。以下操作在主节点执行。

1. Glance 介绍

镜像服务(Glance)使用户能够发现、注册和检索虚拟机镜像。它提供了一个REST API,可以查询虚拟机镜像元数据并检索实际镜像,也可以将通过镜像服务提供的虚拟机镜像存储在各种位置,从简单的文件系统到对象存储系统。

为简单起见,本书描述了将Image服务配置为使用文件后端,该后端上载并存储在托管Image服务的控制节点上的目录中。默认情况下,该目录是/var/lib/Glance/images/。

如图6-10所示,Openstack Image服务是基础架构即服务(IaaS)的核心,它接受磁盘或服务器镜像的API请求,以及来自最终用户或Openstack Compute组件的元数据定义。它还支持在各种存储库类型上存储磁盘或服务器镜像。

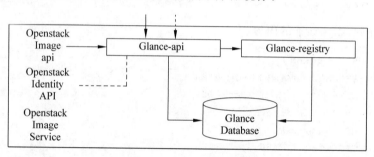

图6-10　Glance服务架构

Openstack镜像服务包括以下的组件。

(1) Glance-api：接受镜像API调用以进行镜像创建、删除,实现读写请求的发现、检索和存储。

(2) Glance-registry：云系统的镜像注册服务。存储、处理和检索有关镜像的元数据。

(3) Database：存储镜像元数据,可以根据自己的喜好选择数据库。大多数部署使用MySQL或SQLite。

(4) Storage repository for image files(镜像文件的存储库)：支持各种存储库类型,包括Object Storage、RADOS块设备、VMware数据存储和HTTP等常规文件系统(或安装在Glance-api控制节点上的任何文件系统)。注意,某些存储库仅支持只读用法。

(5) Metadata definition service(元数据定义服务)：元数据服务是通用API,用于供应商、管理员、服务和用户定义自己的元数据。此元数据可用于不同类型的资源,如镜像、开发、卷、定制和聚合。定义包括新属性的关键字、描述、约束和它可以关联的资源类型。

2. Glance 配置

API端口为9191,Registry端口为9292。

(1) 修改/etc/Glance/Glance-api.conf 和/etc/Glance/Glance-registry.conf,执行如下的命令。

```
vim /etc/Glance/Glance-api.conf
```

打开文件后,下载 6-2-4-2-Glance-Api 文件,其内容作为 Glance-api.conf 内容,并根据实际修改。

```
vim /etc/Glance/Glance-registry.conf
```

打开文件后,下载 6-2-4-2-Glance-Registry 文件,其内容作为 Glance-registry.conf 内容,并根据实际修改。

(2)创建数据库表,同步数据库,执行如下的命令。

```
mkdir images
chmod 777 -R /var/log/Glance/
su -s /bin/sh -c "Glance-manage db_sync" Glance
mysql -h 192.168.50.194 -uGlance -p
```

在 MySQL 客户端中展开 Glance 数据库,看到其包含如图 6-11 所示的表,表示同步成功。

(3)创建关于 Glance 的 Keystone 用户,执行如下的命令。

```
source admin-openrc
Openstack user create --domain default
--password-prompt Glance
Openstack role add --project service -
-user Glance admin
```

(4)启动并设置开机启动 Glance,执行如下的命令。

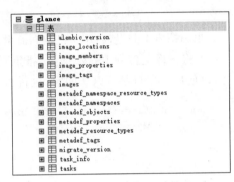

图 6-11 同步 Glance 数据库

```
systemctl restart Openstack-Glance-
api Openstack-Glance-registry
systemctl enable Openstack-Glance-api Openstack-Glance-registry
netstat -lnutp |grep 9191       #registry
netstat -lnutp |grep 9292       #api
```

(5)在 Keystone 上注册服务和端点,执行如下的命令。

```
source admin-openrc
Openstack service create --name Glance --description "Openstack Image" image
Openstack endpoint create --region RegionOne image public http://controller:9292
Openstack endpoint create --region RegionOne image internal http://controller:9292
Openstack endpoint create --region RegionOne image admin http://controller:9292
```

(6)添加 Glance 环境变量并测试,执行如下的命令。

```
echo "export OS_IMAGE_API_VERSION=2" | tee -a admin-openrc
Glance image-list
```

3. 验证操作

CirrOS 是一个小型 Linux 镜像,可用于测试 Openstack 部署。本书使用 CirrOS 验证 Image 服务的操作。有关如何下载和构建镜像的更多信息,请参阅 Openstack 虚拟机镜像指南 https://docs.Openstack.org/image-guide/。有关如何管理镜像的信息,请参阅 Openstack 最终用户指南 https://docs.Openstack.org/queens/user/。

(1) 获取 admin 用户的环境变量,执行如下的命令。

```
cd /etc/keystone
. admin-openrc
```

(2) 下载镜像,执行如下的命令。

```
wget http://download.cirros-cloud.net/0.4.0/cirros-0.4.0-x86_64-disk.img
```

如果虚拟机下载慢,启用手机数据流量从外部下载,利用 WinSCP 复制到 controller 中。

(3) 将镜像上传到 Image 服务,指定磁盘格式为 QCOW2,指定裸容器格式和公开可见性,以便所有项目都可以访问它,执行如下的命令。

```
chown -R Glance:Glance /var/lib/Glance/images/
cd /var/lib/Glance
ll
cd /etc/keystone
Openstack image create "cirros" --file cirros-0.4.0-x86_64-disk.img --disk-format qcow2 --container-format bare --public
```

(4) 查看上传的镜像状态,执行如下的命令。

```
Openstack image list
ll /var/lib/Glance/images/
```

Glance 具体配置可参考:https://docs.Openstack.org/Glance/queens/configuration/index.html。

6.2.5 安装计算服务

本节介绍如何在控制节点上安装和配置计算服务,代号为 Nova。

1. 计算服务概述

使用 Openstack Compute 来托管和管理云计算系统。Openstack Compute 是基础架构即服务(IaaS)系统的重要组成部分,主要模块用 Python 实现。Openstack Compute 与 Openstack Identity 进行交互以验证身份,用于磁盘和服务器镜像的 Openstack 镜像服务以及用户和管理界面的 Openstack Dashboard。镜像访问受到项目和用户的限制,每个项目的限额是有限的,例如,实例的数量。Openstack Compute 可以在标准硬件上水平扩展,并下载镜像以启动实例。Openstack Compute 包含以下内容及组件。

(1) 如图 6-12 所示,Nova-api service 接受并响应最终用户计算 API 调用,实现了 RESTful 功能,是外部访问 Nova 的唯一途径。该服务支持 Openstack Compute API、EC2API。它执行一些策略并启动大多数编排活动,例如运行实例。

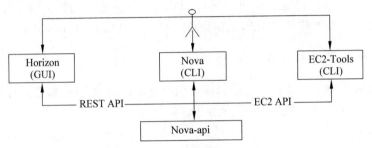

图 6-12　Nova 计算服务部件图

(2) Nova-api-metadata service 接受来自实例的元数据请求。Nova-api-metadata 通常在 Nova-network 多主机模式下运行时使用该服务。

(3) Nova-compute service 通过管理程序 API 创建和终止虚拟机实例的工作守护程序。例如:XenAPI for XenServer/XCP、Libvirt for KVM or QEMU、VMwareAPI for VMware。基本上,守护进程接受来自队列的动作并执行一系列系统命令,例如,启动 KVM 实例并更新其在数据库中的状态。

(4) Nova-placement-api service 跟踪每个提供者的库存和使用情况。

(5) Nova-scheduler service 从队列中获取虚拟机实例请求,并确定它在哪个计算服务器主机上运行。

(6) Nova-conductor 模块调解 Nova-compute 服务和数据库之间的交互。它消除了由 Nova-compute 服务直接访问云数据库的情况,并能实现水平缩放。但是,勿将其部署到 Nova-compute 运行服务的节点上。

(7) Nova-consoleauth daemon(守护进程)为控制台代理提供的用户授权令牌。此服务必须运行以使控制台代理正常工作。可以在集群配置中针对单个 Nova-consoleauth 服务运行任一类型的代理。

(8) Nova-novncproxy daemon 提供通过 VNC 连接访问正在运行的实例的代理。支持基于浏览器的 Novnc 客户端。

(9) Nova-spicehtml5proxy daemon 提供通过 SPICE 连接访问正在运行的实例的代理。支持基于浏览器的 HTML5 客户端。

(10) Nova-xvpvncproxy daemon 提供通过 VNC 连接访问正在运行的实例的代理。支持 Openstack 特定的 Java 客户端。

(11) The queue 队列是守护进程之间传递消息的中心集线器。通常用 RabbitMQ 实现,也可以用另一个 AMQP 消息队列实现,例如 ZeroMQ。

(12) SQL Database 存储云基础架构的大部分构建时间和运行时状态,具体内容如下所列。
- Available instance types：可用的实例类型。
- Instances in use：正在使用的实例。
- Available networks：可用的网络。
- Projects：项目。

理论上，Openstack Compute 可以支持 SQLAlchemy 支持的任何数据库。通用数据库是用于测试和开发工作的 SQLite3、MySQL、MariaDB 和 PostgreSQL。

2. 安装和配置控制节点

以下操作在控制节点执行创建数据库及用户数据库访问授权，如已执行则跳过。

（1）以 root 账户登录数据库，执行如下的命令。

```
mysql -u root -p
```

（2）创建 nova_api、placement、nova_cell0 数据库并授权。

因为已经创建了 Nova 数据库，所以不必重复。创建数据库，执行如下的命令。

```
CREATE DATABASE nova_api;
CREATE DATABASE nova_cell0;
CREATE DATABASE placement;
```

对数据库进行授权，执行如下的命令。

```
GRANT ALL PRIVILEGES ON nova_api.* TO 'nova'@'localhost' IDENTIFIED BY '123456';
GRANT ALL PRIVILEGES ON nova_api.* TO 'nova'@'controller' IDENTIFIED BY '123456';
GRANT ALL PRIVILEGES ON nova_api.* TO 'nova'@'%' IDENTIFIED BY '123456';
GRANT ALL PRIVILEGES ON nova.* TO 'nova'@'localhost' IDENTIFIED BY '123456';
GRANT ALL PRIVILEGES ON nova.* TO 'nova'@'controller' IDENTIFIED BY '123456';
GRANT ALL PRIVILEGES ON nova.* TO 'nova'@'%' IDENTIFIED BY '123456';
GRANT ALL PRIVILEGES ON nova_cell0.* TO 'nova'@'localhost' IDENTIFIED BY '123456';
GRANT ALL PRIVILEGES ON nova_cell0.* TO 'nova'@'controller' IDENTIFIED BY '123456';
GRANT ALL PRIVILEGES ON nova_cell0.* TO 'nova'@'%' IDENTIFIED BY '123456';
GRANT ALL PRIVILEGES ON placement.* to 'placement'@'localhost' identified by '123456';
GRANT ALL PRIVILEGES ON placement.* to 'placement'@'controller' identified by '123456';
GRANT ALL PRIVILEGES ON on placement.* to 'placement'@'%' identified by '123456';
FLUSH PRIVILEGES;
```

以上 SQL 命令不区分大小写。

(3) 执行 admin-openrc 凭证,执行如下的命令。

cd /etc/keystone
. admin-openrc

(4) 创建 Nova 用户,执行如下的命令。

Openstack user create --domain default --password-prompt nova
Openstack role add --project service --user nova admin
Openstack service create --name nova --description "Openstack Compute" compute

(5) 为 Nova 用户添加 admin 角色,执行如下的命令。

Openstack role add --project service --user nova admin

(6) 创建 Nova 服务端点,执行如下的命令。

Openstack service create --name nova --description "Openstack Compute" compute

(7) 创建一个 placement 服务用户,执行如下的命令。

Openstack user create --domain default --password-prompt placement

(8) 添加 placement 用户为项目服务 admin 角色,执行如下的命令。

Openstack role add --project service --user placement admin

(9) 在服务目录中创建 placement API 条目,执行如下的命令。

Openstack service create --name placement --description "Placement API" placement

(10) 创建 Compute API 服务端点,执行如下的命令。

Openstack endpoint create --region RegionOne compute public http://controller:8774/v2.1
Openstack endpoint create --region RegionOne compute internal http://controller:8774/v2.1
Openstack endpoint create --region RegionOne compute admin http://controller:8774/v2.1

(11) 创建 Placement API 服务端点,执行如下的命令。

Openstack endpoint create --region RegionOne placement public http://controller:8778
Openstack endpoint create --region RegionOne placement internal http://controller:8778
Openstack endpoint create --region RegionOne placement admin http://controller:8778

3. 在控制节点安装和配置组件

(1) 升级 yum 版本,执行如下的命令。

mkdir /etc/placement
vim /etc/placement/placement.conf

打开文件后,相关参数配置如下。

[DEFAULT]
verbose=True
[api]
auth_strategy=keystone
[keystone_authtoken]
auth_url=http://controller:5000/v3
memcached_servers=controller:11211
auth_type=password
project_domain_name=Default
user_domain_name=Default
project_name=service
username=placement
password=123456
[placement]
[placement_database]
connection=mysql+pymysql://placement:placement@controller/placement

存盘后退出,执行如下的命令。

yum install -y epel-release
yum update
yum install nginx
yum install https://rdoproject.org/repos/rdo-release.rpm
yum install Openstack-nova-placement-api -y
systemctl restart httpd

(2) 安装软件包,执行如下的命令。

 yum install Openstack-nova-api Openstack-nova-conductor Openstack-nova-console \
 Openstack-nova-novncproxy Openstack-nova-scheduler Openstack-nova-placement-api -y

(3) 编辑 /etc/nova/nova.conf 文件并完成以下操作。

vim /etc/nova/nova.conf

打开文件后,相关参数配置如下。

[DEFAULT]
enabled_apis=osapi_compute,metadata
my_ip=192.168.50.194
use_neutron=true

```
firewall_driver=nova.virt.firewall.NoopFirewallDriver
transport_url=rabbit://Openstack:123456@controller
[api_database]
connection=mysql+pymysql://nova:nova@controller/nova_api
[database]
connection=mysql+pymysql://nova:nova@controller/nova
[api]
auth_strategy=keystone
[keystone_authtoken]
auth_url=http://controller:5000/v3
memcached_servers=controller:11211
auth_type=password
project_domain_name=Default
user_domain_name=Default
project_name=service
user_name=nova
username=nova
password=123456
[vnc]
enabled=true
server_listen=$my_ip
server_proxyclient_address=$my_ip
[Glance]
api_servers=http://controller:9292
[oslo_concurrency]
lock_path=/var/lib/nova/tmp
[placement]
os_region_name=RegionOne
project_domain_name=default
project_name=service
auth_type=password
user_domain_name=default
#auth_url=http://controller:5000/v3
auth_uri=http://controller:5000
auth_url=http://controller:35357/v3
username=nova
password=123456
```

由于软件包有个Bug，需要在/etc/httpd/conf.d/00-nova-placement-api.conf文件的<VirtualHost>中添加如下配置，来启用对Placement API的访问。

```
<Directory /usr/bin>
    <IfVersion >=2.4>
        Require all granted
    </IfVersion>
```

```
<IfVersion <2.4>
    Order allow,deny
    Allow from all
</IfVersion>
</Directory>
```

添加完成后,重新启动 httpd 服务,执行如下的命令。

```
systemctl restart httpd
```

(4) 修改 MySQL root 登录密码。

如果 root 数据库登录用户的密码不是 123456,需要修改成 123456。登录数据库,执行如下的命令。

```
mysql -uroot -plhb
```

在数据库中,执行如下修改密码的命令。

```
set password for root@localhost=password('123456');
set password for root@master=password('123456');
```

(5) 同步 Nova-api 数据库,执行如下的命令。

```
chmod 777 -R /var/log/nova/
su -s /bin/sh -c "nova-manage api_db sync" nova
```

在 MySQL 客户端中展开 Nova-api 数据库,看到如图 6-13 所示的表,则表示同步成功。

(6) 注册 cell0 数据库,执行如下的命令。

```
su -s /bin/sh -c "nova-manage cell_v2 map_cell0" nova
```

(7) 创建 cell1 数据库,执行如下的命令。

```
su -s /bin/sh -c "nova-manage cell_v2 create_cell --name=cell1 --verbose" nova
```

(8) 同步 Nova 数据库,执行如下的命令。

```
su -s /bin/sh -c "nova-manage db sync" nova
```

在 MySQL 客户端中展开 Nova 数据库,看到如图 6-14 所示的表,表示同步成功。

(9) 验证 Nova、cell0、cell1 数据库是否注册正确,执行如下的命令。

```
nova-manage cell_v2 list_cells
```

4. 完成安装启动服务

(1) 配置为开机启动,执行如下的命令。

```
systemctl enable Openstack-nova-api.service Openstack-nova-consoleauth.service Openstack-nova-scheduler.service Openstack-nova-conductor.service Openstack-nova-novncproxy.service
```

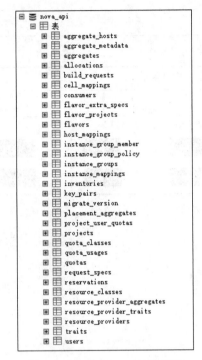

图 6-13 同步 Nova-api 数据库

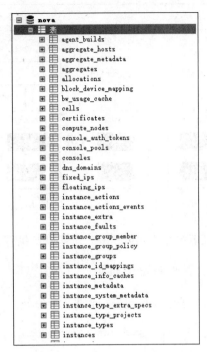

图 6-14 同步 Nova 数据库

(2) 启动服务,执行如下的命令。

systemctl start Openstack-nova-api.service Openstack-nova-consoleauth.service Openstack-nova-scheduler.service Openstack-nova-conductor.service Openstack-nova-novncproxy.service

(3) 查看服务,执行如下的命令。

systemctl status Openstack-nova-api.service Openstack-nova-consoleauth.service Openstack-nova-scheduler.service Openstack-nova-conductor.service Openstack-nova-novncproxy.service

(4) 查看 rabbitmqctl 用户列表,执行如下的命令。

rabbitmqctl list_users

(5) 修改 rabbitmqctl 用户密码,执行如下的命令。

rabbitmqctl change_password Openstack 123456
rabbitmqctl change_password guest guest

6.2.6 安装和配置计算节点

Nova-compute 一般运行在计算节点上,通过 Queue 接收并管理 VM 的生命周期、Libvirt 管理 KVM、XenAPI 管理 XEN 等,如图 6-15 所示。

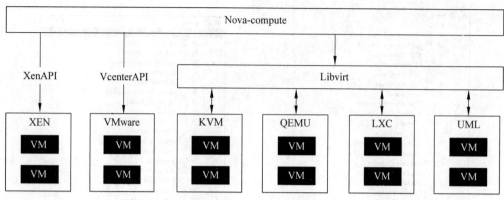

图 6-15 计算节点架构图

以下操作在 compute1 计算节点执行。

1. 安装和配置组件

(1) 安装软件包,执行如下的命令。

```
yum install Openstack-nova-compute
```

(2) 编辑 /etc/nova/nova.conf 配置文件。

```
vim /etc/nova/nova.conf
```

打开文件后,相关参数配置如下。

```
[DEFAULT]
enabled_apis=osapi_compute,metadata
auth_strategy=keystone
transport_url=rabbit://guest:guest@192.168.50.194
my_ip=192.168.50.220
use_neutron=True
firewall_driver=nova.virt.firewall.NoopFirewallDriver
rpc_backend=rabbit
[api]
auth_strategy=keystone
[Glance]
api_servers=http://controller:9292
[keystone_authtoken]
#auth_uri=http://controller:5000
#auth_url=http://controllerer:35357/v3
auth_url=http://controller:5000/v3
memcached_servers=controller:11211
auth_type=password
project_domain_name=Default
user_domain_name=Default
```

```
project_name=service
user_name=nova
username=nova
password=123456
[vnc]
enabled=True
server_listen=0.0.0.0
server_proxyclient_address=$my_ip
novncproxy_base_url=http://controller:6080/vnc_auto.html
[oslo_concurrency]
lock_path=/var/lib/nova/tmp        #7938行
[placement]
auth_url=http://controller:5000/v3
#auth_uri=http://controller:5000
#auth_url=http://controller:35357/v3
memcached_servers=controller:11211
auth_type=password
project_domain_name=Default
user_domain_name=Default
project_name=service
username=nova
password=123456
os_region_name=RegionOne
[oslo_messaging_rabbit]
rabbit_host=192.168.50.194
rabbit_userid=guest
rabbit_password=guest
```

服务器组件侦听所有 IP 地址，并且代理组件只侦听计算节点的管理接口 IP 地址。基本 URL 指示出可以使用 Web 浏览器访问此计算节点上实例的远程控制台的位置。如果用于访问远程控制台的 Web 浏览器驻留在无法解析控制器主机名的主机上，则必须用控制节点的管理接口 IP 地址替换控制器。

2. 完成配置启动服务

(1) 确定计算节点是否支持虚拟机的硬件加速，执行如下的命令。

```
egrep -c '(vmx|svm)' /proc/cpuinfo
```

如果此命令返回值为 1 或更大，则计算节点支持通常不需要额外配置的硬件加速。如果此命令返回值为 0，则计算节点不支持硬件加速，并且必须配置 Libvirt 才能使用 QEMU，而不是 KVM。这里返回值为 0，需要配置文件做相应的更改。在 /etc/nova/nova.conf 文件中编辑 [libvirt] 部分，执行如下的命令。

```
vim /etc/nova/nova.conf
```

文件打开后,相关参数配置如下。

[libvirt]
virt_type=qemu

(2) 启动计算服务并将其配置为在系统引导时自动启动,执行如下的命令。

systemctl enable libvirtd.service Openstack-nova-compute.service
systemctl restart libvirtd.service Openstack-nova-compute.service
systemctl status libvirtd.service Openstack-nova-compute.service -l

(3) 查看服务日志,执行如下的命令。

tail -n 20 /var/log/nova/nova-compute.log

如果 Nova 计算服务无法启动,检查/var/log/nova/nova-compute.log。控制节点上的错误消息 5672 是不可达的,可能指示控制节点上的防火墙阻止对端口 5672 的访问。配置防火墙以打开控制节点上的端口 5672,并重新启动计算节点上的 Nova 计算服务。

如果想要清除防火墙规则,执行如下的命令。

iptables -F
iptables -X
iptables -Z

3. 添加 compute 节点到 cell 数据库

以下命令在控制节点上执行。

(1) 执行 admin-openrc 验证数据库中有计算节点,执行如下的命令。

cd /etc/keystone
. admin-openrc
Openstack compute service list --service nova-compute

(2) 发现计算节点,执行如下的命令。

su -s /bin/sh -c "nova-manage cell_v2 discover_hosts --verbose" nova

添加新计算节点时,必须在控制节点上运行 nova-manage cell_v2 discover_hosts,以发现并注册这些新计算节点,或者可以在/etc/nova/nova.conf 中设置适当的时间间隔,相关参数配置如下。

[scheduler]
discover_hosts_in_cells_interval=300

4. 验证计算服务操作

以下操作在控制节点执行,控制节点内存至少为 6GB,否则会死机。
(1) 列出服务组件以验证每个进程成功启动和注册,执行如下的命令。

```
. admin-openrc
Openstack compute service list
```

此输出应显示在控制节点上启用 3 个服务组件,在计算节点上启用 1 个服务组件。

(2) 列出身份服务中的 API 端点以验证与身份服务的连接,执行如下的命令。

```
Openstack catalog list
```

(3) 列出 Image 服务中的镜像以验证与 Image 服务的连通性,执行如下的命令。

```
Openstack image list
```

(4) 检查 cells 和 Placement API 是否正常运行,执行如下的命令。

```
nova-status upgrade check
```

6.2.7 安装 Neutron 服务

1. Neutron 服务概述

Openstack Network(Neutron)创建由其他 Openstack 服务管理的接口设备,并将其连接到网络,可以实现插件功能以适应不同的网络设备和软件,为 Openstack 架构和部署提供灵活性。如图 6-16 所示,在实际的物理环境下,使用交换机把多个计算机连接起来形成网络。进而在一个网络里,可以将网络划分为多个逻辑子网,每个子网或者每个网络都有很多端口,比如交换机端口来供计算机连接。在实际的网络环境下,不同网络或者不同逻辑子网需要进行通信,进而需要路由器进行路由。

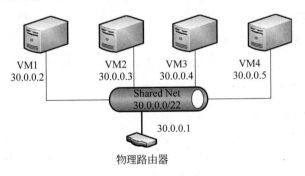

图 6-16　Neutron 拓扑结构图

在 Neutron 的世界里,网络将多个不同的云主机连接起来,子网隶属于网络,而端口隶属于子网,云主机的网卡对应一个端口。Neutron 的路由用来连接不同的网络或者子网。Neutron 组件图如图 6-17 所示。

Openstack 网络分为公共网络、管理网络、存储网络和服务网络 4 类。公共网络向租户提供访问或者 API 调用,管理网络是云中物理机间的通信,存储网络是云中存储的网络(如 ISCSI 或 GlusterFS),服务网络是虚拟机内部使用的网络。网络服务包含以下

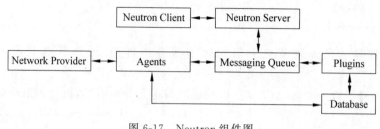

图 6-17　Neutron 组件图

组件。

（1）Neutron Server：接受 API 请求并将其路由到适当的网路插件，以便采取行动。

（2）Plugins and Agents：插拔端口、创建网络或子网并提供 IP 地址。这些插件和代理根据特定云中使用的供应商和技术而有所不同。Openstack Network 带有用于思科虚拟和物理交换机、NEC OpenFlow 产品、Open vSwitch、Linux 桥接和 VMware NSX 产品的插件和代理。通用代理是 L3（第 3 层）、DHCP（动态主机 IP 寻址）和插件代理。

（3）Messaging Queue：大多数 Openstack Network 安装用于在 Neutron Server 和各种代理之间路由信息，还充当存储特定插件的网络状态的数据库。

（4）Database：用于存放 Openstack 的网络状态信息，包括网络、子网、端口、路由器等。

（5）Neutron Client：可以是命令行工具（脚本）、Horizon 和 Nova 计算服务等。

2．安装和配置控制节点

以下操作在控制节点执行。

（1）创建数据库并进行相应的授权。

如果已经创建 Neutron 数据库，则无须重复创建。要创建数据库，以 root 用户使用客户端连接到数据库服务器，执行如下的命令。

```
DROP DATABASE neutron;
CREATE DATABASE neutron;
GRANT ALL PRIVILEGES ON neutron.* TO 'neutron'@'localhost' IDENTIFIED BY 'neutron';
GRANT ALL PRIVILEGES ON neutron.* TO 'neutron'@'controller' IDENTIFIED BY 'neutron';
GRANT ALL PRIVILEGES ON neutron.* TO 'neutron'@'%' IDENTIFIED BY 'neutron';
FLUSH PRIVILEGES;
```

（2）加载管理员凭据以获得仅管理员访问的 CLI 命令，执行如下的命令。

```
cd /etc/keystone
. admin-openrc
```

(3)完成以下操作以创建服务凭证,执行如下的命令。

```
Openstack user create --domain default --password-prompt neutron
Openstack role add --project service --user neutron admin
Openstack service create --name neutron --description "Openstack Networking" network
Openstack user create --domain default --password-prompt neutron
User Password:123456
Repeat User Password:123456
Openstack role add --project service --user neutron admin
Openstack service create -- name neutron -- description " Openstack Networking" network
```

(4)创建网络服务 API 端点,执行如下的命令。

```
Openstack endpoint create --region RegionOne network public http://controller:9696
Openstack endpoint create --region RegionOne network internal http://controller:9696
Openstack endpoint create --region RegionOne network admin http://controller:9696
Openstack endpoint create --region RegionOne network public http://controller:9696
Openstack endpoint create --region RegionOne network internal http://controller:9696
Openstack endpoint create --region RegionOne network admin http://controller:9696
```

(5)配置网络部分。

可以使用选项1和选项2代表两种体系结构之一来部署网络服务。

选项1 提供商网络(Provider networks):部署仅支持将实例附加到提供者(外部)网络的最简单的可能架构。没有自助服务(专用)网络,路由器或浮动 IP 地址。只有管理员或其他特权用户才能管理提供商网络。

选项2 自助服务网络(Self-service networks):支持将实例附加到自助服务网络的第3层服务。

演示或其他非特权用户可以管理自助服务网络,包括提供自助服务和提供商网络之间连接的路由器。此外,浮动 IP 地址可提供与使用来自外部网络(如 Internet)的自助服务网络的实例的连接。自助服务网络通常使用隧道网络。隧道网络协议(如 VXLAN)选项2还支持将实例附加到提供商网络。

本书选择自助服务网络。

(6)安装组件,执行如下的命令。

```
yum install Openstack-neutron Openstack-neutron-ml2 Openstack-neutron-linuxbridge ebtables
```

(7)配置服务组件,编辑/etc/neutron/neutron.conf 配置文件,执行如下的命令。

```
vim /etc/neutron/neutron.conf
```

打开文件后,相关参数配置如下。

[database]

```
connection=mysql+pymysql://neutron:neutron@controller/neutron
[DEFAULT]
#router_scheduler_driver=neutron.scheduler.l3_agent_scheduler.ChanceScheduler
notify_nova_on_port_status_changes=true
notify_nova_on_port_data_changes=true
core_plugin=ml2
service_plugins=router
allow_overlapping_ips=True
transport_url=rabbit://Openstack:123456@controller:5672/
auth_strategy=keystone
[keystone_authtoken]
auth_uri=http://controller:5000
auth_url=http://controller:35357
memcached_servers=controller:11211
auth_type=password
project_domain_name=Default
user_domain_name=Default
project_name=service
username=neutron
password=123456
[nova]
auth_url=http://controller:35357
auth_type=password
project_domain_name=Default
user_domain_name=Default
region_name=RegionOne
project_name=service
username=nova
password=123456
[oslo_concurrency]
lock_path=/var/lib/neutron/tmp
```

(8) 配置网络二层插件。

ML2 插件使用 Linux 桥接机制为实例构建第 2 层（桥接和交换）虚拟网络基础结构。

编辑 /etc/neutron/plugins/ml2/ml2_conf.ini，配置 ML2，执行如下的命令。

```
vim /etc/neutron/plugins/ml2/ml2_conf.ini
```

打开文件后，相关参数配置如下。

```
[ml2]
type_drivers=flat,vlan,vxlan
tenant_network_types=vxlan
mechanism_drivers=linuxbridge,l2population
```

```
extension_drivers = port_security
[ml2_type_flat]
flat_networks = provider
[ml2_type_vxlan]
vni_ranges = 1:1000
[securitygroup]
enable_ipset = true
```

(9) 配置 Linux 网桥代理。

Linux 网桥代理为实例构建第 2 层(桥接和交换)虚拟网络基础结构,并处理安全组。编辑/etc/neutron/plugins/ml2/linuxbridge_agent.ini,配置网桥代理,执行如下的命令。

vim /etc/neutron/plugins/ml2/linuxbridge_agent.ini

打开文件后,相关参数配置如下。

```
[linux_bridge]
physical_interface_mappings = provider:ens33
[vxlan]
enable_vxlan = true
local_ip = 192.168.51.194
l2_population = true
[securitygroup]
enable_security_group = true
firewall_driver = neutron.agent.linux.iptables_firewall.IptablesFirewallDriver
```

IP 地址 192.168.51.194 为隧道网络的 IP 地址。设置相关的 systl 值为 1,以确保 Linux 操作系统内核支持网桥过滤器,执行如下的命令。

vim /usr/lib/sysctl.d/00-system.conf

打开文件后,相关参数配置如下。

```
net.bridge.bridge-nf-call-iptables=1
net.bridge.bridge-nf-call-ip6tables=1
```

使参数生效,执行如下的命令。

sysctl -p

(10) 配置三层代理。

Layer-3(L3)代理为自助虚拟网络提供路由和 NAT 服务。编辑/etc/neutron/l3_agent.ini,配置三层代理,执行如下的命令。

vim /etc/neutron/l3_agent.ini

打开文件后,相关参数配置如下。

[DEFAULT]

```
interface_driver=linuxbridge
```

(11) 配置 DHCP 代理。

DHCP 代理为虚拟网络提供 DHCP 服务。编辑/etc/neutron/dhcp_agent.ini,配置 DHCP 服务,执行如下的命令。

```
vim /etc/neutron/dhcp_agent.ini
```

打开文件后,相关参数配置如下。

```
[DEFAULT]
interface_driver=linuxbridge
dhcp_driver=neutron.agent.linux.dhcp.Dnsmasq
enable_isolated_metadata=true
```

在[DEFAULT]部分,配置 Linux 网桥接口驱动程序,Dnsmasq DHCP 驱动程序,并启用隔离的元数据,以便提供商网络上的实例可以通过网络访问元数据。

(12) 配置 metadata。

元数据代理为实例提供配置信息,例如凭据。编辑/etc/neutron/metadata_agent.ini,配置 metadata,执行如下的命令。

```
vim /etc/neutron/metadata_agent.ini
```

打开文件后,相关参数配置如下。

```
[DEFAULT]
nova_metadata_host=controller
metadata_proxy_shared_secret=123456
```

(13) 配置计算服务使用网络服务,编辑/etc/nova/nova.conf,执行如下的命令。

```
vim /etc/nova/nova.conf
```

打开文件后,相关参数配置如下。

```
[neutron]
url=http://controller:9696
auth_url=http://controller:35357
auth_type=password
project_domain_name=Default
user_domain_name=Default
region_name=RegionOne
project_name=service
username=neutron
password=123456
service_metadata_proxy=true
metadata_proxy_shared_secret=123456
```

(14) 创建网络服务初始化脚本符号链接。

需要一个指向 ML2 插件配置文件 /etc/neutron/plugins/ml2/ml2_conf.ini 的符号链接 /etc/neutron/plugin.ini。如果此符号链接不存在,执行如下命令予以创建。

ln -s /etc/neutron/plugins/ml2/ml2_conf.ini /etc/neutron/plugin.ini

(15) 同步数据库,执行如下的命令。

chmod 777 -R /var/log/messages
su -s /bin/sh -c "neutron-db-manage --config-file /etc/neutron/neutron.conf --config-file /etc/neutron/plugins/ml2/ml2_conf.ini upgrade head" neutron

在 MySQL 客户端中,展开 Neutron 数据库,看到如图 6-18 所示的表(部分表),表示同步成功。

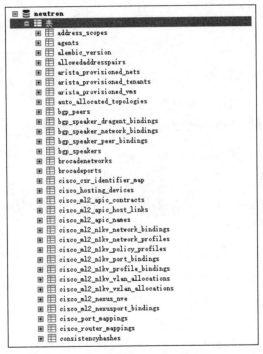

图 6-18　同步 Neutron 数据库

(16) 重启 Compute API 服务,执行如下的命令。

systemctl restart Openstack-nova-api.service
systemctl status Openstack-nova-api.service

(17) 启动网络服务并设为开机启动,执行如下的命令。

systemctl enable neutron-server.service \
  neutron-linuxbridge-agent.service neutron-dhcp-agent.service \
  neutron-metadata-agent.service
>   neutron-linuxbridge-agent.service neutron-dhcp-agent.service \
>   neutron-metadata-agent.service

```
systemctl start neutron-server.service \
  neutron-linuxbridge-agent.service neutron-dhcp-agent.service \
  neutron-metadata-agent.service
> neutron-linuxbridge-agent.service neutron-dhcp-agent.service \
> neutron-metadata-agent.service
systemctl status neutron-server.service \
  neutron-linuxbridge-agent.service neutron-dhcp-agent.service \
  neutron-metadata-agent.service
> neutron-linuxbridge-agent.service neutron-dhcp-agent.service \
> neutron-metadata-agent.service
```

（18）对于联网选项 2 需要启用并启动第 3 层服务，执行如下的命令。

```
systemctl enable neutron-l3-agent.service && systemctl start neutron-l3-agent.service
```

3. 安装和配置计算节点

在计算节点处理实例的连接和安全组。

（1）安装组件，执行如下的命令。

```
yum install Openstack-neutron-linuxbridge ebtables ipset
```

（2）配置公共组件。

网络通用组件配置包括身份验证机制，消息队列和插件。编辑/etc/neutron/neutron.conf，配置公共组件，执行如下的命令。

```
vim /etc/neutron/neutron.conf
```

打开文件后，相关参数配置如下。

```
[DEFAULT]
transport_url=rabbit://Openstack:123456@controller
auth_strategy=keystone
[keystone_authtoken]
auth_uri=http://controller:5000
auth_url=http://controller:35357
memcached_servers=controller:11211
auth_type=password
project_domain_name=Default
user_domain_name=Default
project_name=service
username=neutron
password=123456
[oslo_concurrency]
lock_path=/var/lib/neutron/tmp
```

除以上参数配置外,找到[database]部分,注释掉任何 connection 选项,因为计算节点不直接访问数据库。选择为控制器节点选择的相同网络选项以配置特定的服务。之后返回此处,并继续配置计算服务以使用网络服务。网络服务配置为自助服务网络。

(3) 配置 Linux 网桥。

编辑/etc/neutron/plugins/ml2/linuxbridge_agent.ini,配置 Linux 网桥,执行如下的命令。

```
vim /etc/neutron/plugins/ml2/linuxbridge_agent.ini
```

打开文件后,相关参数配置如下。

```
[vxlan]
enable_vxlan = true
local_ip = 192.168.51.220
l2_population = true
[securitygroup]
enable_security_group = true
firewall_driver = neutron.agent.linux.iptables_firewall.IptablesFirewallDriver
```

其中,192.168.51.220 为计算节点隧道网络的 IP 地址。在[securitygroup]部分中,启用安全组并配置 Linux 网桥 iptables 防火墙驱动程序。在[vxlan]部分中,启用 VXLAN 隧道网络,配置处理隧道网络的物理网络接口的 IP 地址,并启用第 2 层群体。

配置计算服务使用网络服务,编辑/etc/nova/nova.conf,执行如下的命令。

```
vim /etc/nova/nova.conf
```

打开文件后,相关参数配置如下。

```
[neutron]
url = http://controller:9696
auth_url = http://controller:35357
auth_type = password
project_domain_name = Default
user_domain_name = Default
region_name = RegionOne
project_name = service
username = neutron
password = 123456
```

确保 Linux 操作系统内核支持网桥过滤器,方法是设置相关的 sysctl 值均为 1,执行如下的命令。

```
vim /usr/lib/sysctl.d/00-system.conf
```

打开文件后,相关参数配置如下。

```
net.bridge.bridge-nf-call-iptables=1
```

```
net.bridge.bridge-nf-call-ip6tables=1
```

使设置生效,执行如下的命令。

```
sysctl -p
```

(4) 重启 Compute 服务,执行如下的命令。

```
systemctl restart Openstack-nova-compute.service
```

(5) 设置网桥服务开机启动,执行如下的命令。

```
systemctl enable neutron-linuxbridge-agent.service
systemctl start neutron-linuxbridge-agent.service
```

6.2.8 在控制节点安装 Horizon 服务

本节介绍如何在控制节点上安装和配置仪表板,即 Horizon 服务。仪表板所需的唯一核心服务是身份服务。可以将仪表板与其他服务结合使用,如镜像服务、计算和网络。还可以在具有独立服务(如对象存储)的环境中使用仪表板。

1. 安装和配置组件

(1) 安装软件包,执行如下的命令。

```
yum install Openstack-dashboard -y
```

(2) 配置仪表板以在 master 控制节点上使用 Openstack 服务,编辑 local_settings 文件,执行如下的命令。

```
vim /etc/Openstack-dashboard/local_settings
```

打开文件后,相关参数配置如下。

```
Openstack_HOST = "controller"
ALLOWED_HOSTS = ['*']
SESSION_ENGINE = "django.contrib.sessions.backends.cache"
CACHES = {
    'default': {
        'BACKEND': 'django.core.cache.backends.memcached.MemcachedCache',
        'LOCATION': 'controller:11211',
    }
}
Openstack_KEYSTONE_URL = "http://controller:5000/v3"
Openstack_KEYSTONE_MULTIDOMAIN_SUPPORT = true
Openstack_API_VERSIONS = {
    "identity": 3,
    "image": 2,
    "volume": 2,
```

```
}
#Openstack_KEYSTONE_DEFAULT_DOMAIN = "default"
Openstack_KEYSTONE_DEFAULT_ROLE = "_member_"
TIME_ZONE = "Asia/Shanghai"
Openstack_NEUTRON_NETWORK = {
    'enable_distributed_router': False,
    'enable_firewall': False,
    'enable_ha_router': False,
    'enable_lb': False,
    'enable_quotas': True,
    'enable_security_group': True,
    'enable_vpn': False,
    'profile_support': None,
}
```

ALLOWED_HOSTS=['＊']也可以接受所有主机。这对开发工作可能有用,但不安全,不能用于生产。

(3) 配置 Openstack-dashboard.conf,执行如下的命令。

```
vim /etc/httpd/conf.d/Openstack-dashboard.conf
```

打开文件后,相关参数配置如下。

```
WSGIDaemonProcess dashboard
WSGIProcessGroup dashboard
WSGISocketPrefix run/wsgi
WSGIApplicationGroup %{GLOBAL}
WSGIScriptAlias /dashboard /usr/share/Openstack-dashboard/Openstack_dashboard/wsgi/django.wsgi
Alias /dashboard/static /usr/share/Openstack-dashboard/static
<Directory /usr/share/Openstack-dashboard/Openstack_dashboard/wsgi>
  Options All
  AllowOverride All
  Require all granted
</Directory>
<Directory /usr/share/Openstack-dashboard/static>
  Options All
  AllowOverride All
  Require all granted
</Directory>
```

2. 完成安装启动服务

完成安装,重启 Web 服务和会话存储,执行如下的命令。

```
chown -R apache:apache /usr/share/Openstack-dashboard/
```

```
systemctl restart httpd.service memcached.service
```

3. 登录Web验证配置

访问Openstack的Dashboard界面，如图6-19所示。

图6-19　Openstack Dashboard登录界面

6.2.9　安装Cinder服务

Cinder服务为访客实例提供块存储设备。存储配置和使用的方法由块存储驱动程序确定。有多种可用的驱动程序，例如NAS/SAN、NFS、iSCSI和Ceph等。

块存储API和调度程序服务通常在控制节点上运行。根据所使用的驱动程序，卷服务可以在控制节点、计算节点或独立存储节点上运行。

一旦能够在Openstack环境中启动实例，按照以下说明将Cinder添加到基本环境。

1. 块存储服务概述

Openstack块存储服务将持久性存储添加到虚拟机。块存储为管理卷提供基础架构，并与Openstack Compute进行交互以提供实例卷。该服务还支持管理卷快照和卷类型。

块存储服务包含以下组件。

（1）cinder-api：接受API请求，并将它们路由到cinder-volume操作。

（2）cinder-volume：直接与 Block Storage 服务进行交互，以及诸如 cinder-scheduler。它也通过消息队列与这些进程交互。该 cinder-volume 服务响应发送到块存储服务的读取和写入请求以保持状态。它可以通过驱动程序架构与各种存储提供商进行交互。

（3）cinder-scheduler daemon 守护进程：选择要在其上创建卷的最佳存储提供者节点。与 nova-scheduler 类似的组件。

（4）cinder-backup daemon 守护进程：该 cinder-backup 服务可将任何类型的卷备份到备份存储提供程序。与 cinder-volume 服务一样，它可以通过驱动程序体系结构与各种存储提供商进行交互。交互方式为消息队列和路由块存储过程之间的信息。

2. 安装和配置 cinder 节点

以下操作在 cinder 节点执行。

（1）安装配置 LVM。

本节介绍如何为 Block Storage 服务安装和配置存储节点。为简单起见，此配置引用具有空本地块存储设备的一个存储节点。这些指令使用/dev/sdb，可以将特定节点的值替换为不同的值。

该服务使用 LVM 驱动程序在该设备上配置逻辑卷，并通过 iSCSI 传输将其提供给实例。可以按照这些说明进行小的修改，以便使用其他存储节点水平扩展环境。

（2）安装支持的软件包，执行如下的命令。

```
#yum install lvm2 device-mapper-persistent-data
```

启动 LVM 元数据服务并将其配置为在系统引导时启动，执行如下的命令。

```
#systemctl enable lvm2 - lvmetad.service && systemctl start lvm2 - lvmetad.service
```

（3）创建 LVM 物理逻辑卷/dev/sdb，执行如下的命令。

```
#pvcreate /dev/sdb
```

（4）创建 cinder-volumes 逻辑卷组，执行如下的命令。

```
#vgcreate cinder-volumes /dev/sdb
```

（5）实例访问块存储卷。

只有实例才能访问块存储卷。底层操作系统管理与卷关联的设备。默认情况下，LVM 卷扫描工具会扫描包含卷的块存储设备的/dev 目录。如果项目在其卷上使用 LVM，则扫描工具将检测这些卷并尝试缓存它们，这可能会导致底层操作系统和项目卷出现各种问题。必须重新配置 LVM 以仅扫描包含 cinder-volumes 卷组的设备。编辑/etc/lvm/lvm.conf 文件并完成相关操作。

（6）首先，在 devices 部分中，添加一个接受/dev/sdb 设备的过滤器并拒绝所有其他设备，执行如下的命令。

```
#vim /etc/lvm/lvm.conf
```

打开文件后,相关参数配置如下。

```
devices {
...
filter =[ "a/sdb/", "r/.*/"]
Each item in the filter array begins with a for accept or r for reject and
includes a regular expression for the device name. The array must end with r/.*/
to reject any remaining devices. You can use the vgs - vvvv command to test
filters.
```

过滤器数组中的每个项目都以 for 接受或 r 为拒绝开头,并包含设备名称的正则表达式。该阵列必须以 r/.*/结尾以拒绝任何剩余的设备。可以使用 vgs -vvvv 命令来测试过滤器。

如果存储节点在操作系统磁盘上使用 LVM,则还必须将关联的设备添加到过滤器。例如,如果/dev/sda 设备包含操作系统,则配置如下的参数予以过滤。

```
filter =[ "a/sda/", "a/sdb/", "r/.*/"]
```

同样,如果计算节点在操作系统磁盘上使用 LVM,则还必须修改这些节点上/etc/lvm/lvm.conf 文件中的筛选器以仅包含操作系统磁盘。例如,如果/dev/sda 设备包含操作系统,过滤参数配置如下。

```
filter =[ "a/sda/", "r/.*/"]
```

(7) 安装和配置组件,执行如下的命令。

```
#yum install Openstack-cinder targetcli python-keystone -y
#vim /etc/cinder/cinder.conf
```

打开文件后,数据库连接的相关参数配置如下。

```
[database]
connection =mysql+pymysql://cinder:123456@master/cinder
[DEFAULT]
transport_url =rabbit://Openstack:123456@master
```

在[DEFAULT]和[keystone_authtoken]部分中,配置身份服务访问,相关参数设置如下。

```
[DEFAULT]
auth_strategy =keystone
[keystone_authtoken]
auth_uri =http://controller:5000
auth_url =http://controller:35357
memcached_servers =controller:11211
auth_type =password
project_domain_id =default
user_domain_id =default
```

```
project_name = service
username = cinder
password = 123456
```

在[DEFAULT]部分中,配置 my_ip 选项,相关参数设置如下。

```
my_ip = 192.168.90.72
```

192.168.90.72 为存储节点上管理网络接口的 IP 地址。

在[lvm]部分中,使用 LVM 驱动程序、cinder-volumes 卷组、iSCSI 协议和相应的 iSCSI 服务配置 LVM 后端,相关参数设置如下。

```
[lvm]
volume_driver  =  cinder.volume.drivers.lvm.LVMVolumeDriver
volume_group   =  cinder-volumes
iscsi_protocol =  iscsi
iscsi_helper   =  lioadm
```

在[DEFAULT]部分中启用 LVM 后端,相关参数设置如下。

```
[DEFAULT]
#...
enabled_backends = lvm
```

后端名称可任意设置,作为示例,本书使用驱动程序的名称作为后端的名称。在[DEFAULT]部分中,配置 Image Service API 的位置,相关参数设置如下。

```
[DEFAULT]
#...
Glance_api_servers = http://controller:9292
```

在[oslo_concurrency]部分中,配置锁定路径,相关参数设置如下。

```
[oslo_concurrency]
#...
lock_path = /var/lib/cinder/tmp
```

(8)完成安装启动服务,设置存储服务开机启动,执行如下的命令。

```
#systemctl enable Openstack-cinder-volume.service target.service
#systemctl start Openstack-cinder-volume.service target.service
```

3. 安装和配置 controller 节点

接下来介绍如何在 controller 节点上安装和配置代码为 cinder 的块存储服务。此服务至少需要一个为实例提供卷的额外存储节点。以下操作在 controller 节点执行。在安装和配置块存储服务之前,必须创建数据库、服务凭据和 API 端点。要创建数据库,执行如下的命令。

(1) 以 root 用户身份连接到数据库服务器并执行建库与授权。

登录数据库,执行如下的命令。

```
$mysql -u root -p
```

连接到数据库服务器后,执行如下的命令。

```
CREATE DATABASE cinder;
GRANT ALL PRIVILEGES ON cinder.* TO 'cinder'@'localhost' IDENTIFIED BY '123456';
GRANT ALL PRIVILEGES ON cinder.* TO 'cinder'@'controller' IDENTIFIED BY '123456';
GRANT ALL PRIVILEGES ON cinder.* TO 'cinder'@'%' IDENTIFIED BY '123456';
```

(2) 加载 admin 凭据,执行如下的命令。

```
$. admin-openrc
```

(3) 执行以下操作创建服务凭据。

创建一个 cinder 用户,执行如下的命令。

```
#Openstack user create --domain default --password-prompt cinder
```

添加 admin 角色到 cinder 用户,执行如下的命令。

```
$Openstack role add --project service --user cinder admin
```

创建 cinderv2 和 cinderv3 服务实体,执行如下的命令。

```
#Openstack service create --name cinderv2 \
--description "Openstack Block Storage" volumev2
#Openstack service create --name cinderv3 \
--description "Openstack Block Storage" volumev3
```

(4) 创建块存储服务 API 端点,执行如下的命令。

```
#Openstack endpoint create - region RegionOne \
volumev2 public http://controller:8776/v2/%(project_id)s
#Openstack endpoint create - region RegionOne \
volumev2 internal http://controller:8776/v2/%(project_id)s
#Openstack endpoint create - region RegionOne \
volumev2 admin http://controller:8776/v2/%(project_id)s
#Openstack endpoint create - region RegionOne \
volumev3 public http://controller:8776/v3/%(project_id)s
#Openstack endpoint create - region RegionOne \
volumev3 internal http://controller:8776/v3/%(project_id)s
#Openstack endpoint create - region RegionOne \
volumev3 admin http://controller:8776/v3/%(project_id)s
```

(5) 安装软件包,执行如下的命令。

```
#yum install Openstack-cinder
```

（6）编辑/etc/cinder/cinder.conf，执行如下的命令。

```
#vim /etc/cinder/cinder.conf
```

打开文件后，相关参数配置如下。

```
[database]
connection=mysql+pymysql://cinder:123456@master/cinder
[DEFAULT]
my_ip=192.168.50.194
transport_url=rabbit://guest:guest@master
auth_strategy=keystone
[keystone_authtoken]
auth_uri=http://controller:5000
auth_url=http://controller:35357
memcached_servers=master:11211
auth_type=password
project_domain_id=default
user_domain_id=default
project_name=service
username=cinder
password=123456
[oslo_concurrency]
lock_path=/var/lib/cinder/tmp
```

（7）同步块存储数据库，执行如下的命令。

```
#su -s /bin/sh -c "cinder-manage db sync" cinder
```

忽略此输出中的任何弃用消息。

（8）配置计算服务使用块存储。

编辑/etc/nova/nova.conf，执行如下的命令。

```
#vim /etc/nova/nova.conf
```

打开文件后，相关参数配置如下。

```
[cinder]
os_region_name=RegionOne
```

（9）完成安装启动服务。

重新启动 Compute API 服务，执行如下的命令。

```
#systemctl restart Openstack-nova-api.service
```

启动块存储服务并将其配置为在系统引导时启动，执行如下的命令。

```
#systemctl enable Openstack-cinder-api.service Openstack-cinder-scheduler.
```

```
service
#systemctl start Openstack-cinder-api.service Openstack-cinder-scheduler.
service
```

4. 验证 Cinder 配置

验证 Cinder 配置,在控制节点上执行这些命令。输入管理员凭据以访问仅限管理员的 CLI 命令,执行如下的命令。

```
$.admin-openrc
```

列出服务组件以验证每个进程的成功启动,执行如下的命令。

```
[root@master ~]#Openstack volume service list
```

6.2.10 创建 Openstack 虚拟机实例

创建 Openstack 虚拟机实例的过程如下。
- 创建虚拟网络。
- 创建 m1.nano 规格的主机(相当于定义虚拟机的硬件配置)。
- 生成一个密钥对(Openstack 不使用密码连接,而是使用密钥对进行连接)。
- 增加安全组规则(用 iptables 配置的安全组)。
- 启动一个实例。
- 虚拟网络分为提供者网络和专用网络。提供者网络就是与主机在同一个网络里,专用网络自定义路由器等,与主机不在一个网络。

1. 创建外部网络

以下所有操作在控制节点执行。为配置 Neutron 时选择的网络选项创建虚拟网络。如果选择选项 1,则只创建提供商网络。如果选择选项 2,创建提供商和自助服务网络。

在为环境创建适当的网络后,可以继续准备环境以启动实例。提供者网络-provider 网络在启动实例之前,必须创建必要的虚拟网络基础结构,管理员或其他特权用户必须创建此网络,因为它直接连接到物理网络基础结构。

(1) 创建 provider 外部网络。

在控制节点上,获取 admin 用户凭证,执行如下的命令。

```
#.admin-openrc
```

创建虚拟网络(网络名为 provider),执行如下的命令。

```
[root@master ~]#Openstack network create --share --external \
> --provider-physical-network provider \
> --provider-network-type flat provider
```

参数说明如下。

--share 选项允许所有项目使用虚拟网络。

--external 选项将虚拟网络定义为外部。如果创建一个内部网络,可以使用-internal 代替。默认值是内部的。

--provider-physical-network 提供者和--provider-network-type 平面选项使用来自 ml2_conf.ini 文件的信息,将扁平虚拟网络连接到主机 eth1 接口上的扁平(本地/非标记)物理网络,相关参数配置如下。

```
[ml2_type_flat]
flat_networks =provider
linuxbridge_agent.ini:
[linux_bridge]
physical_interface_mappings =provider:ens38
```

查看创建的网络,执行如下的命令。

```
[root@master ~]#Openstack network list
```

(2)在外部网络上创建一个子网,执行如下的命令。

```
[root@master ~]#Openstack subnet create --network provider \
>   --allocation-pool start=192.168.52.80,end=192.168.52.90 \
>   --dns-nameserver 114.114.114.114 --gateway 192.168.52.2 \
>   --subnet-range 192.168.52.0/24 provider
```

参数说明如下。

用 CIDR 表示法将 PROVIDER_NETWORK_CIDR 替换为提供商物理网络上的子网。将 START_IP_ADDRESS 和 END_IP_ADDRESS 替换为实例子网内的第一个和最后一个 IP 地址。该范围不得包含任何现有的活动 IP 地址。将 DNS_RESOLVER 替换为 DNS 解析器的 IP 地址。在大多数情况下,可以使用主机上/etc/resolv.conf 文件中的一个。将 PROVIDER_NETWORK_GATEWAY 替换为提供商网络上的网关 IP 地址。network 指定创建的子网名称。subnet-range 后边的 provider 为要创建子网的网络(要与上面创建网络的名称对应)。

查看创建的子网,执行如下的命令。

```
#Openstack subnet list
```

(3)查看节点网卡变化。

Openstack 中创建的实例想要访问外网必须要创建外部网络,然后通过虚拟路由器连接外部网络和租户网络,Neutron 网桥的方式实现外网的访问,当 Neutron 创建外部网络并创建子网后会创建一个新的网桥,并且将 ens38 外部网卡加入网桥,执行 ifconfig 命令可以看到新增了 brq891787bb-ce 的网桥,详情如下。

```
brq891787bb-ce: flags=4163<UP,BROADCAST,RUNNING,MULTICAST>mtu 1500
        inet 192.168.52.70 netmask 255.255.255.0 broadcast 192.168.52.255
        inet6 fe80::ad:b4ff:fedb:b57d prefixlen 64 scopeid 0x20<link>
```

```
        ether 00:0c:29:cb:a5:2d txqueuelen 1000 (Ethernet)
        RX packets 156 bytes 17533 (17.1 KiB)
        RX errors 0 dropped 0 overruns 0 frame 0
        TX packets 252 bytes 17252 (16.8 KiB)
        TX errors 0 dropped 0 overruns 0 carrier 0 collisions 0
ens33: flags=4163<UP,BROADCAST,RUNNING,MULTICAST>mtu 1500
        inet 192.168.50.194 netmask 255.255.255.128 broadcast 192.168.50.255
        inet6 fe80::1e97:8827:5e31:90c3 prefixlen 64 scopeid 0x20<link>
        ether 00:0c:29:30:99:91 txqueuelen 1000 (Ethernet)
        RX packets 902779 bytes 424966355 (405.2 MiB)
        RX errors 0 dropped 0 overruns 0 frame 0
        TX packets 1601755 bytes 2220308121 (2.0 GiB)
        TX errors 0 dropped 0 overruns 0 carrier 0 collisions 0
ens37: flags=4163<UP,BROADCAST,RUNNING,MULTICAST>mtu 1500
        inet 192.168.91.70 netmask 255.255.255.0 broadcast 192.168.91.255
        inet6 fe80::e8fe:eea6:f4f:2d85 prefixlen 64 scopeid 0x20<link>
        inet6 fe80::8af8:8b5c:793f:e719 prefixlen 64 scopeid 0x20<link>
        ether 00:0c:29:cb:a5:23 txqueuelen 1000 (Ethernet)
        RX packets 22 bytes 3098 (3.0 KiB)
        RX errors 0 dropped 0 overruns 0 frame 0
        TX packets 61 bytes 5818 (5.6 KiB)
        TX errors 0 dropped 0 overruns 0 carrier 0 collisions 0
ens38: flags=4163<UP,BROADCAST,RUNNING,MULTICAST>mtu 1500
        inet6 fe80::e64:a89f:4312:ea34 prefixlen 64 scopeid 0x20<link>
        inet6 fe80::e8d3:6442:89c0:cd4a prefixlen 64 scopeid 0x20<link>
        ether 00:0c:29:cb:a5:2d txqueuelen 1000 (Ethernet)
        RX packets 2750 bytes 234108 (228.6 KiB)
        RX errors 0 dropped 0 overruns 0 frame 0
        TX packets 4445 bytes 4676164 (4.4 MiB)
        TX errors 0 dropped 0 overruns 0 carrier 0 collisions 0
```

执行如下的命令,显示该网桥的 tapcf05d8bf-49 和 tapf7f21425-dd 接口分别连接了 ens38 物理网卡和 DHCP 节点。

```
#  brctl show
```

命令执行结果显示如下。

```
bridge name      bridge id              STP enabled      interfaces
brq891787bb-ce   8000.000c29cba52d      no               ens38
                                                         tapcf05d8bf-49
                                                         tapf7f21425-dd
```

2. 创建租户网络

如果选择联网选项 2,则还可以创建通过 NAT 连接到物理网络基础结构的自助服务

(专用)网络。该网络包括一个为实例提供 IP 地址的 DHCP 服务器。此网络上的实例可以自动访问外部网络,如 Internet。但是,从外部网络(如 Internet)访问此网络上的实例需要浮动 IP 地址。这个 demo 或其他非特权用户可以创建这个网络,因为它仅提供与 demo 项目内实例的连接。必须在自助服务网络之前创建提供商网络。

(1) 创建自助服务网络。

在控制节点上获取凭据,执行如下的命令。

```
$. demo-openrc
```

在控制节点上创建网络,执行如下的命令。

```
#Openstack network create selfservice1
```

非特权用户通常不能为该命令提供额外的参数。该服务使用来自以下文件的信息自动选择参数。

```
#cat /etc/neutron/plugins/ml2/ml2_conf.ini
[ml2]
tenant_network_types =vxlan
[ml2_type_vxlan]
vni_ranges =1:1000
```

创建的内部网络类型是由 tenant_network_types 中指定。该配置能指定内部网络类型,如 flat、vlan 和 gre 等。

查看创建的网络,执行如下的命令。

```
#Openstack network list
```

(2) 在控制节点的网络中创建子网,执行如下的命令。

```
#Openstack subnet create --network selfservice1 \
>   --dns-nameserver 114.114.114.114 --gateway 172.16.1.1 \
>   --subnet-range 172.16.1.0/24 selfservice1-net1
```

查看创建的子网,执行如下的命令。

```
#Openstack subnet list
```

查看计算节点网卡变化,在计算节点,执行如下的命令。

```
#ifconfig
```

显示结果如下。

```
brq891787bb-ce: flags=4163<UP,BROADCAST,RUNNING,MULTICAST>mtu 1500
        inet 192.168.91.71 netmask 255.255.255.0 broadcast 192.168.91.255
        ether 00:0c:29:c7:ba:a5 txqueuelen 1000 (Ethernet)
        RX packets 107 bytes 15563 (15.1 KiB)
        RX errors 0 dropped 0 overruns 0 frame 0
```

```
        TX packets 130 bytes 17653 (17.2 KiB)
        TX errors 0 dropped 0 overruns 0 carrier 0 collisions 0
ens33: flags=4163<UP,BROADCAST,RUNNING,MULTICAST>mtu 1500
        inet 192.168.50.194 netmask 255.255.255.128 broadcast 192.168.50.255
        inet6 fe80::1e97:8827:5e31:90c3 prefixlen 64 scopeid 0x20<link>
        ether 00:0c:29:30:99:91 txqueuelen 1000 (Ethernet)
        RX packets 902779 bytes 424966355 (405.2 MiB)
        RX errors 0 dropped 0 overruns 0 frame 0
        TX packets 1601755 bytes 2220308121 (2.0 GiB)
        TX errors 0 dropped 0 overruns 0 carrier 0 collisions 0
ens37: flags=4163<UP,BROADCAST,RUNNING,MULTICAST>mtu 1500
        inet6 fe80::8af8:8b5c:793f:e719 prefixlen 64 scopeid 0x20<link>
        ether 00:0c:29:c7:ba:a5 txqueuelen 1000 (Ethernet)
        RX packets 105 bytes 16893 (16.4 KiB)
        RX errors 0 dropped 0 overruns 0 frame 0
        TX packets 165 bytes 21265 (20.7 KiB)
        TX errors 0 dropped 0 overruns 0 carrier 0 collisions 0
ens38: flags=4163<UP,BROADCAST,RUNNING,MULTICAST>mtu 1500
        inet 192.168.52.71 netmask 255.255.255.0 broadcast 192.168.52.255
        inet6 fe80::e8d3:6442:89c0:cd4a prefixlen 64 scopeid 0x20<link>
        ether 00:0c:29:c7:ba:af txqueuelen 1000 (Ethernet)
        RX packets 110 bytes 12508 (12.2 KiB)
        RX errors 0 dropped 0 overruns 0 frame 0
        TX packets 173 bytes 12172 (11.8 KiB)
        TX errors 0 dropped 0 overruns 0 carrier 0 collisions 0
```

（3）创建路由器。

自助服务网络的使用通常通过双向 NAT 虚拟路由器连接到提供商网络。每个路由器至少包含一个自助服务网络上的接口和提供商网络上的网关。

提供商网络必须包含 router:external 选项以使自助服务路由器能够使用它来连接到外部网络，例如 Internet。这个 admin 或其他特权用户必须在网络创建期间包含此选项或稍后添加它。在这种情况下，该 router:external 选项-external 在创建提供商网络时通过使用该参数进行设置。

在控制节点获取 demo 凭据，执行如下的命令。

```
$ . demo-openrc
```

在控制节点创建路由器，执行如下的命令。

```
#Openstack router create router
```

在控制节点查看创建的路由器，执行如下的命令。

```
#Openstack router list
```

（4）在控制节点将自助服务网络子网添加为路由器上的接口，执行如下的命令。

```
#neutron router-interface-add router selfservice
```

(5) 在控制节点将路由器连接到外部网络,执行如下的命令。

```
#neutron router-gateway-set router provider
```

3. 创建实例类型

最小的默认 flavor 消耗每个实例 512 MB 的内存。对于包含少于 4 GB 内存的计算节点的环境,建议创建每个实例仅需要 64 MB 的 m1.nano 特征。出于测试目的,仅将 CirrOS 图像用于此 flavor。在控制节点,执行如下的命令。

```
#Openstack flavor create --id 0 --vcpus 1 --ram 64 --disk 1 m1.nano
#Openstack flavor create --id 1 --vcpus 1 --ram 1024 --disk 10 m2.nano
```

参数说明如下。
-- Openstack flavor create:创建主机。
--id:主机 ID。
--vcpus cpu:CPU 数量。
--ram:内存容量(默认是 MB,可以写成 GB)。
--disk:磁盘容量(默认单位是 GB)。
查看 flavor,执行如下的命令。

```
#Openstack flavor list
```

4. 在控制节点生成密钥对

大多数云镜像支持公钥认证,而不是传统的密码认证。在启动实例之前,必须将公钥添加到 Compute 服务。

(1) 加载 demo 项目凭据,执行如下的命令。

```
$. demo-openrc
```

(2) 生成密钥文件,执行如下的命令。

```
#ssh-keygen -q -N ""
```

显示生成的密钥文件,执行如下的命令。

```
#ll /root/.ssh/
```

显示结果如下。

```
total 12
-rw-------1 root root 1675 Jun 11 13:26 id_rsa         #生成的私钥文件
-rw-r--r--1 root root  397 Jun 11 13:26 id_rsa.pub     #生成的公钥文件
```

(3) 创建密钥对,将生成的公钥文件添加到密钥对,执行如下的命令。

```
#Openstack keypair create --public-key ~/.ssh/id_rsa.pub mykey
```

(4) 验证密钥对是否添加成功,执行如下的命令。

```
#Openstack keypair list
```

5. 在控制节点添加安全组规则

默认安全组适用于所有实例,并包含拒绝对实例进行远程访问的防火墙规则。对于像 CirrOS 这样的 Linux 镜像,建议至少允许 ICMP(ping)和安全 Shell(SSH)。

(1) 允许 ICMP(ping),执行如下的命令。

```
#Openstack security group rule create --proto icmp default
```

(2) 允许安全 Shell(SSH)访问,执行如下的命令。

```
#Openstack security group rule create --proto tcp --dst-port 22 default
```

查看安全组及创建的安全组规则,执行如下的命令。

```
#Openstack security group list
#Openstack security group rule list
```

6. 在控制节点确认实例选项

要启动实例,必须至少指定 flavor、镜像名称、网络、安全组、密钥和实例名称。
(1) 在控制器节点上,获取演示凭据,执行如下的命令。

```
$.demo-openrc
```

(2) flavor 指定了包括处理器、内存和存储的虚拟资源分配概要文件,列出可用的 flavor,执行如下的命令。

```
#Openstack flavor list
```

(3) 列出镜像,执行如下的命令。

```
#Openstack image list
```

(4) 列出可用的网络,执行如下的命令。

```
#Openstack network list
```

这个实例使用提供者网络,但必须使用 ID 而不是名称来引用此网络。如果选择了选项 2,则输出还应包含自助服务网络。

(5) 列出可用的安全组,执行如下的命令。

```
#Openstack security group list
```

此实例使用 default 安全组。
(6) 列出可用的密钥对,执行如下的命令。

```
#Openstack keypair list
```

7. 创建实例

在控制节点的租户网络 selfservice1 上创建实例，执行如下的命令。

```
#Openstack server create --flavor m1.nano --image cirros \
> --nic net-id=0e728aa4-d9bd-456b-ba0b-dd7df5e15c96 --security-group default \
> --key-name mykey selfservice1-cirros1
```

参数说明如下。
Openstack server create：创建实例。
-flavor：主机类型名称。
-image：镜像名称。
-nic net-id：网络 ID。
-security-group：安全组名称。
-key-name mykey：键名。
最后自定义实例名称。检查实例状态，执行如下的命令。

```
#Openstack server list
```

8. 在控制节点虚拟控制台访问实例

加载 demo-openrc 环境，执行如下的命令。

```
$. demo-openrc
```

为使实例能获取虚拟网络计算（VNC）会话 URL 并从 Web 浏览器访问它，执行如下的命令。

```
#Openstack console url show selfservice1-cirros1
```

如果 Web 浏览器在无法解析控制器主机名的主机上运行，则可以使用控制节点上的管理接口的 IP 地址替换控制器。

测试实例对外网的访问状态，分别执行如下的命令。

```
ping 172.16.1.1          #租户网络网关
ping 192.168.52.2        #本地外部网络网关
ping www.baidu.com       #外部互联网
```

CirrOS 镜像包含传统的用户名/密码认证，并在登录提示符处提供这些凭据。登录到 CirrOS 后，建议使用 ping 验证网络连接。默认用户名为 cirros，默认密码为 gocubsgo。

9. 在控制节点为实例分配浮动 IP 地址

如果想通过外网远程连接到实例，需要在外部网络上创建浮动 IP 地址，并将浮动 IP

地址关联到实例上,然后通过访问外部的浮动 IP 地址来访问实例。

(1) 在外部网络上生成浮动 IP 地址,执行如下的命令。

`#Openstack floatingIPcreate provider`

(2) 将浮动 IP 地址与实例关联,执行如下的命令。

`$Openstack server add floatingIPselfservice1-cirros1 192.168.52.86`

(3) 检查浮动 IP 地址的关联状态,执行如下的命令。

`#Openstack server list`

依次生成多个浮动 IP 地址对其他实例进行相同操作。

(4) 在控制节点或者外部网络上通过浮动 IP 验证对实例的访问是否正常。

通过来自控制器节点或供应商物理网络上的任何主机的浮动 IP 地址验证与实例的连接性,执行如下的命令。

`#ping 192.168.52.86`

10. 在控制节点远程 SSH 访问实例

通过控制节点或者远程主机登录实例,执行如下的命令。

`#ssh cirros@192.168.52.86`
`#exit`

11. 网卡变化

创建好内部网络和实例之后,vxlan 隧道就建立起来。系统会在控制节点创建一个 vxlan 的 VTEP,在计算节点创建一个 vxlan 的 VTEP。在控制节点执行如下的命令。

`# brctl show`

显示结果如下。

```
bridge name       bridge id           STP enabled     interfaces
brqa248893f-02    8000.02516746fd7d   no              tapcae7f217-1e
                                                      vxlan-21
```

上面的显示结果说明控制节点的 vxlan-21 为新增的。在计算节点,执行如下的命令。

`#brctl show`

显示结果如下。

```
bridge name       bridge id           STP enabled     interfaces
brqa248893f-02    8000.a6aaa0e77f45   no              tap8cb57c9e-a7
                                                      vxlan-21
```

上面的显示结果说明计算节点也新增了 vxlan-21。主从 2 个节点的 VTEP 设备组成了 vxlan 隧道的两个端点。

12. 块存储

(1) 在控制节点创建一个卷,执行如下的命令。

```
$ . demo-openrc
# Openstack volume create --size 1 volume1
```

在短时间内,卷状态应该从创建变为可用,查看卷状态,执行如下的命令。

```
# Openstack volume list
```

(2) 将卷添加到实例,执行如下的命令。

```
$ Openstack server add volume INSTANCE_NAME VOLUME_NAME
$ Openstack server add volume provider-instance volume1
$ Openstack volume list
# Openstack server add volume provider-vm3 volume1
# Openstack volume list
$ sudo fdisk -l
# fdisk -l
# df -h
# lsblk
# parted /dev/vdb
# mkfs.xfs /dev/vdb1
# fdisk -l
# lsblk
# mount /dev/vdb1 /data/
# df -h
```

6.2.11 在控制节点使用官方云镜像创建 Openstack 实例

在 Openstack 中,Glance 负责 image,即镜像相关的服务。镜像是一个已经打包好的文件,内置有操作系统和预先部署好的软件。基于 image 创建虚拟机,在 Openstack 中是以 backing file 的形式创建的,即新建的虚拟机和镜像文件之间建立一个连接。

Openstack 的实例,就是虚拟机/云主机,它通过 Glance 镜像部署,下载 clould 镜像使用标准镜像。主流的 Linux 发行版都提供可以在 Openstack 中直接使用的 cloud 镜像。

1. 下载官方通用云镜像

(1) 配置环境变量,执行如下的命令。

```
# . admin-openrc
```

(2) centos 官网下载 qcow2 格式的 Openstack 镜像,执行如下的命令。

wget http://cloud.centos.org/centos/7/images/CentOS-7-x86_64-GenericCloud-1802.qcow2c

2. 上传镜像到 Glance

上传镜像到 Glance,执行如下的命令。

```
#Openstack image create "CentOS7-image" \
> --file CentOS-7-x86_64-GenericCloud-1802.qcow2c \
> --disk-format qcow2 --container-format bare \
> --public
```

查看上传的镜像,执行如下的命令。

```
#Openstack image list
```

3. 创建实例

创建实例,执行如下的命令。

```
#Openstack server create --flavor m2.nano --image CentOS7-image \
> --nic net-id=0e728aa4-d9bd-456b-ba0b-dd7df5e15c96 --security-group default \
> --key-name mykey centos7-cloudvm1
```

4. 为实例分配浮动 IP 地址

(1) 在外部网络上生成浮动 IP 地址,执行如下的命令。

```
#Openstack floatingIPcreate provider
```

(2) 将浮动 IP 地址与实例关联,执行如下的命令。

```
$Openstack server add floatingIPcentos7-cloudvm1 192.168.52.88
```

(3) 检查浮动 IP 地址的关联状态,执行如下的命令。

```
#Openstack server list
```

(4) 在控制节点或者外部网络上通过浮动 IP 验证对实例的访问是否正常,通过来自控制器节点或供应商物理网络上的任何主机的浮动 IP,验证与实例的连接性。在控制节点测试,执行如下的命令。

```
#ping 192.168.52.88
```

在虚拟机依赖的本地宿主机的 cmd 应用窗口中测试,执行如下的命令。

```
C:\Users\zwpos>ping 192.168.52.88
```

5. 通过控制节点登录

SSH 远程访问实例,执行如下的命令。

`#ssh centos@192.168.52.88`

SSH 登录成功后,输入查看网络配置命令,具体如下。

`[centos@centos7-cloudvm1 ~]$ifconfig`

命令执行结果显示如下。

```
eth0: flags=4163<UP,BROADCAST,RUNNING,MULTICAST>mtu 1450
        inet 172.16.1.13 netmask 255.255.255.0 broadcast 172.16.1.255
        inet6 fe80::f816:3eff:feb1:57c7 prefixlen 64 scopeid 0x20<link>
        ether fa:16:3e:b1:57:c7 txqueuelen 1000 (Ethernet)
        RX packets 312 bytes 34866 (34.0 KiB)
        RX errors 0 dropped 0 overruns 0 frame 0
        TX packets 399 bytes 38141 (37.2 KiB)
        TX errors 0 dropped 0 overruns 0 carrier 0 collisions 0
lo: flags=73<UP,LOOPBACK,RUNNING>mtu 65536
        inet 127.0.0.1 netmask 255.0.0.0
        inet6 ::1 prefixlen 128 scopeid 0x10<host>
        loop txqueuelen 1 (Local Loopback)
        RX packets 6 bytes 416 (416.0 B)
        RX errors 0 dropped 0 overruns 0 frame 0
        TX packets 6 bytes 416 (416.0 B)
        TX errors 0 dropped 0 overruns 0 carrier 0 collisions 0
```

在 SSH 远程登录实例中,查看访问外网是否成功,执行如下的命令。

```
[centos@centos7-cloudvm1 ~]$ping www.baidu.com
[centos@centos7-cloudvm1 ~]$exit
```

上面的 exit 命令,退出 SSH 远程登录实例,返回到控制节点的终端中。

`[root@master ~]#`

修改实例 root 密码并开启 SSH 远程密码登录,依次执行如下的命令。

```
[root@master ~]#ssh centos@192.168.52.88
[centos@centos7-cloudvm1 ~]$sudo su root
[root@centos7-cloudvm1 centos]#passwd root
Changing password for user root.
New password:
BAD PASSWORD: The password is shorter than 8 characters
Retype new password:
passwd: all authentication tokens updated successfully.
[root@centos7-cloudvm1 centos]#vim /etc/ssh/sshd_config
```

打开文件后,相关配置如下。

```
63  PasswordAuthentication yes
64  #PermitEmptyPasswords no
65  #PasswordAuthentication no
```

重新启动 sshd 服务,使新密码生效,执行如下的命令。

[root@centos7-cloudvm1 centos]#systemctl restart sshd

退出 SSH 登录,执行如下的命令。

[root@centos7-cloudvm1 centos]#exit
[centos@centos7-cloudvm1 ~]$exit
[root@master ~]#

6.2.12 查看 Openstack 当前网卡状态

在控制节点显示网卡名,执行如下的命令。

#nmcli connection show

命令执行结果,显示如下。

NAME	UUID	TYPE	DEVICE
brq0e728aa4-d9	b29ab3b7-6eb6-40f4-8360-6fea6620ccef	bridge	brq0e728aa4-d9
brq891787bb-ce	600d2b50-9521-4e6f-a50f-3bf9b3db00bf	bridge	brq891787bb-ce
brqded70080-a8	65dccec5-374e-4a5d-a03f-b2d5b665f089	bridge	brqded70080-a8
ens33	c96bc909-188e-ec64-3a96-6a90982b08ad	ethernet	ens33
ens37	4a5516a4-dfa4-24af-b1c4-e843e312e2fd	ethernet	ens37
ens38	be9e2b6b-674b-771d-7251-f3b49b3d23e0	ethernet	ens38

在控制节点显示网卡网络属性,执行如下的命令。

#ifconfig

命令执行结果显示如下。

```
brq0e728aa4-d9: flags=4163<UP,BROADCAST,RUNNING,MULTICAST>mtu 1450
        inet6 fe80::ac39:edff:fec6:c45f prefixlen 64 scopeid 0x20<link>
        ether 3a:68:b1:d8:6d:9b txqueuelen 1000 (Ethernet)
        RX packets 33 bytes 3664 (3.5 KiB)
        RX errors 0 dropped 0 overruns 0 frame 0
        TX packets 17 bytes 1306 (1.2 KiB)
        TX errors 0 dropped 0 overruns 0 carrier 0 collisions 0
brq891787bb-ce: flags=4163<UP,BROADCAST,RUNNING,MULTICAST>mtu 1500
        inet 192.168.52.70 netmask 255.255.255.0 broadcast 192.168.52.255
        inet6 fe80::fc86:9ff:fe03:c43f prefixlen 64 scopeid 0x20<link>
```

```
        ether 00:0c:29:cb:a5:2d txqueuelen 1000 (Ethernet)
        RX packets 5719 bytes 557494 (544.4 KiB)
        RX errors 0 dropped 0 overruns 0 frame 0
        TX packets 4793 bytes 1033122 (1008.9 KiB)
        TX errors 0 dropped 0 overruns 0 carrier 0 collisions 0
brqded70080-a8: flags=4163<UP,BROADCAST,RUNNING,MULTICAST>mtu 1450
        inet6 fe80::6c74:8eff:fe52:6442 prefixlen 64 scopeid 0x20<link>
        ether 0a:10:fd:ab:d1:c3 txqueuelen 1000 (Ethernet)
        RX packets 33 bytes 3664 (3.5 KiB)
        RX errors 0 dropped 0 overruns 0 frame 0
        TX packets 17 bytes 1306 (1.2 KiB)
        TX errors 0 dropped 0 overruns 0 carrier 0 collisions 0
ens33: flags=4163<UP,BROADCAST,RUNNING,MULTICAST>mtu 1500
        inet 192.168.50.194 netmask 255.255.255.128 broadcast 192.168.50.255
        inet6 fe80::1e97:8827:5e31:90c3 prefixlen 64 scopeid 0x20<link>
        ether 00:0c:29:30:99:91 txqueuelen 1000 (Ethernet)
        RX packets 902779 bytes 424966355 (405.2 MiB)
        RX errors 0 dropped 0 overruns 0 frame 0
        TX packets 1601755 bytes 2220308121 (2.0 GiB)
        TX errors 0 dropped 0 overruns 0 carrier 0 collisions 0
ens37: flags=4163<UP,BROADCAST,RUNNING,MULTICAST>mtu 1500
        inet 192.168.91.70 netmask 255.255.255.0 broadcast 192.168.91.255
        inet6 fe80::e8fe:eea6:f4f:2d85 prefixlen 64 scopeid 0x20<link>
        inet6 fe80::8af8:8b5c:793f:e719 prefixlen 64 scopeid 0x20<link>
        ether 00:0c:29:cb:a5:23 txqueuelen 1000 (Ethernet)
        RX packets 2074 bytes 315225 (307.8 KiB)
        RX errors 0 dropped 0 overruns 0 frame 0
        TX packets 1955 bytes 300345 (293.4 KiB)
        TX errors 0 dropped 0 overruns 0 carrier 0 collisions 0
ens38: flags=4163<UP,BROADCAST,RUNNING,MULTICAST>mtu 1500
        inet6 fe80::e64:a89f:4312:ea34 prefixlen 64 scopeid 0x20<link>
        inet6 fe80::e8d3:6442:89c0:cd4a prefixlen 64 scopeid 0x20<link>
        ether 00:0c:29:cb:a5:2d txqueuelen 1000 (Ethernet)
        RX packets 6508 bytes 707299 (690.7 KiB)
        RX errors 0 dropped 0 overruns 0 frame 0
        TX packets 5151 bytes 1209445 (1.1 MiB)
        TX errors 0 dropped 0 overruns 0 carrier 0 collisions 0
lo: flags=73<UP,LOOPBACK,RUNNING>mtu 65536
        inet 127.0.0.1 netmask 255.0.0.0
        inet6 ::1 prefixlen 128 scopeid 0x10<host>
        loop txqueuelen 1000 (Local Loopback)
        RX packets 330429 bytes 152354583 (145.2 MiB)
```

```
        RX errors 0 dropped 0 overruns 0 frame 0
        TX packets 330429 bytes 152354583 (145.2 MiB)
        TX errors 0 dropped 0 overruns 0 carrier 0 collisions 0
tap14879488-27: flags=4163<UP,BROADCAST,RUNNING,MULTICAST>mtu 1450
        ether 0a:10:fd:ab:d1:c3 txqueuelen 1000 (Ethernet)
        RX packets 14 bytes 2860 (2.7 KiB)
        RX errors 0 dropped 0 overruns 0 frame 0
        TX packets 43 bytes 4742 (4.6 KiB)
        TX errors 0 dropped 0 overruns 0 carrier 0 collisions 0
tap4ec496dd-eb: flags=4163<UP,BROADCAST,RUNNING,MULTICAST>mtu 1450
        ether f2:c7:25:13:9f:a8 txqueuelen 1000 (Ethernet)
        RX packets 396 bytes 42433 (41.4 KiB)
        RX errors 0 dropped 0 overruns 0 frame 0
        TX packets 605 bytes 53467 (52.2 KiB)
        TX errors 0 dropped 0 overruns 0 carrier 0 collisions 0
tapab188c3f-b3: flags=4163<UP,BROADCAST,RUNNING,MULTICAST>mtu 1450
        ether 3a:68:b1:d8:6d:9b txqueuelen 1000 (Ethernet)
        RX packets 1394 bytes 154190 (150.5 KiB)
        RX errors 0 dropped 0 overruns 0 frame 0
        TX packets 1349 bytes 158192 (154.4 KiB)
        TX errors 0 dropped 0 overruns 0 carrier 0 collisions 0
tapcf05d8bf-49: flags=4163<UP,BROADCAST,RUNNING,MULTICAST>mtu 1500
        ether 02:58:51:86:86:42 txqueuelen 1000 (Ethernet)
        RX packets 5 bytes 446 (446.0 B)
        RX errors 0 dropped 0 overruns 0 frame 0
        TX packets 506 bytes 67655 (66.0 KiB)
        TX errors 0 dropped 0 overruns 0 carrier 0 collisions 0
tape509b650-a8: flags=4163<UP,BROADCAST,RUNNING,MULTICAST>mtu 1450
        ether b6:49:0f:82:12:66 txqueuelen 1000 (Ethernet)
        RX packets 14 bytes 2862 (2.7 KiB)
        RX errors 0 dropped 0 overruns 0 frame 0
        TX packets 45 bytes 4938 (4.8 KiB)
        TX errors 0 dropped 0 overruns 0 carrier 0 collisions 0
tapf7f21425-dd: flags=4163<UP,BROADCAST,RUNNING,MULTICAST>mtu 1500
        ether be:90:00:50:f1:c7 txqueuelen 1000 (Ethernet)
        RX packets 1092 bytes 130261 (127.2 KiB)
        RX errors 0 dropped 0 overruns 0 frame 0
        TX packets 1618 bytes 195371 (190.7 KiB)
        TX errors 0 dropped 0 overruns 0 carrier 0 collisions 0
vxlan-15: flags=4163<UP,BROADCAST,RUNNING,MULTICAST>mtu 1450
        ether 26:1e:8c:c6:00:dd txqueuelen 1000 (Ethernet)
        RX packets 593 bytes 44165 (43.2 KiB)
```

```
        RX errors 0 dropped 0 overruns 0 frame 0
        TX packets 395 bytes 38529 (37.6 KiB)
        TX errors 0 dropped 13 overruns 0 carrier 0 collisions 0
vxlan-60: flags=4163<UP,BROADCAST,RUNNING,MULTICAST>mtu 1450
        ether 76:a4:93:79:a9:25 txqueuelen 1000 (Ethernet)
        RX packets 1337 bytes 138474 (135.2 KiB)
        RX errors 0 dropped 0 overruns 0 frame 0
        TX packets 1394 bytes 136372 (133.2 KiB)
        TX errors 0 dropped 12 overruns 0 carrier 0 collisions 0
```

计算节点和存储节点与控制节点的网卡状态显示类似，不再重复。

6.3 Apache Mesos 分布式资源管理框架

6.3.1 Apache Mesos 概述

Mesos 是 Apache 下的开源分布式资源管理框架，它被称为分布式系统的内核。Mesos 能够在同样的集群机器上运行多种分布式系统类型，更加动态有效地共享资源。它由加州大学伯克利分校的 AMPLab 首先开发，支持 Hadoop、ElasticSearch、Spark、Storm 和 Kafka 等应用架构。它提供失败侦测、任务发布、任务跟踪、任务监控、低层次资源管理和细粒度的资源共享。Mesos 可以扩展伸缩到数千个节点，已被 Twitter 用来管理它们的数据中心。

Mesos 使用了与 Linux 内核相似的规则来构造，不同在于抽象层级的差别。Mesos 从设备（物理机或虚拟机）抽取 CPU、内存、存储和其他计算资源，让容错和弹性分布式系统更容易使用。Mesos 内核运行在每台机器上，在整个数据中心和云环境内向应用程序（Hadoop、Spark、Kafka、Elastic Serarch 等）提供资源管理和资源负载的 API 接口。

6.3.2 Mesos 基本原理和架构

首先，Mesos 是一个资源调度框架，并非一整套完整的应用管理平台，其本身不能计算。但是它可以比较容易地与各种应用管理或者中间件平台整合，一起工作，提高资源使用效率。Apache Mesos 采用 Master/Slave 架构来简化设计，将 Master 做得尽量轻量级，仅保存了各种计算框架（Framework）和 Slave 的状态信息，这些状态很容易在 Mesos 出现故障的时候被重构，除此之外，Mesos 还可用 ZooKeeper 解决 Master 单点故障。

Master 充当全局资源调度器角色，采用某种策略算法将某个 Slave 上的空闲资源分配给某个 Framework，而各种 Framework 则是通过自己的调度器向 Master 注册进行接入。Slave 则是通过收集任务状态和启动各个 Framework 的 Executor。

1. 架构

Mesos采用Master/Slave架构。Master使用ZooKeeper实现HA,并单独运行在管理节点上。Slave运行在各个计算任务节点上。各种具体任务的管理平台,即Framework与Master交互,来申请资源。

2. 基本单元

(1) Master：Master是整个系统的核心,负责管理接入Mesos的各个Framework和Slave,并将Slave上的资源按照某种策略分配给Framework。Master存在单点故障问题,Mesos采用ZooKeeper解决该问题。

(2) Slave：负责汇报本节点上的资源给Master、隔离资源并执行具体的任务。Slave负责管理本节点上的各个Task,比如为各个Executor分配资源。Slave负责接收并执行来自Master的命令、管理节点上的Task,并为各个Task分配资源。Slave将自己的资源量发送给Master,由Master中的Allocator模块决定将资源分配给哪个Framework。当前考虑的资源有CPU和内存两种,即Slave会将CPU个数和内存量发送给Master。而用户提交作业时,需要指定每个任务需要的CPU个数和内存量。当任务运行时,Slave会将任务放到包含固定资源的Linux container中运行,以达到资源隔离的效果。

(3) 隔离机制：各种容器机制。

(4) Framework：外部计算框架,如MapReduce和Spark等,这些计算框架可通过注册方式接入Mesos,以便Mesos统一管理和分配资源。Mesos要求可接入的框架必须有一个调度器模块,该调度器负责框架内部的任务调度。当一个Framework接入Mesos时,需要修改自己的调度器,以便向Mesos注册,并获取Mesos分配给自己的资源。这样再由自己的调度器将这些资源分配给框架中的任务,即整个Mesos系统采用了双层调度框架,第一层由Mesos将资源分配给框架,而第二层由框架自己的调度器将资源分配给自己内部的任务。

当前Mesos支持3种语言编写的调度器,分别是C++、Java和Python。为了向各种调度器提供统一的接入方式,Mesos内部采用C++实现了一个调度器驱动器。Framework的调度器可调用该Driver中的接口与Master交互,完成一系列功能(如注册和资源分配等)。

Framework一般包括如下两个主要组件。

- Scheduler：注册到主节点,按照作业分解为任务,并申请资源并监控任务运行状况,类似YARN中的ApplicationMaster。
- Executor：安装在Slave节点上,负责执行本Framework的具体任务。

这些组件之间通过Protocal Buffer消息进行通信,实际是若干Socket server。Framework分两种：一种是对资源需求可以Scale up或者down的MapReduce和Spark;另一种是对资源需求固定的MPI。

3. Executor

如图 6-20 所示,执行器安装到 Slave 上,用于启动计算框架中的 Task。由于不同的框架启动 Task 的接口或者方式不同,当一个新的框架要接入 Mesos 时,需要编写一个 Executor,告诉 Mesos 如何启动该框架中的 Task。

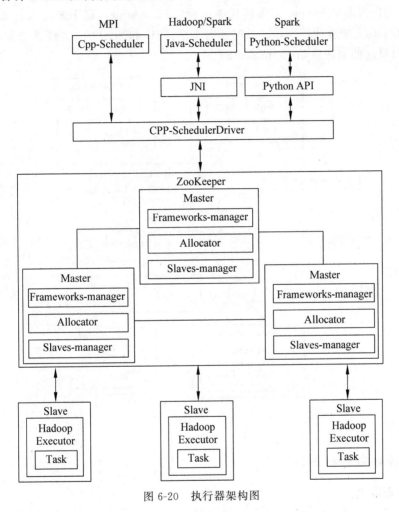

图 6-20 执行器架构图

为了向各种框架提供统一的执行器编写方式,Mesos 内部采用 C++ 实现了一个执行器驱动器,Framework 可通过该驱动器的相关接口告诉 Mesos 启动 Task 的方法。当用户试图添加一种新的计算框架到 Mesos 中时,需要实现一个 Framework Scheduler 和 Executor 以接入 Mesos。

4. Mesos 流程简介

如图 6-21 所示,Slave 是运行在物理或虚拟服务器上的 Mesos 守护进程,它是 Mesos 集群的一部分。Framework 由调度器应用程序和任务执行器组成,被注册到 Mesos 以使用 Mesos 集群中的资源。Slave1 向 Master 汇报其空闲资源为 4 个 CPU、4GB 内存。然后 Master 触发分配策略模块,得到的反馈是 Framework1 要请求全部可用资源。Master 向 Framework1 发送资源邀约,描述了 Slave1 上的可用资源。Framework 的调度器 (Scheduler) 响应 Master,需要在 Slave 上运行两个任务,一个任务分配＜2CPUs,1GB-RAM＞资源,另一个任务分配＜1CPU,2GB-RAM＞资源。最后 Master 向 Slave 下发任务,分配适当的资源给 Framework 的任务执行器(Executor),接下来由执行器启动这两个任务,如图 6-21 中虚线框所示。此时还有 1 个 CPU 和 1GB 的 RAM 尚未分配,因此分配模块可以将这些资源供给 Framework2。

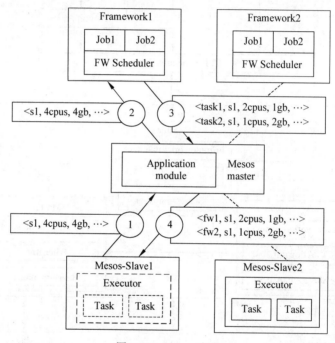

图 6-21　Mesos 流程

5. 资源的隔离和分配

(1) 资源隔离。

资源的隔离如图 6-22 所示,为了实现在同一组 Slave 节点集合上运行多任务的目标,Mesos 使用隔离模块。Mesos 在 2009 年就用了 Linux 的容器技术,如 CGroups 和 Solaris Zone,至今这些仍然是默认的。然而,Mesos 社区增加了 Docker 作为运行任务的隔离机制。不管使用哪种隔离模块,为运行特定应用程序的任务,都需要将执行器全部打包,并在已经为该任务分配资源的 Slave 服务器上启动。当任务执行完毕后,容器会被销毁,资源会被释放,以便可以执行其他任务。

(2) 资源分配。

对于一个资源调度框架来说,最核心的就是调度机制,如何快速、高效地完成对某个 Framework 资源的分配。

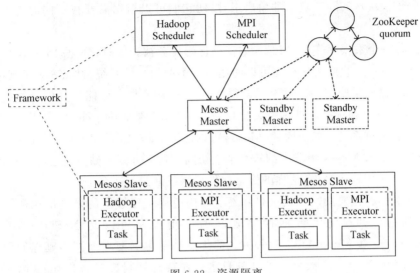

图 6-22　资源隔离

Master 先调度一大块资源给某个 Framework，Framework 的 Scheduler 再实现内部细粒度调度。调度机制支持插件，默认是 DRF。调度通过 Offer 方式交互，具体过程如下。

Master 提供一个 Offer（一组资源）给 Framework，Framework 可以决定是否接受。如果接受，则返回一个描述，说明自己希望如何使用和分配这些资源。

Master 根据 Framework 的分配情况发送给 Slave，以使用 Framework 的 Executor 来按照分配的资源策略执行任务。

Mesos 管理跨多个 Framework 和应用的资源是不可或缺的。前面提到资源邀约的概念，即由 Master 向注册其上的 Framework 发送资源邀约，每次资源邀约包含一份 Slave 节点上可用的 CPU、RAM 等资源的列表。Master 提供这些资源给它的 Framework 是基于分配策略的。

分配策略对所有的 Framework 普遍适用，同时也适用于特定的 Framework。如果分配策略不满足要求，Framework 可以拒绝资源邀约。若是如此，资源邀约随即可以发给其他 Framework。由 Mesos 管理的应用程序通常运行短周期的任务，这样可以快速释放资源，缓解 Framework 的资源饥饿；Slave 定期向 Master 报告其可用资源，以便 Master 能够不断产生新的资源邀约。

另外，每个 Framework 过滤不满足要求的资源邀约，Master 主动废除给定周期内一直没有被接受的邀约。

分配策略应有助于 Mesos Master 判断是否应该把当前可用资源提供给特定的 Framework，以及应该提供的资源数量。Mesos 实现了公平共享和严格优先级分配策略，确保大部分用例的最佳资源共享。

6. 持久化存储

Mesos 的主要好处是可以在同一组计算节点集合上运行多种类型的应用程序。这些任务使用隔离模块从实际节点中抽象出来,以便它们可以根据需要在不同的节点上移动和重新启动。

如果运行一个数据库作业,Mesos 如何确保当任务被调度时,分配的节点可以访问其所需的数据? Mesos 的持久化存储可以使用多种类型的文件系统,HDFS 只是其中之一,但也是 Mesos 最经常使用的。HDFS 使得 Mesos 具备了与高性能计算的亲缘关系。其实,Mesos 可以有多种选择来处理持久化存储的问题,具体如下所列。

- 分布式文件系统:如上所述,Mesos 可以使用 DFS(如 HDFS 或者 Lustre)来保证数据可以被 Mesos 集群中的每个节点访问。这种方式的缺点是会有网络延迟,对于某些应用程序来说,这样的网络文件系统或许并不适合。
- 使用数据存储复制的本地文件系统:利用应用程序级别的复制确保数据可被多个节点访问。提供数据存储复制的应用程序可以是 NoSQL 数据库,如 Cassandra 和 MongoDB。这种方式的优点是不再需要考虑网络延迟问题。缺点是必须配置 Mesos,使特定的任务只运行在持有复制数据的节点上,因为不会希望数据中心的所有节点都复制相同的数据。为此,可以使用一个 Framework,静态地为其预留特定的节点作为复制数据的存储。
- 不使用复制的本地文件系统:可以将持久化数据存储在指定节点的文件系统上,并且将该节点预留给指定的应用程序。和前面的选择一样,可以静态地为指定应用程序预留节点,但此时只能预留给单个节点而不是节点集合。后面两种显然不是理想的选择,因为实质上都需要创建静态分区。然而,在不允许延时或者应用程序不能复制它的数据存储等特殊情况下,需要这样的选择。

Mesos 项目还在发展中,会定期增加新功能。现在已有如下两个可以帮助解决持久化存储问题的新特性。

- 动态预留:Framework 可以使用这个功能为框架保留指定的资源,如持久化存储,以便在需要启动另一个任务时,资源邀约只会发送给那个 Framework。这可以在单节点和节点集合中结合使用 Framework 配置,访问永久化数据存储。
- 持久化卷:该功能可以创建一个卷,作为 Slave 节点上任务的一部分被启动,即使在任务完成后其持久化依然存在。Mesos 为需要访问相同数据的后续任务,提供可以访问该持久化卷的节点集合上相同的 Framework 来初始化。

7. 容错

Mesos 的优势之一是将容错设计到架构之中,并以可扩展的分布式系统的方式来实现。

(1) Master:Master 节点存在单点失效问题,所以需要 HA,目前主要使用 ZooKeeper 来热备份。同时 Master 节点可以通过 Slave 和 Framework 发来的消息重建内部状态。故障处理机制和特定的架构设计实现了 Master 的容错。首先,Mesos 决定使用热备份设计来实现 Master 节点集合。一个 Master 节点与多个备用节点运行在同一集群中,并由开源软件 ZooKeeper 来监控。ZooKeeper 会监控 Master 集群中所有的节点,并在 Master 节点发生故障时管理新 Master 的选择。建议的节点总数是 5 个,实际生产环境至少需要 3 个 Master 节点。

Mesos 决定将 Master 设计为持有软件状态,这意味着当 Master 节点发生故障时,其状态可以很快地在新选择的 Master 节点上重建。Mesos 的状态信息实际上驻留在 Framework 调度器和 Slave 节点集合之中。当一个新的 Master 被选后,ZooKeeper 会通知 Framework 和选择后的 Slave 节点集合,以便使其在新的 Master 上注册。彼时,新的 Master 可以根据 Framework 和 Slave 节点集合发送过来的信息,重建内部状态。

(2) Framework 通知:对于 Framework 中相关的失效,Master 将通知它的 Scheduler。Framework 调度器的容错通过 Framework 将调度器注册两份或者更多份到 Master 来实现。当一个调度器发生故障时,Master 会通知另一个调度来接管。需要注意的是,Framework 自身负责实现调度器之间共享状态的机制。

(3) Slave:Mesos 实现了 Slave 的恢复功能,当 Slave 节点上的进程失败时,可以让执行器/任务继续运行,并为那个 Slave 进程重新连接其上运行的执行器/任务。当任务执行时,Slave 会将任务的监测点元数据存入本地磁盘。

当 Master 重新启动 Slave 进程后,此时没有可以响应的消息,所以重新启动的 Slave 进程会使用检查点数据来恢复状态,并重新与执行器/任务连接。

对于计算节点上 Slave 正常运行而任务执行失败的情况则截然不同。在此,Master 负责监控所有 Slave 节点的状态,当计算节点上 Slave 无法响应多个连续的消息后,Master 会从可用资源的列表中删除该节点,并会尝试关闭该节点。然后 Master 会向分配任务的 Framework 调度器汇报执行器任务失败,并允许调度器根据其配置策略做任务失败处理。通常情况下,Framework 会重新启动任务到新的 Slave 节点,假设它接收并接受来自 Master 相应的资源邀约。

8. 依赖的第三方技术

(1) Glog:开源的 C++ 日志库。

(2) Gmock:开源 C++ 单元测试框架。

(3) Libprocess:基于 C/C++ 实现的高效的基于消息的网络通信模型,可以用于多个组件之间的通信。考虑规模的软件基本上都喜欢基于消息/事件的松散耦合模型。

(4) Protocol Buffer:跨语言的对象传递(序列化、反序列化),类似 Thrift。

(5) ZooKeeper:用于解决 Master 节点集群的 HA。

6.3.3 部署 Apache Mesos

1. 在 Master 部署 Apache Mesos

(1) Mesos 配置最低要求内核为 3.20 以上,本书选用 CentOS 7 系统。

(2) 网络配置,如表 6-5 所示。

表 6-5　网络配置

主　机　名	IP 地址
master	192.168.50.189
slave	192.168.50.190

(3) Java 环境，执行如下的版本查看命令。

```
#java -version
```

版本信息显示如下。

```
Java version "1.8.0_181"
Java(TM) SE Runtime Environment (build 1.8.0_181-b13)
Java HotSpot(TM) 64-Bit Server VM (build 25.181-b13, mixed mode)
```

安装 JDK 过程如 3.3.2 节所述。以下操作在 Master 节点进行。

(4) 安装与查看开发工具，执行如下的命令。

```
#yum groupinstall "Development tools" -y
#yum group list
```

安装完成后，使用 yum group list 命令查看已经安装的工具组，如果看到"开发工具"，则说明安装开发工具成功。

(5) 添加 apache-maven 源，为 Mesos 提供项目管理和构建自动化工具的支持，执行如下的命令。

```
#wget http://repos.fedorapeople.org/repos/dchen/apache-maven/epel-apache-maven.repo \
-O /etc/yum.repos.d/epel-apache-maven.repo
#ls /etc/yum.repos.d/
```

命令执行结果显示如下。

```
CentOS-Base.repo              CentOS-Debuginfo.repo      CentOS-Openstack-queens.repo
CentOS-Storage-common.repo    ceph.repo                  epel-apache-maven.repo
CentOS-Ceph-Luminous.repo     CentOS-fasttrack.repo      CentOS-QEMU-EV.repo
CentOS-Vault.repo             ceph.repo.rpmnew           epel.repo
CentOS-CR.repo                CentOS-Media.repo          CentOS-Sources.repo
CentOS-x86_64-kernel.repo     docker-ce.repo             epel-testing.repo
```

(6) 安装相关依赖包，执行如下的命令。

```
yum install -y apache-maven python-devel zlib-devel libcurl-devel \
openssl-devel cyrus-sasl-devel cyrus-sasl-md5 apr-devel apr-util-devel
subversion-devel
```

(7) 配置 WANdiscoSVN 网络源，执行如下的命令。

```
vim /etc/yum.repos.d/wandisco-svn.repo
```

打开文件后,相关参数配置如下。

```
[WANdiscoSVN]
name=WANdisco SVN Repo 1.9
enabled=1
baseurl=http://opensource.wandisco.com/centos/7/svn-1.9/RPMS/$basearch/
gpgcheck=1
gpgkey=http://opensource.wandisco.com/RPM-GPG-KEY-WANdisco
```

(8) 配置 Mesos 环境变量,执行如下的命令。

```
vim /etc/profile
```

打开文件后,相关环境变量设置如下。

```
export MESOS_NATIVE_JAVA_LIBRARY=/usr/local/lib/libmesos.so
export MESOS_NATIVE_LIBRARY=/usr/local/lib/libmesos.so
```

使修改生效,执行如下的命令。

```
source /etc/profile
```

(9) 构建 Mesos,采用源码编译方式安装,也可以使用 yum 仓库的安装方式配置 Mesos 环境变量。本书采用前者,执行如下的命令。

```
cd /usr/local
wget http://archive.apache.org/dist/mesos/0.25.0/mesos-0.25.0.tar.gz
tar xf mesos-0.25.0.tar.gz
cd mesos-0.25.0
mkdir build
cd build
../configure
make              #注意这个环节时间特别长,要有耐心
make check        #最后可能会有两个报错,但不影响后续的安装
make install
```

另外,在 make 过程中可能报错,一般是由于网络原因,导致部分文件无法下载、超时退出,此时将 build 目录下文件都删除,重新编译安装即可。由于安装 Mesos 时间比较长,所以这里推荐安装一台 Master,Slave 节点使用克隆,VMware Workstation 14 的克隆十分方便,方法是:在虚拟机管理器中选中 Slave 虚拟机,单击顶部的"管理"菜单项,选择下拉列表中的"克隆",即进入克隆对话框要加以利用。

2. 配置单台 Master

Master 负责维护 Slave 集群的心跳,从 Slave 中提取资源信息,配置之前应该先做好相应的解析工作。

(1) 设置主机名,执行如下的命令。

```
#hostnamectl set-hostname master    #将本机的主机名改为master
#vim /etc/hosts
```

打开文件后,在末尾追加如下的映射。

```
192.168.50.189 master
192.168.58.190 slave
```

(2) 建立软链接,执行如下的命令。

```
#ln -sf /usr/lcoal//mesos-0.25.0/build/bin/mesos-master.sh \
/usr/sbin/mesos-master        #这是建立软链接,方便使用mesos的相关命令
```

(3) 配置启动 Master,执行如下的命令。

```
#mkdir -p /home/q/mesos/data
#mkdir -p /home/q/mesos/logs
#mesos-master --work_dir=/home/q/mesos/data --log_dir=/home/q/mesos/logs \
--no-hostname_lookup --ip=192.168.50.189
```

参数说明如下。

--work_dir:运行期间数据的存放路径,包含 sanbox、slave meta 信息。

--log_dir:日志存放路径。

--no-hostname_lookup:关闭从 DNS 获取主机名,直接从本地 hosts 文件获取。

--ip:Mesos 进程绑定的 IP。

(4) 关闭 SELinux 和防火墙,执行如下的命令。

```
#sed -i 's#SELINUX=enforcing#SELINUX=disabled#g' /etc/sysconfig/selinux
#setenforce 0
#systemctl start firewalld.service
#systemctl stop firewalld.service
#systemctl disable firewalld.service
```

(5) 浏览器查看 5050 端口,如图 6-23 所示。

3. 配置 Slave

Slave 负责接受并执行来自 Master 传递的任务以及监控任务状态,手机任务使用系统的情况,配置之前也要先做好相应的解析工作。

(1) 利用 Master 克隆 Slave。关闭 Master 主机依托的虚拟机 M-Master,执行如图 6-24 所示的"克隆"操作,依次单击如图 6-25、图 6-26 和图 6-27 所示的"下一步"按钮,进入如图 6-28 所示的界面,单击"完成"按钮,则成功克隆。

第 6 章　云计算资源管理平台

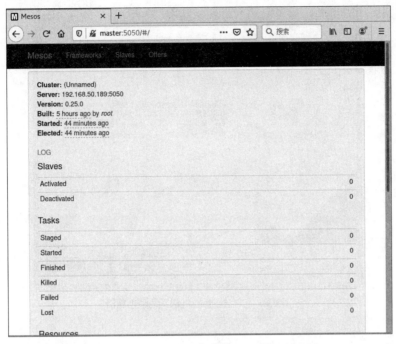

图 6-23　Mesos 集群的 5050 端口

图 6-24　虚拟机"克隆"选项

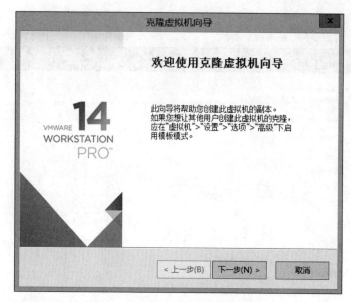

图 6-25 "克隆虚拟机向导"欢迎界面

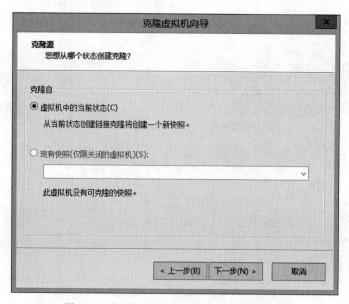

图 6-26 "克隆虚拟机向导"之"克隆自"界面

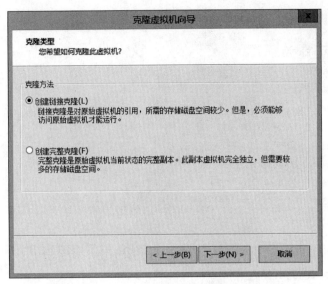

图 6-27 "克隆虚拟机向导"之"克隆方法"界面

图 6-28 "克隆虚拟机向导"之"虚拟机名称"和"位置"界面

(2) 更改主机名和 IP 地址，执行如下的命令。

```
#hostnamectl set-hostname slave    #将本机的主机名改为 slave
#su
#vim /etc/sysconfig/network-scripts/ifcfg-ens33
```

打开文件后，相关网络参数配置如下。

```
TYPE=Ethernet
PROXY_METHOD=none
BROWSER_ONLY=no
```

```
BOOTPROTO=none
DEFROUTE=yes
IPV4_FAILURE_FATAL=no
IPV6INIT=yes
IPV6_AUTOCONF=yes
IPV6_DEFROUTE=yes
IPV6_FAILURE_FATAL=no
IPV6_ADDR_GEN_MODE=stable-privacy
NAME=ens33
UUID=5c9849d2-37a4-427c-9769-8867aa141358
DEVICE=ens33
ONBOOT=yes
IPADDR=192.168.50.190
PREFIX=25
GATEWAY=192.168.50.254
DNS1=202.194.48.69
DNS2=202.194.48.67
```

重新启动网络,使修改生效,执行如下的命令。

```
#systemctl restart network
```

执行如下的命令,确认网络参数修改正确。

```
#IPaddr
```

在从节点中执行连通主节点测试,执行如下的命令。

```
#ping master
```

(3) 启动 Docker。Mesos 0.20.0 支持通过 Docker 镜像来启动任务,同时也支持部分的 Docker 参数。当然在未来会支持更多的参数。用户可以将 Docker 镜像作为一个任务启动,也可以作为一个 Executor 启动。为了运行支持 Docker 容器的 Slave,在启动 Slave 的时候,必须将 Docker 作为 Containerizer 选项之一。

安装、启动与查看 Docker,执行如下的命令。

```
#yum install docker -y              #先安装 docker 服务,如已安装则跳过
#systemctl start docker.service
#systemctl enable docker.service    #启动 docker 服务已经设置为开机启动
#systemctl status docker.service
```

(4) 配置启动 Slave,执行如下的命令。

```
#mesos-slave --containerizers="mesos,docker" --work_dir=/home/q/mesos/data \
--log_dir=/home/q/mesos/logs --master=192.168.50.189:5050 \
--no-hostname_lookup --ip=192.168.50.190
```

(5) 在浏览器刷新 http://master:5050，如图 6-29 和图 6-30 所示，显示一个激活的 Slave。

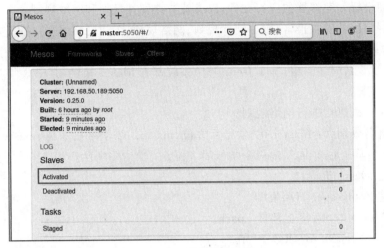

图 6-29　首选状态页

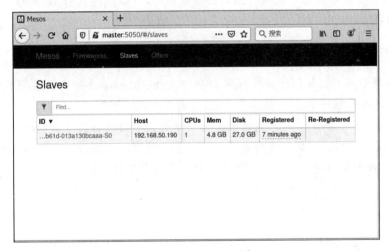

图 6-30　Slaves 选项卡

6.4　自训任务和案例实践思考

1. 自训任务

(1) 已知 3 名同学一组，基于 CentOS 7 系统，使用 Openstack 一键部署，完成如下的任务。

① 进行节点硬件规划，基于手机热点进行网络规划，使得 3 名同学的主机分别用于控制节点、计算节点和存储节点。

② 主机名命名规则为 controller-个人学号后 3 位、compute-个人学号的 3 位、cinder-个人学号后 3 位。

③ 合理设置一键部署的应答文件,以支持节点硬件规划和网络规划。

④ 书写完整的实验报告,包含硬件规划、网络规划、组建网络、应答文件参数设置,每步命令操作运行结果辅以屏幕截图,屏幕截图含有 IP 地址个人特征、主机名个人特征。

(2) 已知 5 名同学一组,基于 CentOS 7 系统部署 Mesos 集群,其中 3 台 Master、2 台 Slave,完成如下任务。

① 利用手机热点进行网络规划。

② 主机名分别为:master-01-学号后 3 位、master-02-学号后 3 位、master-03-学号后 3 位、slave-01-学号后 3 位、slave-02-学号后 3 位。

③ 搭建 Mesos 集群。

④ 搭建 ZooKeeper HA 集群。

⑤ 在 Mesos 的 Slave 上部署 Spark。

⑥ Spark 访问 Mesos 求解 PI 值。

⑦ 书写完整的实验报告,包含网络规划和配置、Mesos 集群搭建、HA 集群搭建、Spark 部署,每步命令操作辅以运行结果的屏幕截图,屏幕截图含有 IP 地址个人特征、主机名个人特征。

2. 案例实践思考

本章讲解 Openstack 云计算管理平台和 Apache Mesos 分布式资源管理框架,结合水务云平台的租户管理和空间隔离需求,请读者思考以下问题。

(1) Openstack 和 Mesos 有何区别?针对水务云平台的解决方案,分析选用的依据。

(2) 借助 Openstack 如何实现企业用户的租户管理?即设计一个 Openstack 的部署方案,使得企业根据自身的需求定制 CPU、硬盘空间和内存空间。

云应用开发

7.1 教学目标

1. 能力目标

（1）能够根据项目实际，选用 Kubernetes，实现 Docker 应用的部署、规划、更新和维护。

（2）能够基于微服务设计软件架构，并运用 Java 予以实现。

2. 素质目标

能够自学微服务相关知识，进行软件设计与实现。

7.2 云原生应用开发

7.2.1 Kubernetes 概述

Kubernetes，简称 K8s，是用 8 代替 K 后的 8 个字符 ubernete 而成的缩写。它是一个开源的、用于管理云平台中多个主机上的容器化的应用。K8s 的目标是让部署容器化的应用简单并且高效，K8s 提供了应用部署、规划、更新和维护的一种机制。

K8s 是 Google 开源的一个容器编排引擎，支持自动化部署、大规模可伸缩应用容器化的管理。在生产环境中部署一个应用程序时，通常要部署该应用的多个实例以便对应用请求进行负载均衡。

在 K8s 中，可以创建多个容器，每个容器里面运行一个应用实例，然后通过内置的负载均衡策略，实现对这一组应用实例的管理、发现、访问，而这些细节都不需要运维人员进行复杂的手工配置和处理。

传统的应用部署方式是通过插件或脚本来安装应用。这样做的缺点是应用的运行、配置、管理所有生存周期将与当前操作系统绑定，这样做并不利于应用的升级更新与回滚等操作，当然也可以通过创建虚拟机的方式来实现某些功能，但是虚拟机非常庞大，并不利于可移植性。

新的方式是通过部署容器方式实现，每个容器之间互相隔离，每个容器有自己的文件系统，容器之间进程不会相互影响，能区分计算资源。相对于虚拟机，容器能快速部署。

由于容器与底层设施、机器文件系统是解耦的,所以它能在不同云、不同版本操作系统间进行迁移。

容器占用资源少、部署快,每个应用可以被打包成一个容器镜像。每个应用与容器间一对一的关系也使容器有更大优势。使用容器可以在 build 或 release 阶段,为应用创建容器镜像。因为每个应用不需要与其余的应用堆栈组合,也不依赖于生产环境基础结构,这使得从研发到测试、生产能提供一致环境。类似地,容器比虚拟机轻量、更透明,这更便于监控和管理。

1. K8s 的特点

- 可移植:支持公有云、私有云、混合云和多重云。
- 可扩展:支持模块化、插件化、可挂载与可组合。
- 自动化:支持自动部署、自动重启、自动复制和自动伸缩/扩展。

2. K8s 含有的 Master 和 Node 两个组件

(1) Master 组件:包含 kube-apiserver、ETCD、kube-controller-manager、cloud-controller-manager、kube-scheduler、addons、DNS、用户界面、容器资源监测和 Cluster-level Logging 共 10 个插件。

(2) Node 组件:包含 kubelet、kube-proxy、docker、RKT、supervisord 和 fluentd 共 6 个插件。

3. Master 组件

Master 组件提供集群的管理控制中心。Master 组件可以在集群中任何节点上运行。但是为简单起见,通常在一台 VM/机器上启动所有 Master 组件,并且不会在此 VM/机器上运行用户容器。

(1) kube-apiserver:用于暴露 K8s API。任何的资源请求/调用操作都是通过 kube-apiserver 提供的接口进行。

(2) ETCD:K8s 提供默认的存储系统,保存所有集群数据,使用时需要为 ETCD 数据提供备份计划。

(3) kube-controller-manager:运行管理控制器,它们是集群中处理常规任务的后台线程。逻辑上,每个控制器是一个单独的进程,但为了降低复杂性,它们都被编译成单个二进制文件,并在单个进程中运行。它包含节点控制器、副本控制器、端点控制器、Service Account 和 Token 控制器。

(4) cloud-controller-manager:负责与底层云提供商的平台交互。云控制器管理器是 K8s 版本 1.6 中引入的。云控制器管理器仅运行云提供商特定的控制器循环。可以通过将 --cloud-provider flag 设置为 external,以启动 kube-controller-manager 和禁用控制器循环。它包含节点控制器、路由控制器、Service 控制器和卷控制器。

(5) kube-scheduler:监视新创建没有分配到 Node 的 Pod,为 Pod 选择一个 Node。

(6) 插件 addons:是实现集群 pod 和 Services 功能的。Pod 由 Deployments、

ReplicationController 等进行管理。Namespace 插件对象在 kube-system Namespace 中创建。

（7）DNS：虽然不严格要求使用插件，但 K8s 集群都应该具有集群 DNS。集群 DNS 是一个 DNS 服务器，能够为 K8s services 提供 DNS 记录。由 K8s 启动的容器自动将这个 DNS 服务器包含在他们的 DNS searches 中。

（8）用户界面：kube-ui 提供集群状态基础信息查看。

（9）容器资源监测：容器资源监控提供一个 UI 浏览监控数据。

（10）Cluster-level Logging：负责保存容器日志，搜索/查看日志。

4. Node 组件

Node 组件提供 K8s 运行时的环境以及维护 Pod，节点相关组件如下所列。

（1）Kubelet 是主要的节点代理，它会监视已分配给节点的 Pod，具体功能如下。

- 安装 Pod 所需的 Volume。
- 下载 Pod 的 Secrets。
- 显示 Pod 中运行的 Docker 容器。
- 定期执行容器健康检查。
- 报告 Pod 状态。
- 报告节点状态。

（2）Kube-proxy 在主机上维护网络规则并执行连接转发来实现 K8s 服务抽象。

（3）Docker 用于运行容器。

（4）RKT 运行容器，作为 Docker 工具的替代方案。

（5）Supervisord 是一个轻量级的监控系统，用于保障 Kubelet 和 Docker 运行。

（6）Fluentd 是一个守护进程，可提供 Cluster-level Logging。

7.2.2 CentOS 7 部署 K8s 集群

1. 系统环境

（1）虚拟机管理工具为 VMware® Workstation 14 Pro。

（2）虚拟机硬件配置 CPU 至少 2 个，内存容量至少 2GB。

（3）操作系统为 CentOS Linux release 7.9.2009(Core)。

2. 部署规划

部署规划如表 7-1 所示。

表 7-1 部署规划

主机名	IP 地址	docker version	kubelet version	kubeadm version	kubectl version	备注
k8s-master	192.168.50.189	Docker 18.09.6	V1.14.2	V1.14.2	V1.14.2	master 主机
k8s-node1	192.168.50.190	Docker 18.09.6	V1.14.2	V1.14.2	V1.14.2	node 节点
k8s-node2	192.168.50.191	Docker 18.09.6	V1.14.2	V1.14.2	V1.14.2	node 节点

3. 对全部节点进行网络配置

(1) 在 3 个节点上设置域名解析,执行如下的命令。

`#vim /etc/hosts`

打开文件后,在末尾追加如下的映射。

```
192.168.50.189 k8s-master
192.168.50.190 k8s-node1
192.168.50.191 k8s-node2
```

主机名和 IP 地址映射一开始就要设置好,后面不能更改,否则会出问题。

(2) 验证 MAC 地址 uuid,执行如下的命令。

```
#cat /sys/class/net/ens33/address
#cat /sys/class/dmi/id/product_uuid
```

保证各节点 mac 和 uuid 唯一。

(3) 设置 k8s-master 主机名,在 k8s-master 节点执行如下的命令。

`#vi /etc/hostname`

打开文件后,输入主机名 k8s-master。

重启主机后主机名永久生效。如不重启主机,当前一次临时更改主机名临时生效,执行如下的命令。

```
#hostnamectl set-hostname k8s-master
#su
```

(4) 设置 k8s-node1 主机名,在 k8s-node1 节点执行如下的命令。

`#vi /etc/hostname`

打开文件后,输入主机名 k8s-node1。

重启主机后主机名永久生效。如不重启主机,当前一次临时更改主机名临时生效,执行如下的命令。

```
#hostnamectl set-hostname k8s-node1
#su
```

(5) 设置 k8s-node2 主机名,在 k8s-node2 节点执行如下的命令。

`#vi /etc/hostname`

打开文件后,输入主机名 k8s-node2。

重启主机后主机名永久生效。如不重启主机,当前一次临时更改主机名临时生效,执行如下的命令。

`#hostnamectl set-hostname k8s-node2`

```
# su
```

(6) 关闭 3 个节点的防火墙,执行如下的命令。

```
# systemctl stop firewalld
# systemctl disable firewalld
# systemctl restart network
```

(7) 关闭 3 个节点的 swap,执行如下的命令。

```
swapoff -a              #临时关闭
free                    #可以通过这个命令查看 swap 是否关闭
```

若需要重启后也生效,在禁用 swap 后还需修改配置文件 /etc/fstab,注释 swap。

```
sed -i.bak '/swap/s/^/#/' /etc/fstab
```

(8) 关闭 3 个节点的 SELinux,执行如下的命令。

```
sed -i 's#SELINUX=enforcing#SELINUX=disabled#g' /etc/sysconfig/selinux
setenforce 0
```

(9) 将桥接的 IPv4 流量传递到 iptables 的链,临时修改,执行如下的命令。

```
sysctl net.bridge.bridge-nf-call-iptables=1
sysctl net.bridge.bridge-nf-call-ip6tables=1
```

永久修改,执行如下的命令。

```
cat >/etc/sysctl.d/k8s.conf <<EOF
net.bridge.bridge-nf-call-ip6tables =1
net.bridge.bridge-nf-call-iptables =1
EOF
sysctl -p /etc/sysctl.d/k8s.conf
```

(10) k8s-master 与 k8s-node1 和 k8s-node2 互联互通,执行如下的命令。

```
[root@k8s-master 189]#ping k8s-node1
[root@k8s-master 189]#ping k8s-node2
[root@k8s-node1 190]#ping k8s-master
[root@k8s-node2 191]#ping k8s-master
```

4. 在全部节点上安装 Docker

(1) 更新 yum,执行如下的命令。

```
yum update
```

如果出现是否继续,全部输入 Y。

(2) 安装依赖包,执行如下的命令。

```
yum install -y yum-utils   device-mapper-persistent-data   lvm2
```

(3) 设置 Docker 源，执行如下的命令。

```
yum-config-manager --add-repo \
https://download.docker.com/linux/centos/docker-ce.repo
```

(4) 安装 Docker CE。

查看 Docker 安装版本，执行如下的命令。

```
yum list docker-ce --showduplicates | sort -r
```

安装 Docker CE，执行如下的命令。

```
yum install docker-ce-18.09.6 docker-ce-cli-18.09.6 containerd.io
yum install -y docker-ce docker-ce-cli containerd.io
```

(5) 启动 Docker 并设置开机启动，执行如下的命令。

```
systemctl start docker
systemctl enable docker
```

(6) 查看 Docker 版本，执行如下的命令。

```
docker version
```

(7) 命令补全。

安装 bash-completion，执行如下的命令。

```
yum -y install bash-completion
```

加载 bash-completion，执行如下的命令。

```
source /etc/profile.d/bash_completion.sh
```

(8) 镜像加速。

由于 Docker Hub 的服务器在国外，下载镜像会比较慢，可以配置镜像加速器。主要的加速器有 Docker 官方提供的中国 registry mirror、阿里云加速器、DaoCloud 加速器，本书配置阿里云加速器。

首先登录阿里云容器模块，如图 7-1 所示。复制图 7-1 的加速器地址，以修改 emon.json 文件中的镜像源，执行如下的命令。

```
mkdir -p /etc/docker
tee /etc/docker/daemon.json <<-'EOF'
{
    "registry-mirrors": ["https://cm50d2ir.mirror.aliyuncs.com"]
}
EOF
```

重启服务，使新镜像源生效，执行如下的命令。

```
systemctl daemon-reload
```

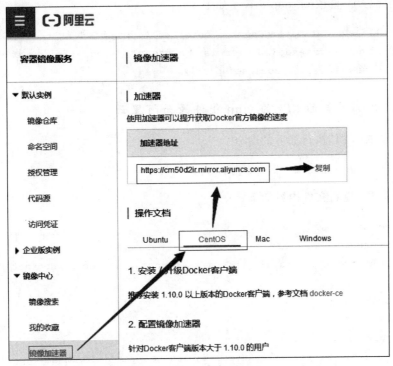

图 7-1　阿里云加速器配置

```
systemctl restart docker
systemctl status docker.service
```

（9）查看版本和运行 hello-world 镜像，进行验证，执行如下的命令。

```
docker --version
docker run hello-world
```

（10）修改 daemon.json，新增""exec-opts":["native.cgroupdriver=systemd""，执行如下的命令。

```
vim /etc/docker/daemon.json
```

打开文件后，相关参数配置如下。

```
{
    "registry-mirrors":["https://v16stybc.mirror.aliyuncs.com"],
    "exec-opts":["native.cgroupdriver=systemd"]
}
```

重新加载 Docker，使得修改生效，执行如下的命令。

```
systemctl daemon-reload
systemctl restart docker
```

为了消除告警,修改 cgroup driver 如下。

```
[WARNING IsDockerSystemdCheck]: detected "cgroupfs" as the Docker cgroup driver. The recommended driver is "systemd". Please follow the guide at https://kubernetes.io/docs/setup/cri/
```

5. 设置全部节点的 K8s 的 yum 软件源为阿里云

(1) 新增 K8s 源,执行如下的命令。

```
cat >/etc/yum.repos.d/kubernetes.repo <<EOF
```

打开文件后,更新文件内容如下。

```
[kubernetes]
name=Kubernetes
baseurl=https://mirrors.aliyun.com/kubernetes/yum/repos/kubernetes-el7-x86_64
enabled=1
gpgcheck=1
repo_gpgcheck=1
gpgkey=https://mirrors.aliyun.com/kubernetes/yum/doc/yum-key.gpg
https://mirrors.aliyun.com/kubernetes/yum/doc/rpm-package-key.gpg
EOF
```

相关参数说明如下。
- []：括号中是 repository id,用来唯一标识不同仓库。
- name：自定义仓库名称。
- baseurl：仓库地址。
- enabled：是否启用该仓库,默认为 1 时,表示启用。
- gpgcheck：是否验证从该仓库获得程序包的合法性,其值为 1 时,表示验证。
- repo_gpgcheck：是否验证元数据的合法性,元数据是程序包列表,其值为 1 时,表示验证。
- gpgkey=URL：数字签名的公钥文件所在位置。如果 gpgcheck 值为 1,此处就需要指定 gpgkey 文件的位置；如果 gpgcheck 值为 0,就不需要此项。

(2) 更新缓存,执行如下的命令。

```
yum clean all
yum -y makecache
```

6. 在全部节点上安装 Kubeadm、Kubelet 和 Kubectl

(1) 版本查看,执行如下的命令。

```
yum list kubelet --showduplicates | sort -r
```

版本 1.14.2 支持的 Docker 版本为 1.13.2、17.03、17.0、17.09、18.06 和 18.09。在部署 K8s 时,要求 Master node 和 Worker node 上的版本保持一致,否则会导致版本不匹配的问题出现。本书将介绍如何在 CentOS 上,使用 yum 安装指定版本的 K8s。Kubelet 运行在集群所有节点上,用于启动 Pod 和容器等对象的工具。Kubeadm 用于初始化集群。

(2) 安装 3 个包,执行如下的命令。

```
yum -y remove kubelet
yum -y remove kubeadm
yum -y remove kubectl
yum install -y kubelet-1.14.2 --nogpgcheck
yum install -y kubeadm-1.14.2 --nogpgcheck
yum install -y kubectl-1.14.2 --nogpgcheck
systemctl enable kubelet
kubeadm reset
```

(3) 启动 Kubelet 并设置开机启动,执行如下的命令。

```
systemctl enable kubelet && systemctl start kubelet
```

(4) Kubelet 命令补全,执行如下的命令。

```
echo "source <(kubectl completion bash)" >>~/.bash_profile
source .bash_profile
```

7. k8s-master 节点的安装

(1) 编辑镜像下载的脚本,执行如下的命令。

```
#vim image.sh
```

打开文件后,编辑文件内容如下。

```
#!/bin/bash
url=registry.cn-hangzhou.aliyuncs.com/google_containers
version=v1.14.2
images=(`kubeadm config images list --kubernetes-version=$version|awk -F '/' '{print $2}'`)
for imagename in ${images[@]} ; do
    docker pull $url/$imagename
    docker tag $url/$imagename k8s.gcr.io/$imagename
    docker rmi -f $url/$imagename
done
```

(2) 下载镜像。
运行脚本 image.sh,下载指定版本的镜像,运行脚本前先赋权,执行如下的命令。

```
[root@k8s-master ~]#chmod u+x image.sh
[root@k8s-master ~]#./image.sh
```

```
[root@k8s-master ~]#docker images
```

(3) 初始化,执行如下的命令。

```
[root@k8s-master ~]#rm -rf /var/lib/etcd
[root@k8s-master ~]#kubeadm init --apiserver-advertise-address 192.168.50.
189 \
--pod-network-cidr=10.244.0.0/16
```

参数 apiserver-advertise-address 指定 master 的 interface,pod-network-cidr 指定 Pod 网络的范围,这里使用 flannel 网络方案。

执行结果显示如下。

```
......
Then you can join any number of worker nodes by running the following on each as
root:
kubeadm join 192.168.50.189:6443 --token wk3b4m.o3zq4ufgev85g7eb \
    --discovery-token-ca-cert-hash sha256:e599517cf65987341a4d79ad563dfffa7e-
0c6ded7969478379bb5f098cfd2dc7
```

上面提示信息表示初始化成功。记录 kubeadm join 的输出信息,后面需要这个命令将各个节点加入集群中。

(4) 加载环境变量,执行如下的命令。

```
cd ~
echo "export KUBECONFIG=/etc/kubernetes/admin.conf" >>~/.bash_profile
source .bash_profile
```

当重新启动虚拟机时,需要重新加载环境变量。

本书所有命令都在 root 用户下执行,若为非 root 用户,则执行如下的命令。

```
mkdir -p $HOME/.kube
cp -i /etc/kubernetes/admin.conf $HOME/.kube/config
chown $(id -u):$(id -g) $HOME/.kube/config
```

(5) 安装 Pod 网络,执行如下的命令。

```
kubectl apply -f \
https://raw.githubusercontent.com/coreos/flannel/master/Documentation/kube
-flannel.yml
```

(6) Master 节点配置。

如果一个节点被打上了污点,那么 Pod 是不允许运行在这个节点上面的。默认情况下,集群不会在 Master 上调度 Pod,如果偏想在 Master 上调度 Pod,可以先查看,执行如下的命令。

```
[root@k8s-master ~]#kubectl describe node k8s-master|grep -i taints
```

然后删除,执行如下的命令。

[root@k8s-master ~]# kubectl taint nodes master node-role.kubernetes.io/master-

8. Node 节点的安装

先在 k8s-node1 上安装。

(1) 编辑镜像下载的脚本，执行如下的命令。

[root@k8s-node1 ~]#vim image.sh

打开文件后，修改文件内容如下。

```
#!/bin/bash
url=registry.cn-hangzhou.aliyuncs.com/google_containers
version=v1.14.2
images=(`kubeadm config images list --kubernetes-version=$version|awk -F '/' '{print $2}'`)
for imagename in ${images[@]} ; do
  docker pull $url/$imagename
  docker tag $url/$imagename k8s.gcr.io/$imagename
  docker rmi -f $url/$imagename
done
```

(2) 运行脚本 image.sh，下载指定版本的镜像，运行脚本前先赋权，执行如下的命令。

[root@k8s-node1 ~]#chmod u+x image.sh
[root@k8s-node1 ~]#./image.sh
[root@k8s-node1 ~]#docker images

命令执行结果显示如下。

REPOSITORY	TAG	IMAGE ID	CREATED	SIZE
ceph/daemon	latest-nautilus	8a038c709324	4 weeks ago	969MB
centos7/hadoop	latest	0ea34ff07ef6	4 weeks ago	1.57GB
…… ……				

(3) 加入集群。

以下操作在 master 上执行。首先查看令牌是否过期，执行如下的命令。

[root@k8s-master ~]#kubeadm token list

命令执行结果显示如下。

TOKEN	TTL	EXPIRES	USAGES	
wk3b4m.o3zq4ufgev85g7eb	7h	2021-02-19T16:47:37+08:00	authentication,signing	……

发现之前初始化时的令牌已过期，生成新的令牌，执行如下的命令。

[root@k8s-master ~]#kubeadm token create

新的令牌显示如下。

rsmvvg.3r07jhawzh6lni4p

生成新的加密串，执行如下的命令。

```
[root@k8s-master ~]# openssl x509 -pubkey -in /etc/kubernetes/pki/ca.crt | openssl rsa -pubin -outform der 2>/dev/null | \
    openssl dgst -sha256 -hex | sed 's/^.* //'
```

新的加密串显示如下。

e599517cf65987341a4d79ad563dfffa7e0c6ded7969478379bb5f098cfd2dc7

根据新令牌和加密串，将 k8s-node1 节点加入集群，执行如下的命令。

```
[root@k8s-node1 ~]# kubeadm join 192.168.50.189:6443 --token rsmvvg.3r07jhawzh6lni4p \
--discovery-token-ca-cert-hash \
sha256:e599517cf65987341a4d79ad563dfffa7e0c6ded7969478379bb5f098cfd2dc7
```

接下来安装 k8s-node2。

（4）编辑镜像下载的脚本，执行如下的命令。

```
[root@k8s-node2 ~]# vim image.sh
```

打开文件后，修改文件内容如下。

```
#!/bin/bash
url=registry.cn-hangzhou.aliyuncs.com/google_containers
version=v1.14.2
images=(`kubeadm config images list --kubernetes-version=$version|awk -F '/' '{print $2}'`)
for imagename in ${images[@]} ; do
    docker pull $url/$imagename
    docker tag $url/$imagename k8s.gcr.io/$imagename
    docker rmi -f $url/$imagename
done
```

（5）运行脚本 image.sh，下载指定版本的镜像，运行脚本前先赋权，执行如下的命令。

```
[root@k8s-node2 ~]# chmod u+x image.sh
[root@k8s-node2 ~]# ./image.sh
[root@k8s-node2 ~]# docker images
```

镜像显示如下。

REPOSITORY	TAG	IMAGE ID	CREATED	SIZE
ceph/daemon	latest-nautilus	8a038c709324	4 weeks ago	969MB
centos7/hadoop	latest	0ea34ff07ef6	4 weeks ago	1.57GB
……	……			

(6) 将 k8s-node2 节点加入集群,执行如下的命令。

```
[root@k8s-node2 ~]# kubeadm join 192.168.50.189:6443 --token rsmvvg.3r07jhawzh6lni4p \
--discovery-token-ca-cert-hash \
sha256:e599517cf65987341a4d79ad563dfffa7e0c6ded7969478379bb5f098cfd2dc7
```

9. 在 Master 节点安装 Dashboard

(1) 下载 yaml,执行如下的命令。

```
wget https://raw.githubusercontent.com/kubernetes/dashboard/v2.0.3/aio/deploy/recommended.yaml
```

(2) 配置 yaml。

先修改镜像地址,执行如下的命令。

```
sed -i 's/k8s.gcr.io/registry.cn-hangzhou.aliyuncs.com\/kuberneters/g' recommended.yaml
```

由于默认的镜像仓库网络访问不通,故改成阿里云镜像。接着通过配置 yaml 文件设置 NodePort,外部通过 https://主机名：NodePort 的链接访问 Dashboard,执行如下的命令。

```
vim recommended.yaml
```

打开文件后,在第 39 行下面新增键值对 type：NodePort,相关上下文如下。

```
kind: Service
apiVersion: v1
metadata:
  labels:
    k8s-app: kubernetes-dashboard
  name: kubernetes-dashboard
  namespace: kubernetes-dashboard
spec:
  type: NodePort
  ports:
    -port: 443
      targetPort: 8443
  selector:
    k8s-app: kubernetes-dashboard
```

然后,把 163 行的 name 改成 cluster-admin,以解决默认的 kubernetes-dashboard 不具有显示登录界面的问题,相关上下文如下。

```
metadata:
  name: kubernetes-dashboard
```

```
roleRef:
    apiGroup: rbac.authorization.k8s.io
    kind: ClusterRole
    name: cluster-admin
subjects:
    -kind: ServiceAccount
        name: kubernetes-dashboard
        namespace: kubernetes-dashboard
```

最后,把 275 行的版本号由 1.0.4 改成 1.0.5,解决 1.0.4 过期的问题,相关上下文如下。

```
template:
    metadata:
        labels:
            k8s-app: dashboard-metrics-scraper
        annotations:
            seccomp.security.alpha.kubernetes.io/pod: 'runtime/default'
    spec:
        containers:
            -name: dashboard-metrics-scraper
                image: kubernetesui/metrics-scraper:v1.0.5
                ports:
                    -containerPort: 8000
                      protocol: TCP
                livenessProbe:
                    httpGet:
                        scheme: HTTP
```

修改以上几个地方就可执行命令创建 Pod 启动 Dashboard 组件。

本书采用默认端口。当然也可以修改外网访问端口,执行如下的命令。

```
sed -i '/targetPort:/a \ \ \ \ \ nodePort: 30001 \n \ \ type: NodePort' recommended.yaml
```

配置 NodePort,外部通过 https://NodeIP:NodePort 访问 Dashboard,此时端口将为 30001。本书通过修改原有的账号为管理员,当然也新增超级管理员账号,执行如下的命令。

```
cat >>kubernetes-dashboard.yaml <<EOF
```

打开文件后,确认文件内容如下。

```
#--------------------dashboard-admin--------------------#
apiVersion: v1
kind: ServiceAccount
metadata:
```

```
    name: dashboard-admin
    namespace: kube-system
---
apiVersion: rbac.authorization.k8s.io/v1beta1
kind: ClusterRoleBinding
metadata:
    name: dashboard-admin
    subjects:
- kind: ServiceAccount
    name: dashboard-admin
    namespace: kube-system
roleRef:
    apiGroup: rbac.authorization.k8s.io
    kind: ClusterRole
    name: cluster-admin
EOF
```

（3）部署 Web 访问，执行如下的命令。

```
[root@k8s-master ~]#kubectl apply -f recommended.yaml
[root@k8s-master ~]#kubectl get pod,svc -o wide -n kubernetes-dashboard
```

在执行结果输出信息中，找到 service/kubernetes-dashboard 对应的端口为 443：30067/TCP，30067 为外网访问的端口。

（4）令牌查看，执行如下的命令。

```
[root@k8s-master ~]#kubectl get secret --all-namespaces | grep dashboard
```

命令执行结果显示如下。

```
kubernetes-dashboard   default-token-gsgm4              kubernetes.io/service-account-token   3   31m
kubernetes-dashboard   kubernetes-dashboard-certs       Opaque                                0   31m
kubernetes-dashboard   kubernetes-dashboard-csrf        Opaque                                1   31m
kubernetes-dashboard   kubernetes-dashboard-key-holder  Opaque                                2   31m
kubernetes-dashboard   kubernetes-dashboard-token-2z4vm kubernetes.io/service-account-token   3   31m
```

用上面的 kubernetes-dashboard-token-2z4vm 获取 Token，执行如下的命令。

```
[root@k8s-master ~]#kubectl describe secret kubernetes-dashboard-token-2z4vm -n kubernetes-dashboard
```

命令执行结果显示如下。

```
Name:         kubernetes-dashboard-token-2z4vm
Namespace:    kubernetes-dashboard
Labels:       <none>
```

```
Annotations:   kubernetes.io/service-account.name: kubernetes-dashboard
               kubernetes.io/service-account.uid: 71ad5a76-7257-11eb-8edb
-000c29309991
Type: kubernetes.io/service-account-token
Data
====
ca.crt:      1025 bytes
namespace:   20 bytes
token:       eyJhbGciOiJSUzI1NiIsImtpZCI6IiJ9.eyJpc3MiOiJrdWJlcm5ldGVzL3NlcnZp
Y2VhY2NvdW50Iiwia3ViZXJuZXRlcy5pby9zZXJ2aWNlYWNjb3VudC9uYW1lc3BhY2UiOiJrdW
Jlcm5ldGVzLWRhc2hib2FyZCIsImt1YmVybmV0ZXMuaW8vc2VydmljZWFjY291bnQvc2Vjcm
V0Lm5hbWUiOiJrdWJlcm5ldGVzLWRhc2hib2FyZC10b2tlbi0yejR2bSIsImt1YmVybmV0ZXM
uaW8vc2VydmljZWFjY291bnQvc2VydmljZS1hY2NvdW50Lm5hbWUiOiJrdWJlcm5ldGVzLWRh
c2hib2FyZCIsImt1YmVybmV0ZXMuaW8vc2VydmljZWFjY291bnQvc2VydmljZS1hY2NvdW50L
nVpZCI6IjcxYWQ1YTc2LTcyNTctMTFlYi04ZWRiLTAwMGMyOTMwOTk5MSIsInN1YiI6InN5c3
RlbTpzZXJ2aWNlYWNjb3VudDprdWJlcm5ldGVzLWRhc2hib2FyZDprdWJlcm5ldGVzLWRhc2h
ib2FyZCJ9.dt3rP1e_M2fHqgVGVOEo2eGzzkZWPrchkoARDBlHKBAA5fq9gptYuFi_ivTEPvv-
WtVBMNWjGknJsQYQB_w1twfybYZMMVm9tm3uSrVDfz5ONk2bj4m4oV2weXmZGOFQC46rtyilc-
wIMXhLaie125M-dwM55dO6hMskQNJLiZKzb2d1X3EDECN4a_gK6Ebhehba51kIIIfEfQp5UH-
uuyqg41R7PLyYxFYjiU_z4cHb39a457LXZ1gyLBsCdNres1RInnWvLV9WfUgWyAC3e9EN6gzw-
MSDBlNuIKm7c7MLiFyBxGyDoIfK0zsFuLQBAfKs1dseluPtdSPYGmFRDynA
```

（5）在火狐浏览器访问 https://k8s-master:30067，进入如图 7-2 所示的界面。在图 7-2 中选择 Token，单击"登录"按钮，在 Token 输入框中粘贴上面的 Token，确认后进入如图 7-3 所示的仪表盘。

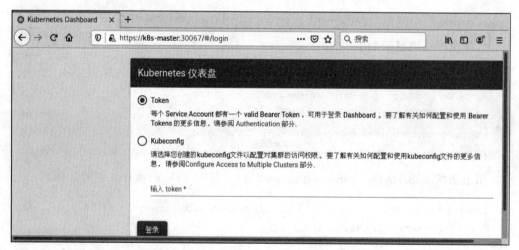

图 7-2　K8s 仪表盘首页

Dashboard 提供了可以实现集群管理、工作负载、服务发现和负载均衡、存储、字典配置、日志视图等功能。

图 7-3　K8s 仪表盘主页

10. 集群测试

（1）部署应用，有命令行方式和配置文件方式两种。

- 命令行方式部署 Apache 服务，执行如下的命令。

[root@k8s-master ~]#kubectl run httpd-app --image=httpd --replicas=3

- 配置文件方式部署 Nginx 服务，执行如下的命令。

[root@k8s-master ~]#cat >>nginx.yml <<EOF

打开文件后，相关参数确认如下。

```
apiVersion: extensions/v1beta1
kind: Deployment
metadata:
  name: nginx
spec:
  replicas: 3
  template:
    metadata:
      labels:
        app: nginx
    spec:
      restartPolicy: Always
      containers:
      -name: nginx
        image: nginx:latest
```

EOF

使配置文件生效,执行如下的命令。

[root@k8s-master ~]#kubectl apply -f nginx.yml

(2) 状态查看。

- 查看节点状态,执行如下的命令。

[root@k8s-master ~]#kubectl get nodes

命令执行结果显示如下。

```
NAME         STATUS    ROLES     AGE      VERSION
k8s-master   Ready     master    22h      v1.14.2
k8s-node1    Ready     <none>    5h47m    v1.14.2
k8s-node2    Ready     <none>    5h18m    v1.14.2
```

- 查看Pod状态,执行如下的命令。

[root@k8s-master ~]#kubectl get pod --all-namespaces

(3) 查看副本数,执行如下的命令。

[root@k8s-master ~]#kubectl get deployments
[root@k8s-master ~]#kubectl get pod -o wide

命令执行结果显示如下。

NAME	READY	STATUS	RESTARTS	AGE	IP	NODE	NOMINATED	READINESS
httpd-app	1/1	Running	0	61m	10.244.1.2	k8s-node1	<none>	<none>
nginx-9d4cf4f77-dxsct	1/1	Running	0	19m	10.244.1.4	k8s-node1	<none>	<none>
nginx-9d4cf4f77-fd417	1/1	Running	0	19m	10.244.1.3	k8s-node1	<none>	<none>
nginx-9d4cf4f77-t6cd8	1/1	Running	0	19m	10.244.2.4	k8s-node2	<none>	<none>

(4) 查看deployment详细信息,执行如下的命令。

[root@k8s-master ~]#kubectl describe deployments

(5) 查看集群基本组件状态,执行如下的命令。

[root@k8s-master ~]#kubectl get cs

7.2.3 CentOS下安装Node.js

(1) 下载源码,执行如下的命令。

cd /usr/local/src/
wget http://nodejs.org/dist/v0.10.24/node-v0.10.24.tar.gz

(2) 解压源码,执行如下的命令

```
tar zxvf node-v0.10.24.tar.gz
```

(3) 编译安装,执行如下的命令。

```
cd node-v0.10.24
./configure --prefix=/usr/local/node/0.10.24
make
make install
```

(4) 配置 NODE_HOME,执行如下的命令。

```
vim /etc/profile
```

打开文件后,在文件末尾追加如下内容。

```
#set for nodejs
export NODE_HOME=/usr/local/src/node-v0.10.24
export PATH=$NODE_HOME/bin:$PATH
export NODE_PATH=/usr/local/src/node-v0.10.24/lib/node_modules
```

保存并退出,使配置生效,执行如下的命令。

```
source /etc/profile
```

(5) 验证是否安装配置成功,执行如下的命令。

```
node -v
```

命令执行结果显示 v0.10.24,则表示配置成功。

(6) 配置全局模块目录和缓存目录,执行如下的命令。

```
npm config set prefix "/usr/local/src/node-v0.10.24"?
mkdir -p /usr/local/src/node-v0.10.24/node_cache
npm config set cache "/usr/local/src/node-v0.10.24/node_cache"
```

(7) 安装 express 框架,执行如下的命令。

```
npm config set strict-ssl false
npm install -g express-generator
npm install -g express
```

(8) 查看 Node、npm、Express 版本号,执行如下的命令。

```
npm -v
express --version
```

(9) 创建 Express 项目并启动 npm,执行如下的命令。

```
cd /usr/local/src
express myapp
chmod 777 /usr/local/src/myapp
```

```
cd myapp
npm intall              #这里 cnpm 也可以
npm start
>myapp@ 0.0.0 start /usr/local/src/myapp
>node ./bin/www
```

保留该终端状态,不要退出 npm。

(10) 浏览 localhost:3000,启动 Node.js 所在的终端,终端输出如下信息。

```
GET / 200 9396.587 ms -170
GET /stylesheets/style.css 200 6.843 ms -111
GET /favicon.ico 404 209.576 ms -1051
GET / 304 50.494 ms --
GET /stylesheets/style.css 304 141.468 ms --
```

7.2.4 使用 Git/GitHub 进行个人代码版本管理

首先在 GitHub(https://github.com/)上进行注册,然后使用 Git 连接 GitHub 远程仓库。以下操作在 Windows 操作系统中完成。

1. 配置本地 Git

(1) 设置用户名和邮箱,执行如下的命令。

```
cd ~
git config --global user.name "lhb738441242"
git config --global user.email fast_run_man@126.com
```

参数说明如下。

- global:全局参数,表明本地所有 Git 仓库都会使用这个配置。
- user.name:在 GitHub 上注册的用户名。
- user.email:在 GitHub 上注册的用户名对应的邮箱。

(2) 本地生成密钥(SSH key),执行如下的命令。

```
ssh-keygen -t rsa -C "fast_run_man@126.com"
```

(3) 在 GitHub 添加密钥(SSH key)并验证是否成功。

复制步骤(2)生成的密钥即~/.ssh/id_rsa.pub 中的全部内容。在 GitHub 的 Settings→SSH and GPG keys→New SSH key 的 key 输入框中粘贴复制的内容(Title 自定义)。

在本地 Git Bash 控制台中验证 GitHub,执行如下的命令。

```
ssh -T git@github.com
```

2. 创建项目远程仓库

登录网站 https://github.com/login,单击右上角的＋图标,弹出如图 7-4 所示的菜单。

图 7-4 GitHub 新增操作

在图 7-4 中单击 New repository 选项，弹出"新建仓库"界面，输入本地托管的代码文件夹名，即 nodejs-sample，仓库拥有属性设为私有，单击 Create repository 按钮，则成功创建 nodejs-sample 仓库。

3. 创建本地代码版本库

在本地创建代码版本库，执行如下的命令。

```
mkdir -p /usr/local/src/myapp/node-docker-example/
cd /usr/local/src/myapp/node-docker-example/
git init
```

初始化空的 Git 版本库于 /usr/local/src/myapp/node-docker-example/.git/。

如果终端输出上面的初始化的信息，则表示创建成功。注意：此时会生成一个 .git 目录（隐藏目录）。

4. 连接远程仓库

在本地连接远程仓库，执行如下的命令。

```
git remote add origin git@github.com:lhb738441242/nodejs-sample.git
```

5. 新建文件 app.js

在本地新建文件 app.js，执行如下的命令。

```
cd /usr/local/src/myapp/node-docker-example/
vim app.js
```

打开文件后，下载 7-2-4-5-app 文件，更新当前 app.js 的内容。

6. 添加项目 Package 配置文件

添加项目 Package 配置文件，执行如下的命令。

```
npm init -y
vim package.json
```

打开文件后,文件内容编辑如下。

```
{
    "name": "node-docker-example",
    "version": "1.0.0",
    "description": "First Test NodeJS",
    "main": "app.js",
    "scripts": {
      "test": "echo \"Error: no test specified\" && exit 1"
    },
    "author": "",
    "license": "ISC"
}
```

7. 新建 Dockerfile

新建 Dockerfile 文件,执行如下的命令。

```
vim Dockerfile
```

打开文件后,文件内容编辑如下。

```
FROM node:6.11-alpine
WORKDIR /app
copy . /app/
RUN npm config set registry http://nexus.daocloud.io/repository/daocloud-npm
RUN npm install
EXPOSE 3000
CMD nmp start
```

8. 将本地文件 push 到远程仓库

将本地 push 文件到远程仓库,执行如下的命令。

```
git status                          #查看工作目录的状态
git add .                           #将文件添加到暂存区
git commit -m "NodeJS-Docker"       #提交更改,添加备注(将暂存区提到本地仓库)
git push -u origin master           #将本地仓库 push 到远程仓库(若不成功,加 -f 进行强推操作)
```

9. 刷新 https://github.com/lhb738441242/nodejs-sample

在远程代码库刷新 https://github.com/lhb738441242/nodejs-sample,仪表盘出现新的文件,如图 7-5 所示。

图 7-5 nodejs-sample 仓库当前状态

7.2.5 运用 K8s 部署容器化应用

1. K8s 部署容器化应用的步骤

（1）利用 Dockerfile 文件制作镜像，或者从仓库 pull。
（2）通过控制器管理 Pod。启动镜像得到一个容器，容器在 Pod 里。
（3）暴露应用，以便外界可以访问。

2. K8s 部署 Nginx 示例

（1）制作镜像。见第 5 章 Dockerfile 文件部分。
（2）创建容器、拉取镜像，执行如下的命令。

```
kubectl create deployment nginx --image=nginx
```

（3）暴露端口，执行如下的命令。

```
kubectl expose deployment nginx --port=80 --type=NodePort
```

（4）查看创建好的控制器，执行如下的命令。

```
kubectl get deploy
```

（5）查看容器所在的 Pod，执行如下的命令。

```
kubectl get pod
```

（6）查看服务，执行如下的命令。

```
kubectl get service
```

（7）访问应用。

7.3 基于微服务的云端开发

7.3.1 Spring Boot 集成 MyBatis 和 Redis 应用体验

1. Spring Boot 的定义和作用

Spring Boot 是由 Pivotal 团队在 2013 年开始研发、2014 年 4 月发布第一个版本的全新开源的轻量级框架。它基于 Spring4.0 设计,不仅继承了 Spring 框架原有的优秀特性,而且还通过简化配置进一步简化了 Spring 应用的整个搭建和开发过程。另外,Spring Boot 通过集成大量的框架使得依赖包的版本冲突,以及引用的不稳定性等问题得到很好的解决。

Spring Boot 具备的特征如下。

(1) 可以创建独立的 Spring 应用程序,并且基于 Maven 或 Gradle 插件可以创建可执行的 JARs 和 WARs。

(2) 内嵌 Tomcat 或 Jetty 等 Servlet 容器。

(3) 提供自动配置的 starter 项目对象模型(POMS)以简化 Maven 配置。

(4) 尽可能自动配置 Spring 容器。

(5) 提供准备好的特性,如指标、健康检查和外部化配置。

(6) 绝对没有代码生成,不需要 XML 配置。

Spring Boot 框架采取"开箱即用"和"约定优于配置"两个非常重要的策略。开箱即用是指在开发过程中,通过在 Maven 项目的 pom 文件中添加相关依赖包,然后使用对应注解来代替烦琐的 XML 配置文件以管理对象的生命周期。这个特点使得开发人员摆脱了复杂的配置工作以及依赖的管理工作,更加专注于业务逻辑。约定优于配置是一种由 Spring Boot 本身来配置目标结构,由开发者在结构中添加信息的软件设计范式。这一特点虽降低了部分灵活性,增加了 Bug 定位的复杂性,但减少了开发人员需要做出决定的数量,同时减少了大量的 XML 配置,并且可以将代码编译、测试和打包等工作自动化。

Spring Boot 应用系统开发模板的基本架构设计从前端到后台进行说明。前端常使用模板引擎,主要有 FreeMarker 和 Thymeleaf。它们都用 Java 语言编写,渲染模板并输出相应文本,使得界面的设计与应用的逻辑分离,同时前端开发还会使用 Bootstrap、AngularJS、jQuery 等。在浏览器的数据传输格式上采用 JSON 而非 XML,同时提供 RESTfulAPI。SpringMVC 框架用于数据到达服务器后处理请求。数据访问层主要有 Hibernate、MyBatis、JPA 等持久层框架。数据库常用 MySQL。开发工具推荐 IntelliJ IDEA。

Spring Boot 解决如下的问题。

(1) Spring Boot 使编码变简单。

从字面理解,Boot 是引导的意思,因此 Spring Boot 帮助开发者快速搭建 Spring 框架。它帮助开发者快速启动一个 Web 容器,并继承了原有 Spring 框架的优秀基因,因此简化了使用 Spring 的过程。

(2) Spring Boot 使配置变简单。

Spring 内部集成了很多的自动配置,这些自动配置不仅限于 Spring、Spring MVC、MyBatis 和 Struts 这些众所周知的主流框架,还集成像 Redis、ElasticSearch、JPA 等近百项技术。另外,除了默认集成的这些自动配置以外,开发人员还可以开发属于自己的自动配置。这些自动配置将给开发人员带来很大的方便,比如使用 MyBatis 的自动配置时,只需要添加一个注解和一两个配置信息,就可集成 MyBatis。

Spring Boot 是精简配置,使用 Spring Boot 进行开发时几乎所有的配置内容都集中在一个叫作 application.properties(或者 application.yml)的文件中。而且 Spring Boot 自定义了丰富的元数据,这些元数据都可以通过代码提示的形式进行配置,非常方便。

(3) Spring Boot 使部署变简单。

以往的部署流程是将已有的项目代码打包,然后发布到 Tomcat 或者 WebLogic 等容器中运行。使用 Spring Boot 使部署更简单,因为 Spring Boot 内部有内置的 Web 容器,它提供了一个启动类,写完代码之后,直接运行这个启动类,就可以自动部署运行,这在微服务架构中将会起到很大的作用。

(4) Spring Boot 使监控变简单。

Spring Boot 提供了运行时的应用监控和管理功能。可以通过 HTTP、JMX、SSH 协议来进行操作。监控功能体现在 Spring Boot 可以实时地监控程序运行时加载的应用配置、环境变量和自动化配置信息,也可以获取一些度量性的指标,如内存信息、线程池信息和 HTTP 请求统计信息等。管理功能则表现为 Spring Boot 提供了对应用的关闭等操作。

Spring Boot 作为一个微框架,离微服务的实现还是有距离的。它没有提供相应的服务发现和注册的配套功能,自身的 Acturator 所提供的监控功能,也需要与现有的监控对接。它没有配套的安全管控方案,对于 REST 的落地,还需要自行结合实际进行 URI 的规范化工作。

2. Windows 环境下搭建 Spring Boot 项目环境的步骤

(1) 环境要求是 JDK 1.7 及以上版本、Maven 3.3 及以上版本以及 Eclipse IDE for Enterprise Java Developers-2020-12。

(2) 搭建环境的步骤。

第 1 步,创建 Maven 项目。启动 Eclipse IDE,如图 7-6 所示,单击 File → New → Maven Project。

第 2 步,选择项目空间位置。如图 7-7 所示,选择项目空间文件夹,单击 Next 按钮。

第 3 步,选择项目类别。如图 7-8 所示,在 Filter 条件中输入 maven-archetype-quickstart,选中 GroupID 为 org.apache.maven.archetypes 的记录,单击 Next 按钮。

第 4 步,编写项目组和名称后执行 Finish,在图 7-9 中输入项目组和名称后,单击 Finish 按钮,选中 Project Explorer 选项,如图 7-10 所示。

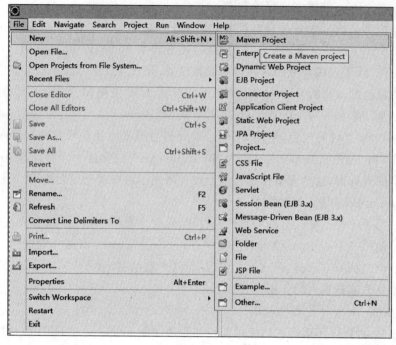

图 7-6 Maven Project 选项界面

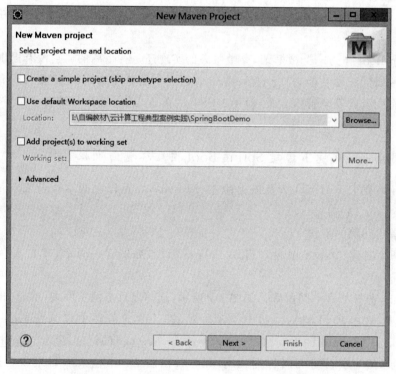

图 7-7 New Maven Project—空间位置选择界面

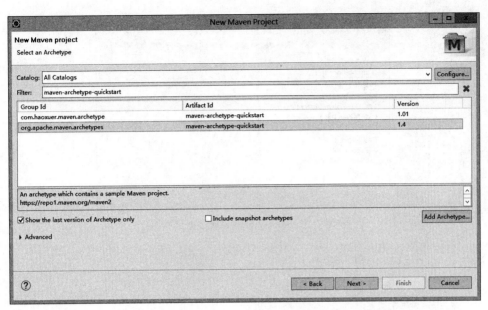

图 7-8　New Maven Project—类别选择界面

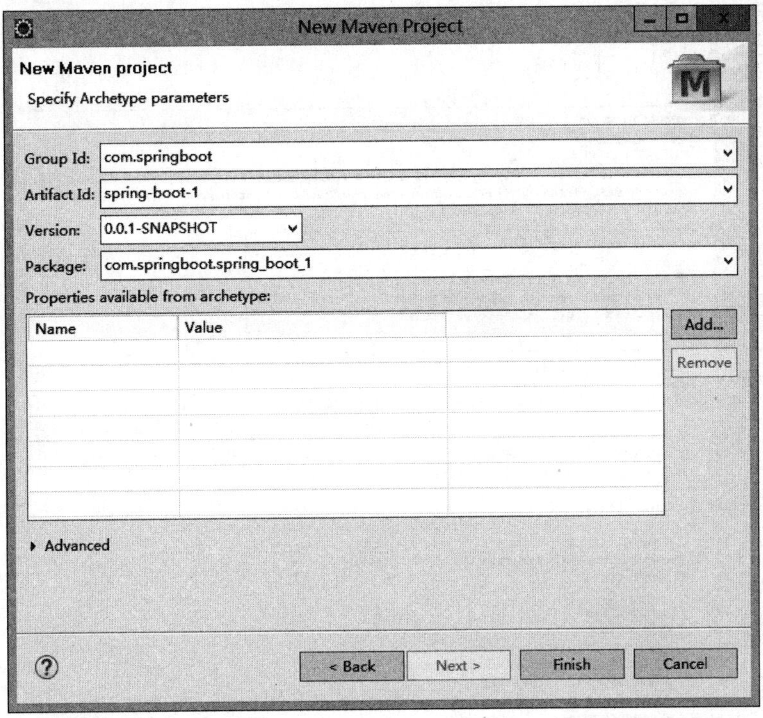

图 7-9　New Maven Project—输入 Group Id 和 Artifact Id 界面

第 5 步，修改 pom.xml 文件配置 Spring Boot 基本环境，双击图 7-10 中的 pom.xml 文件，打开文件后添加如下的 Spring Boot 基本环境配置。

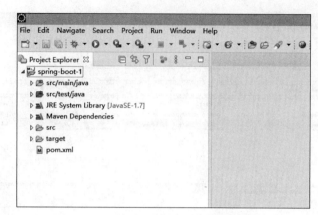

图 7-10　spring-boot-1 项目浏览界面

```
<!--spring boot 基本环境 -->
<parent>
    <groupId>org.springframework.boot</groupId>
    <artifactId>spring-boot-starter-parent</artifactId>
    <version>2.0.2.RELEASE</version>
</parent>
```

配置完成后如图 7-11 所示。

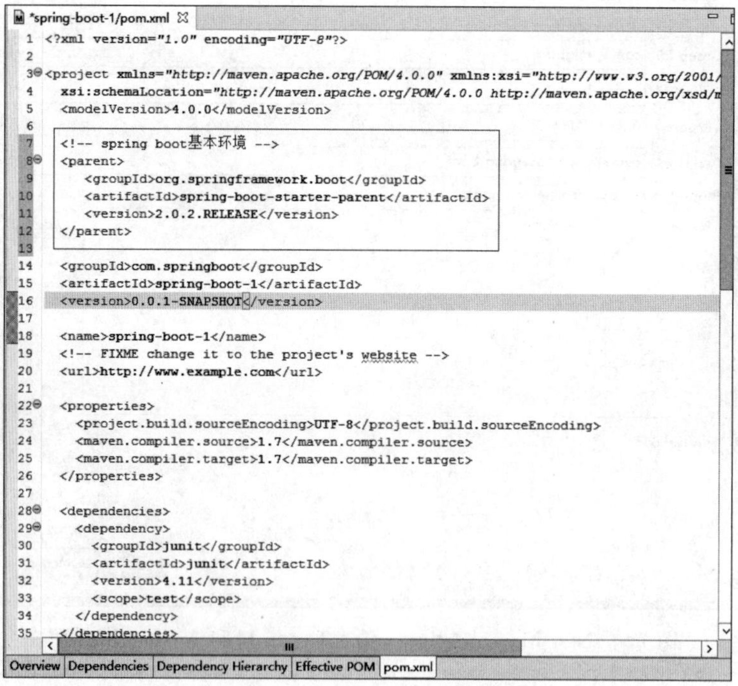

图 7-11　基本环境配置

第 6 步，向 pom.xml 中添加依赖项，在 pom.xml 文件中，添加如下的 Web 应用环境配置。

```
<!--web 应用基本环境配置 -->
<dependency>
    <groupId>org.springframework.boot</groupId>
    <artifactId>spring-boot-starter-web</artifactId>
</dependency>
```

配置完成后如图 7-12 所示。

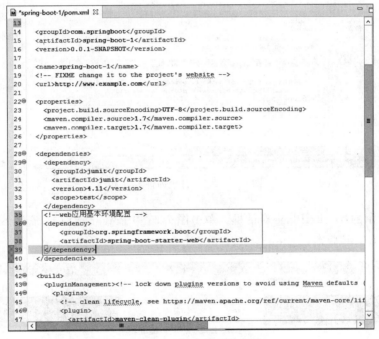

图 7-12　Web 应用环境配置

第 7 步，向 pom.xml 中添加如下的编译打包插件。

```
<build>
    <plugins>
        <!--spring-boot-maven-plugin 插件就是打包 spring boot 应用的 -->
        <plugin>
            <groupId>org.springframework.boot</groupId>
            <artifactId>spring-boot-maven-plugin</artifactId>
        </plugin>
    </plugins>
</build>
```

配置完成后如图 7-13 所示。

第 8 步，安装 STS 插件。如图 7-14 所示，依次单击 Help→Eclipse MarketPlace，进入

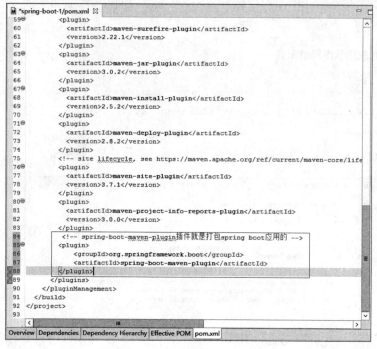

图 7-13 应用打包插件配置

如图 7-15 所示的 MarketPlace 对话框。单击图 7-15 中 Poplar 选项卡,安装 Spring Tools 4 4.9.0.RELEASE 版本。

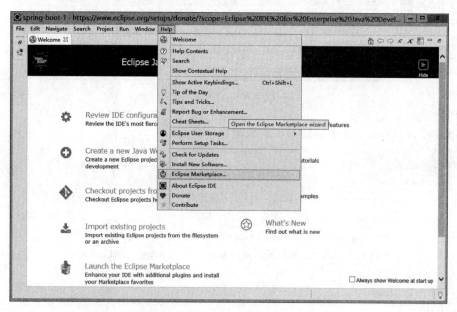

图 7-14 选择 Eclipse MarketPlace 界面

第 9 步,创建基础包和类,基础包和类间的关系如图 7-16 所示。

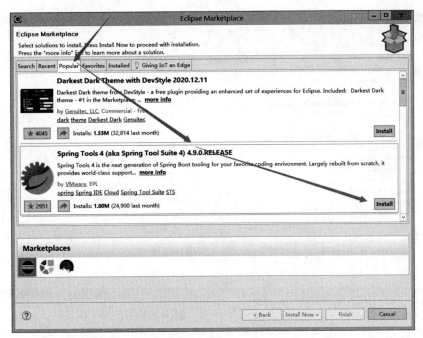

图 7-15　Eclipse Marketplace 的 Popular 选项卡界面

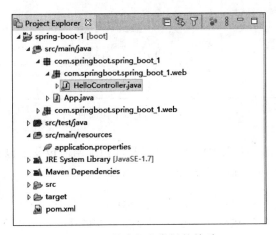

图 7-16　基础包和类间的关系

第 10 步，创建 resources 文件夹和 application.properties 文件。如图 7-17 所示，创建 resources 文件夹，在其中添加 application.properties 文件并编辑其中的服务器端口。

第 11 步，编辑 App.java 文件，下载 7-3-1-2-SpringBoot-app 文件，作为 App.java 的内容，如图 7-18 所示。

@SpringBootApplication 注解包括如下 3 个注解。

- @Configuration：表示将该类作用 springboot 配置文件类。
- @EnableAutoConfiguration：表示程序启动时，自动加载 Spring Boot 默认的配置。

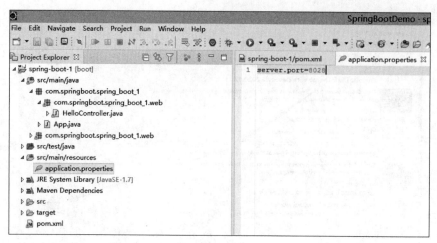

图 7-17　服务器端口配置

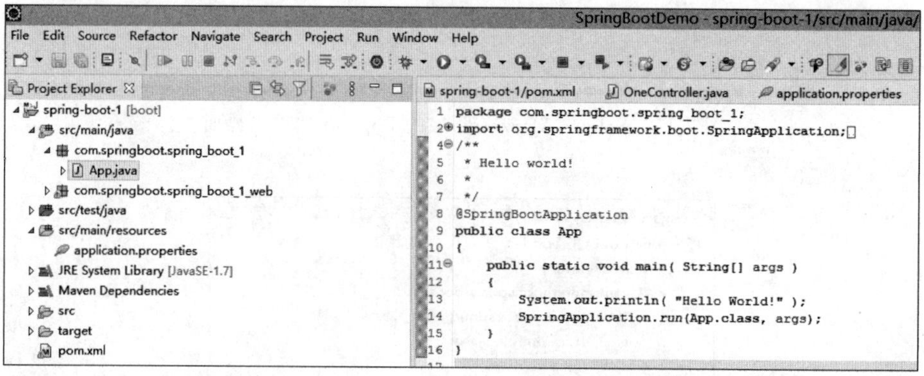

图 7-18　App.java 源文件

- @ComponentScan：表示程序启动时自动扫描当前包及子包下所有类。

第 12 步，编辑 HelloController.java，其内容如下。

```
package com.springboot.spring_boot_1.web;
import org.springframework.boot.autoconfigure.EnableAutoConfiguration;
import org.springframework.web.bind.annotation.RequestMapping;
import org.springframework.web.bind.annotation.RestController;
@RestController
public class HelloController {
    @RequestMapping("/hello2")
    public String hello() {
        return "helloworld2";
    }
}
```

注释的含义如下所列。

- @**RestController** 用于标记一个类，使用它标记的类就是一个 **SpringMVC Controller** 对象，即一个控制器类，分发处理器会扫描使用了该注解类的方法，并检测该方法是否使用了@**RequestMapping** 注解。
- @**RequestMapping** 可以用来注释一个控制器类，在这种情况下，所有方法都将映射为相对于类级别的请求，表示该控制器处理的所有请求都被映射到 value 属性所指示的路径下。

第 13 步，启动项目。如图 7-19 所示，选中 App.java 文件，单击运行图标→Run As→Spring Boot App，弹出如图 7-20 所示的对话框。

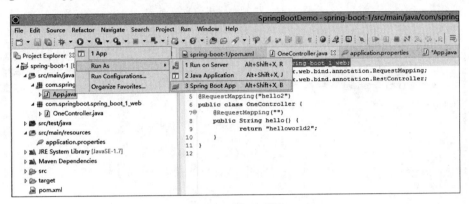

图 7-19　启动项目

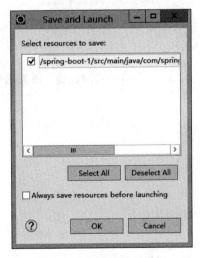

图 7-20　启动确认对话框

单击图 7-20 中的 OK 按钮，若 Eclipse IDE 的 Console 出现如图 7-21 所示的圈中信息，则表示启动成功。

第 14 步，浏览器验证。在浏览器地址栏中输入 http://localhost:8028/hello2，确认后进入如图 7-22 所示的网页，表示 Web 应用程序运行正常。

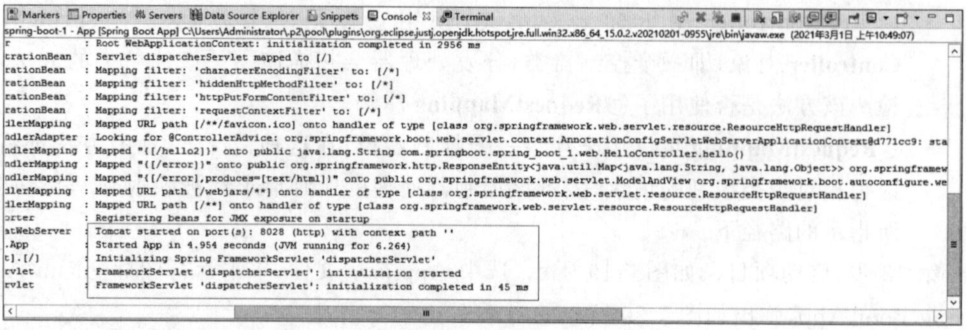

图 7-21 控制台输出信息界面

图 7-22 验证结果页面

3. Srping Boot 整合 MyBatis

(1) 在 pom.xml 文件中配置与 MyBatis、MySQL 相关的依赖，如下所示。

```
<dependency>
    <groupId>org.mybatis.spring.boot</groupId>
    <artifactId>mybatis-spring-boot-starter</artifactId>
    <version>1.3.3</version>
</dependency>
<dependency>
    <groupId>mysql</groupId>
    <artifactId>mysql-connector-java</artifactId>
</dependency>
```

(2) 在 application.properties 文件中配置 MySQL 数据库连接，如下所示。

```
spring.datasource.driverClassName=com.mysql.jdbc.Driver
spring.datasource.url=jdbc:mysql://192.168.50.180:3306/test?useUnicode=true&characterEncoding=UTF-8&useSSL=false
spring.datasource.username=root
spring.datasource.password=
mybatis.mapper-locations: classpath:mapper/*.xml
```

（3）在 test 数据库中创建 Student 表，创建语句如下。

```
USE test;
CREATE TABLE student(
    id NVARCHAR(10),
    NAME NVARCHAR(50),
    email NVARCHAR(50),
    PRIMARY KEY (id)
)
```

成功创建的结果如图 7-23 所示。

向 Student 表中添加如图 7-24 所示的记录。

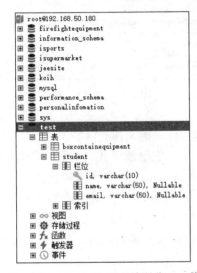

图 7-23　SQLyog-64 bit 客户端浏览 test 数据库

图 7-24　Student 表中的记录

（4）创建项目结构，如图 7-25 所示，把包展示设置为分层的形式。

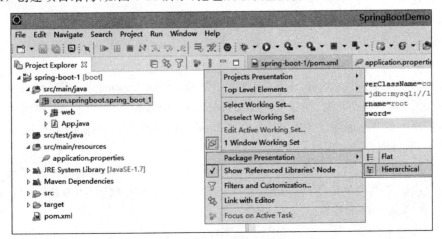

图 7-25　包分层展示操作

如图 7-26 所示，在 com.springboot.spring_boot_1 包中相继建立 Dao、model、Service 和 web 子包，并对应地在每前 3 子包中依次创建 StudentDao、Student 和 StudentService 子类。最后在 web 子包添加类 StudentController。

（5）实体层对应图 7-26 中的 model 包，其中定义 Student 实体类，名字与数据库中的表名一致，在实体类中定义了私有成员变量，变量名应与表中的各个属性一致，此外还定义了每个变量的 get、set 方法，最后对 toString 进行了重载。

下载 7-3-1-3-model-Student 文件，查看实体层 Student.java 文件内容。

（6）定义映射接口。接口对应图 7-26 中的 Dao 层，在接口中声明方法，通过注解的形式来定义此方法属于增删改查的哪一种。

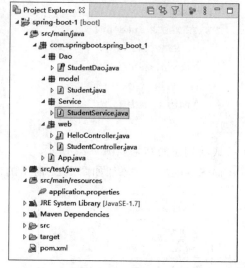

图 7-26　项目结构

下载 7-3-1-3-Dao-Student 文件，查看 StudentDao.java 源文件的内容。

（7）定义业务层。业务层对应图 7-26 中的 Service，它继承了接口中的方法，方便在控制层中调用。此外，用到了两个注解@Service 和@Autowired，其作用如下。

- @Service：作用于类，标记当前类是一个 Service 类，加上该注解会将当前类自动注入到 spring 容器中，不需要在 applicationContext.xml 文件定义 bean。
- @Autowired：可以对类成员变量、方法及构造函数进行标注，完成自动装配的工作。

下载 7-3-1-3-Service-Student 文件，查看 StudentService.java 源文件内容。

（8）定义控制层。控制层对应图 7-26 中的 web 模块，即 Controller 层，用于把不同的模型和视图组合在一起，完成不同的请求。浏览器向控制层发出请求，控制器调用 Service 层以完成相关业务。

下载 7-3-1-3-Controller-Student 文件，查看 StudentController.java 源文件内容。

（9）添加视图层的步骤。

第 1 步，新建一个 templates 文件夹。在 src/main/resources 源文件夹下，选中 application.properties 文件，右击，在弹出的快捷菜单中选择 New→Foler，弹出如图 7-27 所示的新建文件夹对话框。在图 7-27 的 Folder name 中输入 templates，单击 Finish 按钮。此时，项目浏览器中观察到的项目结构如图 7-28 所示。

第 2 步，向 templates 文件夹中添加文件 view.html。选中 templates 文件夹，右击，在弹出的快捷菜单中单击 New 按钮，弹出如图 7-29 所示的对话框，在 File name 输入 view.html，单击 Finish 按钮。

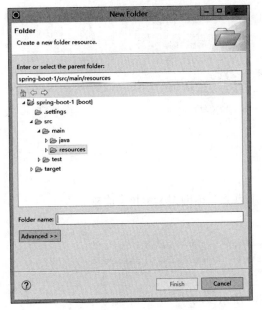
图 7-27 新建文件夹对话框

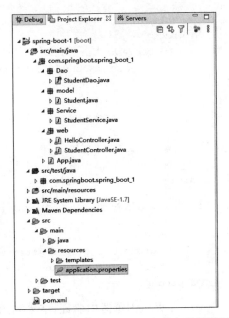
图 7-28 成功添加 templates 文件夹后的视图

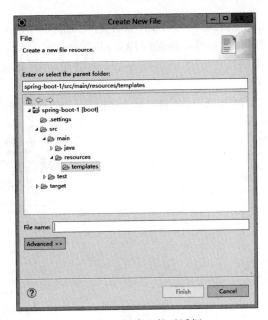
图 7-29 创建文件对话框

第 3 步，编辑 view.html，内容如下。

```
<!DOCTYPE html>
<html>
    <head>
        <meta charset="UTF-8">
        <title>Insert title here</title>
```

```
        </head>
        <body>
            <table border="1">
                <tr th:each="stu:${stu}">
                    <td th:text="${stu.id}"></td>
                    <td th:text="${stu.name}"></td>
                    <td th:text="${stu.email}"></td>
                </tr>
            </table>
        </body>
</html>
```

第4步,添加依赖项。在pom.xml中添加如下所示的thymeleaf依赖。

```
<dependency>
        <groupId>org.springframework.boot</groupId>
        <artifactId>spring-boot-starter-thymeleaf</artifactId>
</dependency>
```

(10)在火狐浏览器中验证,结果如图7-30所示。

4. Spring Boot 整合 Redis 和 MyBatis

Redis 与 Spring Boot 整合有两种方式,一种是使用 Jedis,它是 Redis 官方推荐的面向 Java 的操作 Redis 的客户端,另一种是使用 RedisTemplate,它是 Spring Data Redis 中对 JedisApi 的高度封装。本书使用 RedisTemplate,并整理了 Redis 工具类方便读者使用,GitHub 地址文末给出。

(1)在整合 MyBatis 的基础上,项目结构如图7-31所示的方形圈中的包和文件。

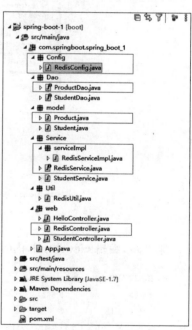

图 7-30　Spring Boot 集成 MyBatis+MySQL 演示结果

图 7-31　整合 Redis 后的项目结构

Config 是对 Redis 的相关配置，RedisCntroller 是测试接口，ProductDao 是对 Redis 数据库操作的相关接口，model 定义有 Product 实体类，Service 是具体实现，Util 中含有 Redis 工具类。

（2）pom.xml 中的相关配置如下。

```xml
<!--redis 依赖 -->
<dependency>
      <groupId>org.springframework.boot</groupId>
      <artifactId>spring-boot-starter-data-redis</artifactId>
</dependency>
<dependency>
      <groupId>org.apache.commons</groupId>
      <artifactId>commons-pool2</artifactId>
</dependency>
<!--日志 -->
<!--https://mvnrepository.com/artifact/org.projectlombok/lombok -->
<dependency>
      <groupId>org.projectlombok</groupId>
      <artifactId>lombok</artifactId>
      <optional>true</optional>
</dependency>
<properties>
      <java.version>1.8</java.version>
</properties>
```

（3）安装 Redis 的步骤如下。

第 1 步，下载 Redis-x64-3.3.200.zip 到 E 盘根目录。

第 2 步，解压缩 Redis-x64-3.3.200.zip 到当前目录。

第 3 步，把 Redis-x64-3.3.200 文件夹名称更改为 redis。

第 4 步，打开文件夹，查看目录内容。

第 5 步，将 redis.windows.conf 文件中的 protected-mode 由 yes 改为 no。

第 6 步，打开一个 cmd 窗口，使用 cd 命令切换目录到 e:\redis，执行如下的命令。

```
redis-server.exe redis.windows.conf
```

命令执行结果显示如图 7-32 所示。

第 7 步，另启一个 cmd 窗口，切换到 redis 目录下，执行如下的命令。

```
redis-cli.exe -h 127.0.0.1 -p 6379
```

命令执行结果显示如图 7-33 所示。

第 8 步，设置键值对，执行如下的命令。

```
set myKey abc
```

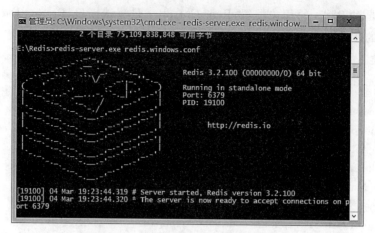

图 7-32 cmd 启动 Redis 成功的控制台

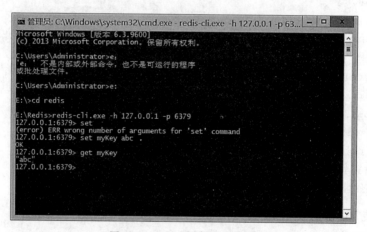

图 7-33 Redis 控制台客户端

第 9 步，取出键值对，执行如下的命令。

```
get myKey
```

（4）在 RedisConfig.java 文件中配置 Redis。当添加 Redis 依赖后，Spring Boot 会自动在容器中生成一个 RedisTemplate 和一个 StringRedisTemplate。但是，这个 RedisTemplate 的泛型是<Object,Object>，在代码中会不可避免地需要类型转换，这样既不安全又麻烦，而且 RedisTemplate 没有设置序列化方式，所以需要配置 Redis，由 RedisConfig 类完成配置。

下载 7-3-1-4-RedisConfig 文件，查看类文件的具体内容。

（5）创建数据库 product 表和 product 实体模型。product 表结构和表数据分别如图 7-34 和图 7-35 所示。

在 model 包中的 Product.java 创建 product 实体，源程序如下。

图 7-34　product 表结构　　　图 7-35　product 表数据

```
package com.springboot.spring_boot_1.model;
public class Product {
    private Integer productId;
    private String productCategories;
    public Integer getProductId(){
        return productId;
    }
    public void setProductId(Integer productId) {
        this.productId = productId;
    }
    public String getProductCategories(){
        return productCategories;
    }
    public void setProductCategories(String productCategories) {
        this.productCategories = productCategories;
    }
}
```

(6) 编写 ProductDao.java,源程序如下。

```
package com.springboot.spring_boot_1.Dao;
import java.util.List;
import org.apache.ibatis.annotations.Delete;
import org.apache.ibatis.annotations.Insert;
import org.apache.ibatis.annotations.Mapper;
import org.apache.ibatis.annotations.Param;
import org.apache.ibatis.annotations.Select;
import org.apache.ibatis.annotations.Update;
import com.springboot.spring_boot_1.model.Product;
@Mapper
public interface ProductDao {
        @Select("SELECT * FROM product")
        public List<Product> searchProduct();
}
```

(7) 编写 RedisUtil.java。下载 7-3-1-4-RedisUtil 文件,查看 RedisUtil.java 的具体

内容。

(8) 编写 Service。下载 7-3-1-4-RedisServiceImpl 文件,查看 RedisServiceImpl.java 的具体内容。

首先,判断 Redis 中有没有相关数据。若有,则从 Redis 中查询并返回数据。若没有,则从数据库中查询,并将查询到的数据存入 Redis 中。

RedisService.java 的内容如下。

```
package com.springboot.spring_boot_1.Service;
import java.util.List;
import com.springboot.spring_boot_1.model.Product;
public interface RedisService {
    public List<Product>searchProduct();
}
```

(9) 编写 Controller。RedisController.java 的源程序如下。

```
package com.springboot.spring_boot_1.web;
import java.util.List;
import org.springframework.beans.factory.annotation.Autowired;
import org.springframework.stereotype.Controller;
import org.springframework.web.bind.annotation.PostMapping;
import org.springframework.web.bind.annotation.RequestMapping;
import org.springframework.web.bind.annotation.ResponseBody;
import org.springframework.web.bind.annotation.RestController;
import com.springboot.spring_boot_1.model.Product;
import com.springboot.spring_boot_1.Service.serviceImpl.RedisServiceImpl;
@RestController
@RequestMapping(value="/demo")
public class RedisController {
    @Autowired
    private RedisServiceImpl redisServiceImpl;
    @SuppressWarnings("unchecked")
    // @PostMapping(value ="/test")
    @RequestMapping(value="/test")
    //@ResponseBody
    public List<Product>testRedis(){
        return redisServiceImpl.searchProduct();
    }
}
```

(10) 配置 application.properties 与应用测试。application.properties 的完整内容如下。

```
server.port=8028
spring.datasource.driverClassName=com.mysql.jdbc.Driver
spring.datasource.url = jdbc:mysql://localhost:3306/test?useUnicode=true&characterEncoding=UTF-8&useSSL=false
```

```
spring.datasource.username=root
spring.datasource.password=
spring.redis.host=127.0.0.1
spring.redis.port=6379
spring.redis.timeout=5000
spring.redis.jedis.pool.max-active=8
spring.redis.jedis.pool.max-idle=8
spring.redis.jedis.pool.max-wait=-1ms
spring.redis.jedis.pool.min-idle=0
```

对地址 http://localhost:8028/demo/test 进行访问，因为刚开始 Redis 中没有相关数据，所以会从数据库中查询，如图 7-36 所示的控制台输出信息。

```
Console ✕  Problems  Debug Shell
spring-boot-1 - App [Spring Boot App] C:\Users\Administrator\.p2\pool\plugins\org.eclipse.justj.openjdk.hotspot.jre.full.win32.x86_64_15.0.2.v20210201-0955\jre\bin\javaw.exe (2021年3
2021-03-04 19:54:29.080  INFO 15592 --- [nio-8028-exec-1] com.zaxxer.hikari.HikariDataSource       : HikariPool-1 - Starting...
2021-03-04 19:54:29.431  INFO 15592 --- [nio-8028-exec-1] com.zaxxer.hikari.HikariDataSource       : HikariPool-1 - Start completed.
从数据库中获取数据.
将数据存入redis...
成功存入redis.
```

图 7-36　首次访问 http://localhost:8028/demo/test 的 Eclipse IDE 控制台输出

此时的网页信息如图 7-37 所示。

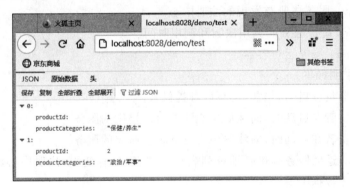

图 7-37　首次访问 http://localhost:8028/demo/test 的页面

刷新网页 http://localhost:8028/demo/test，此时的控制台信息如图 7-38 所示。

```
2021-03-04 19:54:29.080  INFO 15592 --- [nio-8028-exec-1] com.zaxxer.hikari.HikariDataSource       : HikariPool-1 - Starting...
2021-03-04 19:54:29.431  INFO 15592 --- [nio-8028-exec-1] com.zaxxer.hikari.HikariDataSource       : HikariPool-1 - Start completed.
从数据库中获取数据.
将数据存入redis...
成功存入redis.
从redis中获取数据.
从redis中获取数据.
```

图 7-38　再次访问 http://localhost:8028/demo/test 的 Eclipse IDE 控制台输出

7.3.2　Windows 下用 Dubbox+Spring Boot 搭建微服务架构

1. Dubbox 介绍

Dubbox 致力于提供高性能和透明化的 RPC 远程服务调用方案，以及 SOA 服务治理方案。简单地说,Dubbox 是一个服务框架,如果没有分布式的需求,则不需要使用它,只有在分布式的时候,才利用 Dubbox 分布式服务框架解决实际需求,本质上是远程服务调用的分布式框架。它在实际使用过程中的原理如图 7-39 所示。

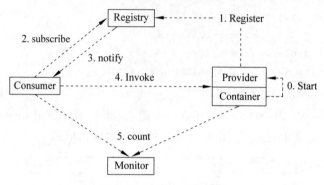

图 7-39　Dubbox 原理图

各节点角色说明如下。

- Provider:暴露服务的服务提供方。
- Consumer:调用远程服务的服务消费方。
- Registry:服务注册与发现的注册中心。
- Monitor:统计服务的调用次数和调用时间。
- Container:服务运行容器。

调用关系说明如下。

- 服务容器负责启动,加载,运行服务提供者。
- 服务提供者在启动时,向注册中心注册自己提供的服务。
- 服务消费者在启动时,向注册中心订阅自己所需的服务。
- 注册中心返回服务提供者地址列表给消费者,如有变更,注册中心将基于长连接推送变更数据给消费者。
- 服务消费者从提供者地址列表中,基于软负载均衡算法,选一台提供者进行调用,如果调用失败,再选另一台调用。
- 在内存中累计服务消费者和提供者的调用次数和调用时间,每分钟发送一次统计。
- 监控中心在内存中累计服务消费者和提供者的调用次数和调用时间,每分钟发送一次统计。

Dubbo 源于阿里的淘宝网开源分布式服务架构,致力于提供高性能和透明化的 RPC 远程服务调用方案,是 SOA 服务化治理方案的核心框架。淘宝网将其开源之后,得到很多的拓展和支持(比较出名的有当当网的扩展版本 dubbox,京东的扩展版本 jd-hydra 等)。

Dubbox(即 Dubbo eXtensions)是当当网 Fork 基于 dubbo 2.x 的升级版本,兼容原有的 Dubbox,并升级了 ZooKeeper 和 Spring 版本,并且支持 Restfull 风格的远程调用。Dubbox 是最近比较流行的服务化架构,服务化架构比较主流的实现有 SOA 和微服务。

这里使用分布式服务框架 Dubbo 和 Spring Boot 做简单的集成 demo。在微服务框架中有服务提供者和服务消费者两个角色。一个服务既可以是服务提供者，同时也可以是服务消费者。搭建步骤如下。

（1）创建 Spring Boot 项目，需要同时创建一个服务提供者项目和一个服务消费者项目。

（2）添加 dubbo-spring-boot-starter 依赖。

（3）书写服务提供者代码，并且用 Dubbo 发布服务。

（4）书写服务消费者代码，使其远程调用服务提供者，得到返回值。

（5）测试。

说明如下。

（1）Dubbo 可以向注册中心注册服务，推荐使用 ZooKeeper 作为注册中心。但 demo 采用直连的方式，不走注册中心。

（2）使用配置文件的方式进行 Dubbo 的配置。

（3）使用的 IDE 是 Eclipse。

2. 进入 https://start.spring.io，在线创建两个项目

登录 https://start.spring.io，在线分别创建 Spring Boot 项目，一个作为服务提供者（Provider）项目，另一个作为服务消费者（Consumer）项目。创建服务提供者的示例如图 7-40 所示。

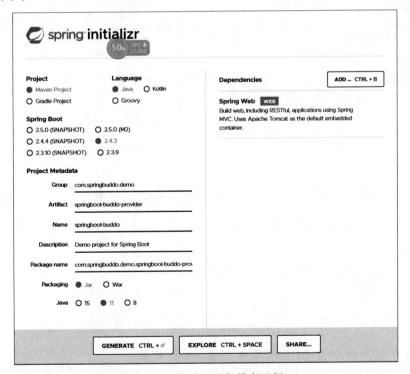

图 7-40　创建服务提供者示例

在线创建好两个项目后,把 ZIP 压缩包复制到项目空间,解压缩后打开 Eclipse,利用 import 导入到当前空间中,如图 7-41 所示。

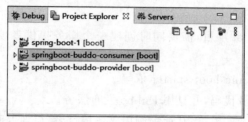

图 7-41　导入提供者和消费者两个项目后的项目浏览器

3. 在 Eclipse 中创建两个项目需要的包和文件

提供者项目所需的包和文件如图 7-42 所示。

消费者项目所需的包和文件如图 7-43 所示。

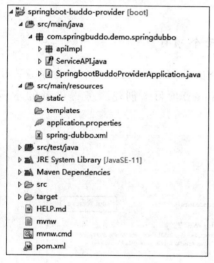

图 7-42　提供者项目结构

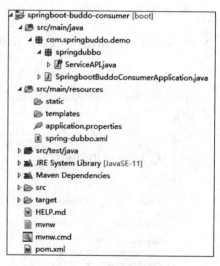

图 7-43　消费者项目结构

4. 向两个项目中添加 dubbo-spring-boot-starter 依赖

在两个项目的 pom.xml 中添加 dubbo-spring-boot-starter 依赖,具体如下。

```
<dependency>
    <groupId>com.alibaba.spring.boot</groupId>
    <artifactId>dubbo-spring-boot-starter</artifactId>
    <version>2.0.0</version>
</dependency>
```

5. 编写服务提供者代码并且用 Dubbo 发布服务

(1) 服务端代码。Dubbo 是采用服务接口的方式来发布服务的,对外暴露一个服务接口,具体的实现由具体业务来定。所以,在 ServiceAPI.java 文件中,定义一个接口,文件内容如下。

```
package com.springbuddo.demo.springdubbo;
public interface ServiceAPI {    public String getMessage(String message); }
```

接口定义完成后,作为服务提供者,需要去实现这个接口,也就是在 ProviderImpl.java 中提供接口服务的具体实现类,文件具体内容如下。

```
package com.springbuddo.demo.springdubbo.apiImpl;
import com.springbuddo.demo.springdubbo.ServiceAPI;
public class ProviderImpl implements ServiceAPI {
    public String getMessage(String message){
        return "springboot-dubbo-provider"+message;
    }
}
```

服务接口与服务接口具体的实现都定义完成后,需要在 Dubbo 注册服务,在 spring-dubbo.xml 文件中进行配置,文件的完整内容如下。

```xml
<?xml version="1.0" encoding="UTF-8"?>
<beans xmlns="http://www.springframework.org/schema/beans"
    xmlns:xsi="http://www.w3.org/2001/XMLSchema-instance"
    xmlns:dubbo="http://code.alibabatech.com/schema/dubbo"
    xsi:schemaLocation="http://www.springframework.org/schema/beans
            http://www.springframework.org/schema/beans/spring-beans.xsd
      http://code.alibabatech.com/schema/dubbo http://code.alibabatech.com/schema/dubbo/dubbo.xsd">
    <!--dubbo 应用名称 -->
    <dubbo:application name="springboot-buddo-provider" />
    <!--发布者 dubbo 协议 -->
    <dubbo:protocol name="dubbo" port="20881" />
    <!--定义 bean -->
    <bean id="providerImpl" class="com.springbuddo.demo.springdubbo.apiImpl.ProviderImpl" />
    <!--dubbo 服务 发布者发布服务 需要暴露的服务接口 -->
    <dubbo:service interface="com.springbuddo.demo.springdubbo.ServiceAPI" ref="providerImpl"
                                                        registry="N/A" />
</beans>
```

配置文件说明(也可参考官网:http://dubbo.apache.org/zh-cn/)如下。

- <dubbo:application name="">:标识 dubbo 服务的名称,不要和其他服务重名即可。
- <dubbo:protocol name="dubbo" port="20881" />:定义支持的协议为 dubbo,设置端口号为 20881,dubbo 协议是同步的,如果调用方没有接收到提供方返回的数据会阻塞,长时间的阻塞会影响服务性能。

- <dubbo:service interface="com.springbuddo.demo.springdubbo.ServiceAPI" ref="providerImpl" registry="N/A" />：dubbo 对外发布的服务，interface 是要发布服务的接口，ref 是发布服务接口的具体实现类，registry="N/A"是采用直连的方式调用服务。

保存文件后，出现如图 7-44 所示的错误。

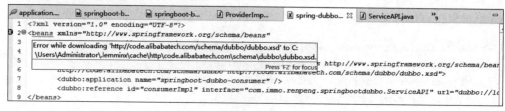

图 7-44　下载文件错误

图 7-45 所示的错误的解决措施如下。

首先在 C:\Users\Administrator\.lemminx\cache\http\ 目录下依次创建子目录 code.alibabatech.com\schema\dubbo。

接着下载文件 dubbo.xsd，并将其复制到如图 7-45 所示的目录中。

图 7-45　dubbo.xsd 的文件路径

最后，在 Eclipse IDE 中，通过 Window 主菜单进入 Preferences，如图 7-46 所示。在图 7-46 中，选中 XML Catalog 选项，按图 7-46 所示添加 dubbo.xsd 文件后予以确认。

（2）选中项目右击，在弹出的快捷菜单中选择 Maven→Update Project …选项。

（3）编写启动类，启动服务提供者项目。SpringbootBuddoProviderApplication.java 源程序如下。

```
package com.springbuddo.demo.springdubbo;
import org.springframework.boot.SpringApplication;
import org.springframework.boot.autoconfigure.SpringBootApplication;
import org.springframework.context.annotation.ImportResource;
@SpringBootApplication
@ImportResource("classpath:spring-dubbo.xml")
public class SpringbootBuddoProviderApplication {
    public static void main(String[] args){
        SpringApplication.run(SpringbootBuddoProviderApplication.class, args);
    }
}
```

选中文件 SpringbootBuddoProviderApplication.java，运行 Run As：Spring Boot

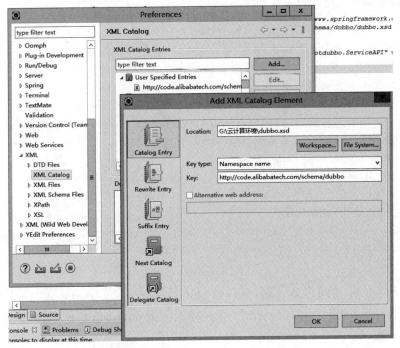

图 7-46 选择 XML Catalog 类偏好文件

App,成功执行的提示信息如图 7-47 所示。

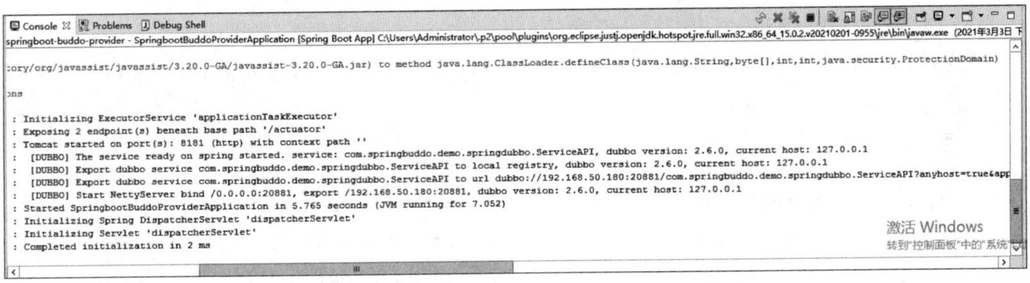

图 7-47 提供者项目启动成功的控制台输出信息

6. 编写服务消费者代码并且调用服务提供者发布的 Dubbo 服务

上边服务提供者发布了一个接口,接下来编写服务消费者消费这个接口。首先要在 ServiceAPI.java 中定义一个与服务提供者相同的接口,具体如下。

```
package com.springbuddo.demo.springdubbo;
public interface ServiceAPI {
    public String getMessage(String message);
}
```

所谓相同指的是接口名与包路径完全相同。为什么要定义这个接口呢?看下边的

spring-dubbo.xml 文件配置。

```xml
<?xml version="1.0" encoding="UTF-8"?>
<beans xmlns="http://www.springframework.org/schema/beans"
    xmlns:xsi="http://www.w3.org/2001/XMLSchema-instance"
    xmlns:dubbo="http://code.alibabatech.com/schema/dubbo"
   xsi:schemaLocation="http://www.springframework.org/schema/beans
         http://www.springframework.org/schema/beans/spring-beans.xsd
    http://code.alibabatech.com/schema/dubbo http://code.alibabatech.com/schema/dubbo/dubbo.xsd">
        <!--dubbo 名称 -->
    <dubbo:application name="springboot-buddo-consumer" />
    <!--远程服务调用代理 -->
     <dubbo:reference id="consumerImpl" interface="com.springbuddo.demo.springdubbo.ServiceAPI" url="dubbo://localhost:20881" />
</beans>
```

配置文件说明(也可参考官网：http://dubbo.apache.org/zh-cn/)如下。

- <dubbo:application name＝"" >：标识一个 dubbo 服务的名称，不要和其他服务重名。
- <dubbo:reference id＝"consumerImpl" interface＝" com.springbuddo.demo.springdubbo.ServiceAPI " url="dubbo://localhost:20881" />：id 的名字可以随意，interface 是服务消费者代理的接口(或者服务消费者消费的接口)，url 为服务提供方的地址。

最后，要消费这个服务并且在启动类 SpringbootBuddoConsumerApplication 上添加读取配置文件，源程序如下。

```java
package com.springbuddo.demo;
import org.springframework.boot.SpringApplication;
import org.springframework.boot.autoconfigure.SpringBootApplication;
import org.springframework.context.ConfigurableApplicationContext;
import org.springframework.context.annotation.ImportResource;
import com.springbuddo.demo.springdubbo.ServiceAPI;
@SpringBootApplication
@ImportResource("classpath:spring-dubbo.xml")
public class SpringbootBuddoConsumerApplication {
    public static void main(String[] args){
        // SpringApplication.run(SpringbootBuddoConsumerApplication.class, args);
        ConfigurableApplicationContext count =
            SpringApplication.run(SpringbootBuddoConsumerApplication.class, args);
        //获取服务提供商的实现
        ServiceAPI impl =(ServiceAPI)count.getBean("consumerImpl");
```

```
    //调用提供者方法
    System.out.println(impl.getMessage("你好 dubbo"));
    }
}
```

7. 测试

(1) 选中项目并右击,在弹出的快捷菜单中选择 Maven→Update Project…选项。

(2) 启动服务消费者项目。选中文件 SpringbootBuddoConsumerApplication.java,执行 Run As：Spring Boot App,成功执行的提示信息如图 7-48 所示。

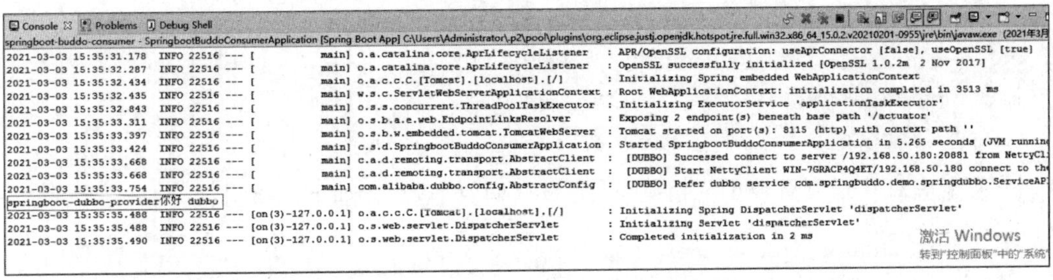

图 7-48 消费者项目启动成功运行的控制台输出信息

7.3.3 基于 Spring Boot＋Redis＋ActiveMQ 实现高并发访问

1. 高并发点赞项目介绍

在社交网站或 App 中,点赞场景非常多,比如微信、微博、QQ 空间、博客、抖音等软件都有点赞功能。简单的点赞要考虑的细节很多。比如一些名人发的微博,由于其粉丝众多,一条微博很可能在短时间内有上百万的点赞数。面对这种高并发的点赞场景,如果项目没有设计好,必会导致后端服务器和数据库由于压力过大而出现异常。大型的互联网公司后端架构采取很多措施来解决这种高并发场景引发的问题。本项目依赖点赞功能把高并发访问场景使用到的小部分技术进行剖析与整合,形成一个小 demo,并能应用到今后的工作中。本项目采用 Spring Boot＋MyBatis＋Redis＋MySQL＋ActiveMQ＋Thymeleaf 予以实现。

2. 基于 Spring Boot + MyBatis + MySQL 的分层实现

(1) 数据库逻辑设计与物理实现。

- user 表用于存放用户的基本信息,定义语句如下。

```
CREATE TABLE USER (
    id NVARCHAR(32) PRIMARY KEY,
    NAME NVARCHAR(20),
    account NVARCHAR(2)
)
```

为了应对在百万级数据的情况下,提高查询效率,建立如下的索引。

```
CREATE INDEX idx_user_name ON USER(NAME);
CREATE INDEX idx_user_account ON USER(account);
INSERT INTO USER VALUES('1','Tom','A');
INSERT INTO USER VALUES('2','John','B');
```

- mood 表用于存储微博消息,定义语句如下。

```
CREATE TABLE mood (
    id NVARCHAR(32) PRIMARY KEY,
    content NVARCHAR(255) COMMENT '微博内容',
    userid VARCHAR(32) COMMENT '微博用户名',
    praiseNum INT(11) COMMENT '点赞数',
    publishTime DATETIME COMMENT '发布时间'
);
```

为了应对在百万级数据的情况下,提高查询效率,建立如下的索引。

```
CREATE INDEX idx_mood_userid ON mood(userid);
```

向 mood 表中插入 2 条记录,执行如下的命令。

```
INSERT INTO `mood` VALUES('1','今天天气很凉,注意保暖','1',0,NOW());
INSERT INTO `mood` VALUES('2','社会主义好','2', 0, NOW());
```

- user_mood 表用于建立用户与微博的关联,为了简化业务逻辑,此表省去了点赞者的用户名,即每当用户 a 点赞用户 b 的微博 c 时,会把 b 的用户名和 c 的 id 写入到 user_mood 表中,定义语句如下。

```
CREATE TABLE user_mood (
    id BIGINT AUTO_INCREMENT PRIMARY KEY,
    userid VARCHAR(32) COMMENT '被点赞用户 id',
    moodid NVARCHAR(32) COMMENT '被点赞的微博 id'
);
```

为了应对在百万级数据的情况下,提高查询效率,建立如下的索引。

```
CREATE INDEX idx_user_mood_userid ON user_mood(userid);
CREATE INDEX idx_user_mood_moodid ON user_mood(moodid);
```

(2)从实体层到 View 层的实现,下载 7-3-3-1-mood-all 层文件,查看从实体层开始到 View 层的源程序。

(3)启动项目运行,访问 http://localhost:8028/demo/moods,结果如图 7-49 所示。

连续单击图 7-50 所示的第一条记录 3 次,网页测试如图 7-50 所示。

每单击一次赞,点赞数会加 1。分析一下这种方式会有什么问题?Service 层处理的过程中,请求数据库获取连接,执行相关的数据库操作后归还数据库连接池,最终返回数据给前端页面。但是,如果在高并发的情况下,有些微博会在半个小时内点赞数量高达

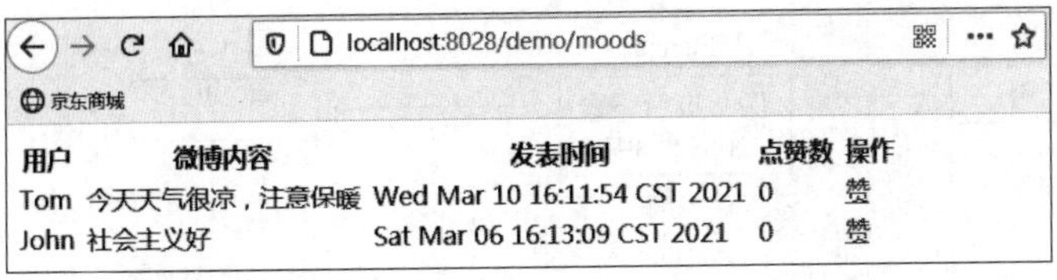

图 7-49 点赞项目集成 Spring Boot、MyBatis 和 MySQL 成功的页面测试结果

图 7-50 点赞项目集成 Spring Boot、MyBatis 和 MySQL 成功的页面测试结果

20 万,那么 QPS(QPS＝每秒请求数/事务数)可能会高达 111,这意味着后端需要每秒创建 111 个线程来处理点赞请求,而每次创建数据库连接或从数据库连接池中获取连接,数据库连接的数量是有限的,那么高的线程请求数和数据库连接数对服务器来说压力非常大,会导致服务器响应时间长,处理缓慢甚至死机。

3. 集成 Redis

(1) Redis 的特点如下。
- 完全基于内存,绝大部分请求是纯粹的内存操作,非常快速。数据存在内存中,类似于 HashMap,HashMap 的优势就是查找和操作的时间复杂度都是 O(1)。
- 数据结构简单,对数据操作也简单,Redis 中的数据结构是专门进行设计的。
- 采用单线程,避免了不必要的上下文切换和竞争条件,也不存在多进程或者多线程导致的切换而消耗 CPU,不用去考虑各种锁的问题,不存在加锁释放锁操作,没有因为可能出现死锁而导致的性能消耗。
- 使用多路 I/O 复用模型,非阻塞 I/O。
- 使用底层模型不同,它们之间底层实现方式以及与客户端之间通信的应用协议不一样,Redis 直接自己构建了 VM 机制,因为一般的系统调用系统函数的话,会浪费一定的时间去移动和请求。
- 可以解决部分高并发的问题,把点赞相关的数据先保存到 Redis 中,然后通过 Quartz 创建定时计划,再把 Redis 缓存中的数据保存到 MySQL 中。

(2) 基于 Redis 的解决方案如图 7-51 所示。
(3) 将数据缓存到 Redis,在已有的 MoodServiceImpl.java 文件中新增如下内容。

```
import com.springboot.spring_boot_1.Service.UserService;
import org.springframework.data.redis.core.RedisTemplate;
import org.springframework.beans.factory.annotation.Autowired;
public class MoodServiceImpl implements MoodService {
    @Resource
```

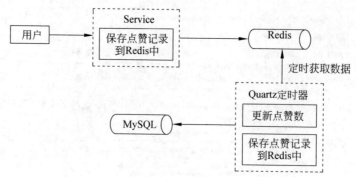

图 7-51 点赞项目集成 Redis 的方案

```
    private UserService userService;
    @Autowired
    private RedisTemplate redisTemplate;
    private static final String PRAISE_HASH_KEY="spring_boot_1.mood.id.
list.key";
    @Override
    public boolean praiseMoodForRedis(String userId, String moodId) {
        redisTemplate.opsForSet().add(PRAISE_HASH_KEY,moodId);
        redisTemplate.opsForSet().add(moodId,userId);
        return false;
    }
    @Override
    public List<MoodDTO> findAllForRedis() {
        List<Mood>moodList =moodMapper.findAll();
        if (CollectionUtils.isEmpty(moodList)){
            return Collections.EMPTY_LIST;
        }
        List<MoodDTO>moodDTOS =new ArrayList<>();
        for (Mood mood:moodList) {
          MoodDTO moodDTO =new MoodDTO();
          moodDTO.setId(mood.getId());
          moodDTO.setUserId(mood.getUserId());
          //总的点赞数=数据库的点赞数量+redis的点赞数量
          moodDTO.setPraiseNum(mood.getPraiseNum()+
                redisTemplate.opsForSet().size(mood.getId()).intValue());
          moodDTO.setPublishTime(mood.getPublishTime());
          moodDTO.setContent(mood.getContent());
          UserDTO user =userService.findUserById(mood.getUserId());
          moodDTO.setUserId(user.getId());
          moodDTO.setUserName(user.getName());
          moodDTO.setUserAccount(user.getAccount());
          moodDTOS.add(moodDTO);
        }
```

```
        return moodDTOS;
    }
}
```

- 新增 Redis 相关接口后 MoodService.java 的内容如下。

```
package com.springboot.spring_boot_1.Service;
import com.springboot.spring_boot_1.model.*;
import com.springboot.spring_boot_1.DTO.*;
import org.apache.ibatis.annotations.Param;
import java.util.List;
public interface MoodService {
    List<MoodDTO> findAllMood();
    boolean praiseMoodForRedis(String userId,String moodId);
    List<MoodDTO> findAllForRedis();
    boolean praiseMood(String userId,String moodId);
    boolean update(@Param("mood") Mood mood);
    Mood findMoodById(String id);
}
```

(4) 将数据定时地从 Redis 中取出，下载 7-3-3-3-PraiseDataSaveDBJob 文件，查看 PraiseDataSaveDB.java 的具体内容。

4. 集成 ActiveMQ 实现高并发

(1) ActiveMQ 概述。

JMS(Java Messaging Service)是 Java 平台上有关面向消息中间件的技术规范，它便于消息系统中的 Java 应用程序进行消息交换，并且通过提供标准的产生、发送、接收消息的接口简化企业应用的开发，而 ActiveMQ 是这个规范的一个具体实现。JMS 有队列 (Queue) 和主题 (Topic) 消息传递两种模式，分别如图 7-52 和图 7-53 所示。

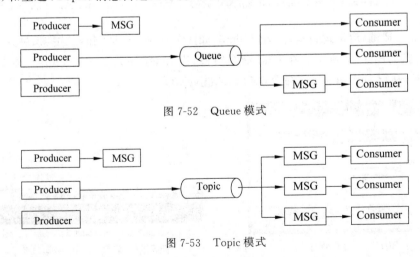

图 7-52　Queue 模式

图 7-53　Topic 模式

(2) ActiveMQ 下载与部署。

进入官方网址 http://activemq.apache.org/components/classic/download/，显示如图 7-54 所示的下载选项 apache-activemq-5.15.14-bin.zip，选择圈中的压缩包予以下载，然后解压到当前文件夹，进入目录 E:\apache-activemq-5.15.14\bin\win64 后如图 7-55 所示。

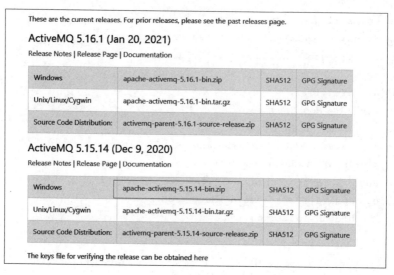

图 7-54　官网显示的 ActiveMQ 下载包

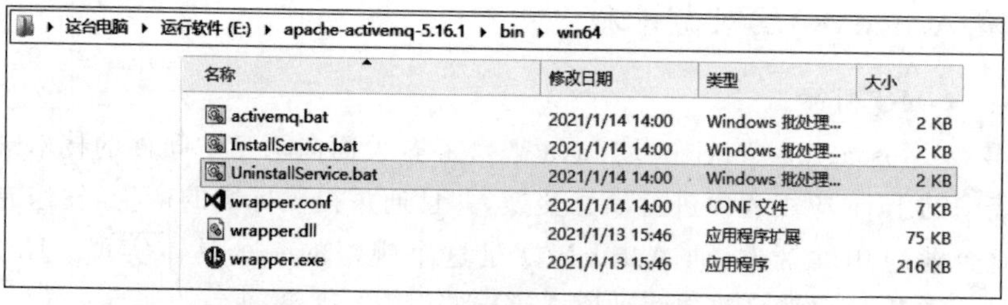

图 7-55　apache-activemq-5.15.14-bin.zip 解压后的 E:\apache-activemq-5.15.14\bin\win64

按 Win+R 键，启动运行程序，输入 cmd，如图 7-56 所示，按"确定"按钮，进入 cmd 应用程序界面，如图 7-57 所示。在 cmd 命令窗口，进入 E:\apache-activemq-5.15.14\bin\win64 目录，执行 activemq.bat 命令以启动 ActiveMQ。

图 7-56　运行程序

图 7-57　启动 ActiveMQ 命令

如果因端口被占用而启动失败,则打开 conf 目录下的 activemq.xml 文件,根据提示信息找到冲突的端口,改成未被占用的端口,如下所示。

```xml
<transportConnectors>
    <!--DOS protection, limit concurrent connections to 1000 and frame size to 100MB -->
    <transportConnector name="openwire"
uri="tcp://0.0.0.0:41616?maximumConnections=1000&amp;wireFormat.maxFrameSize=104857600"/>
    <transportConnector name="amqp"
      uri="amqp://0.0.0.0:5672?maximumConnections=1000&amp;wireFormat.maxFrameSize=104857600"/>
    <transportConnector name="stomp"
      uri="stomp://0.0.0.0:51613?maximumConnections=1000&amp;wireFormat.maxFrameSize=104857600"/>
    <transportConnector name="mqtt"
      uri="mqtt://0.0.0.0:1883?maximumConnections=1000&amp;wireFormat.maxFrameSize=104857600"/>
    <transportConnector name="ws"
      uri="ws://0.0.0.0:51614?maximumConnections=1000&amp;wireFormat.maxFrameSize=104857600"/>
</transportConnectors>
```

启动 ActiveMQ 成功后,cmd 命令窗口的提示信息如图 7-58 所示。

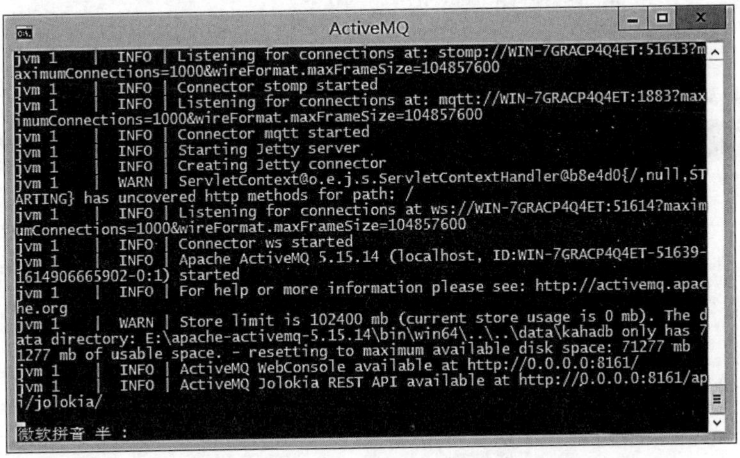

图 7-58 ActiveMQ 启动成功后的 cmd 控制台输出信息

启动浏览器,访问 localhost:8161/admin,进入 ActiveMQ 登录页面,用户名和密码均输入 admin,如图 7-59 所示。成功登录后的主界面如图 7-60 所示。

(3) 基于 ActiveMQ 的高并发源程序实现。为了解决高并发请求下,点赞功能同步处理所带来的服务器压力(Redis 缓存的压力或数据库压力),引入 ActiveMQ 中间件进行异步处理,用户每次点赞都会把消息 push 到 MQ 的 Queue 中,这样用户的点赞请求就

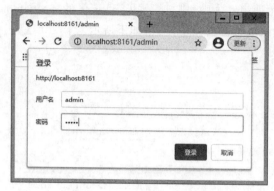

图 7-59 ActiveMQ 登录网页

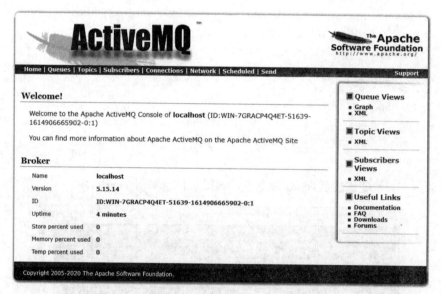

图 7-60 登录 ActiveMQ 后进入的主页面

能及时结束,避免了点赞请求线程占用时间长的问题。当 MQ 接收到消息后,会使用异步或同步的方式进行消费,把数据缓存入 Redis 中。此外,可以使用 MQ 来限制流量并异步处理等。

下载 7-3-3-4-ActiveMQ-高并发文件,查看高并发源程序的具体实现。

(4) 基于 ActiveMQ 的高并发项目启动验证。登录微博点赞一次后的网页和点赞一次后的 IDE 控制台输出信息分别如图 7-61 和图 7-62 所示。

图 7-61 登录微博点赞一次后的网页

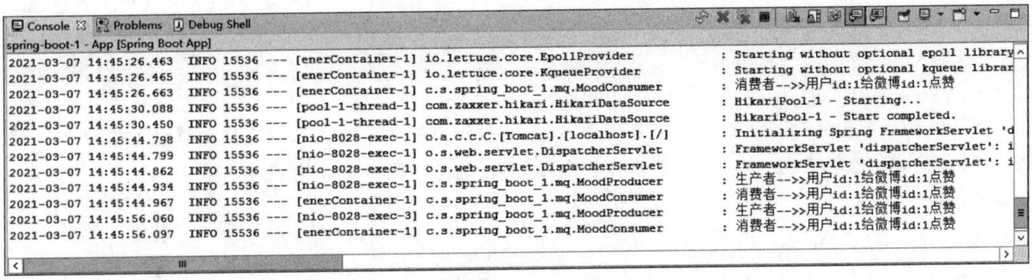

图 7-62　点赞一次后的 Eclipse IDE 控制台输出信息

7.4　自训任务和案例实践思考

1. 自训任务

把 Node.js 的安装过程利用 K8s 制作成容器化的应用，在容器化应用中发布一个简单的 Web 登录网页，具体要求如下。

(1) 给出完整的 K8s 架构设计和部署结果，以 Dashboard 截屏为证。
(2) 给出完整的 K8s 部署容器化应用的运行结果截屏。
(3) 网页主题起码含有个人班级、姓名和学号的个体特征。

2. 案例实践思考

针对水务云平台的解决方案，回答以下问题。
(1) 哪些角色、哪些功能整合成容器化的应用，用 K8s 进行管理。
(2) 基于微服务的沟通模型，设计水务云平台的微服务架构体系。

参 考 文 献

[1] Cody Bumgardner V K. OpenStack 实战[M]. 颜海峰,译. 北京：人民邮电出版社，2017.
[2] 过敏意,吴晨涛,李超,等. 云计算原理与实践[M]. 北京：机械工业出版社，2017.
[3] https://www.w3cschool.cn/hbase_doc/.
[4] https://hbase.apache.org/.
[5] https://www.mysql.com/.
[6] https://hadoop.apache.org.
[7] https://ceph.io/.
[8] http://ceph.org.cn/.
[9] https://ant.apache.org.
[10] https://spark.apachecn.org/#/.
[11] https://docs.docker.com/.
[12] http://docs.Openstack.org/.
[13] https://docs.Openstack.org/nova/queens/admin/index.html.
[14] https://blog.csdn.net/networken/java/article/details/80682437.
[15] https://mesos.apache.org/.
[16] http://docs.daocloud.io/ci-on-daocloud/github.
[17] https://www.daocloud.io/.
[18] http://activemq.apache.org/using-activemq-5.

图书资源支持

感谢您一直以来对清华版图书的支持和爱护。为了配合本书的使用,本书提供配套的资源,有需求的读者请扫描下方的"书圈"微信公众号二维码,在图书专区下载,也可以拨打电话或发送电子邮件咨询。

如果您在使用本书的过程中遇到了什么问题,或者有相关图书出版计划,也请您发邮件告诉我们,以便我们更好地为您服务。

我们的联系方式:

地　　址: 北京市海淀区双清路学研大厦 A 座 714

邮　　编: 100084

电　　话: 010-83470236　010-83470237

客服邮箱: 2301891038@qq.com

QQ: 2301891038(请写明您的单位和姓名)

资源下载: 关注公众号"书圈"下载配套资源。

书圈

获取最新书目

观看课程直播